艺术学博士文丛

十八至二十世纪
北美的中国装饰风格发展研究

朱爱伦　著

U0201109

天津出版传媒集团

天津人民美术出版社

图书在版编目（ＣＩＰ）数据

十八至二十世纪北美的中国装饰风格发展研究 / 朱
爱伦著. -- 天津 ： 天津人民美术出版社，2024.7
（美术学博士文丛）
ISBN 978-7-5729-1534-5

Ⅰ．①十… Ⅱ．①朱… Ⅲ．①室内装饰设计－建筑史
－研究－北美洲－近代 Ⅳ．①TU238.2-097.1

中国国家版本馆CIP数据核字(2024)第068596号

天津 **人民美術出版社** 出版发行

天津市和平区马场道150号

邮编：300050   电话：(022)58352900

出版人：杨惠东   网址：http://www.tjrm.cn

天津新华印务有限公司印刷   全国 **新华书店** 经销

2024年7月第1版   2024年7月第1次印刷

开本：710毫米 × 1000毫米   1/16   印张：17   印数：1-2000

序　一

　　许多艺术设计史教材和著作中都会提及甚至强调二十世纪初西方装饰艺术受到了多元文化和古代文明的影响，与中国传统装饰风格有一定联系，如法国的"装饰艺术"运动，他们受到东方文化艺术特征的影响，说明跨文化交流在装饰艺术领域的重要性。有的关于现代世界设计史的著作中也会提到1930年代好莱坞电影工业对古埃及、玛雅和阿兹台克文化设计特征的兴趣，以及如位于好莱坞的"中国剧院"所体现的中国装饰元素等内容。然而，在这些往往是点到为止或零散的资料信息，特别是大多没有明确提及Chinoiserie（中国装饰风格）这一重要的名词概念风格范式。且国内外现有研究大多集中在欧洲，对于此后由欧洲延伸至北美的如"好莱坞摄政风格"（Hollywood Regency Style）等新的发展情况就更加语焉不详，研究相对匮乏，从而限制了对中国装饰风格的全面理解。与之相比，在讲到18—19世纪以浮世绘为代表的日本艺术形式对于西方现代艺术设计所产生影响部分却详细完整的多，有关其对于现代艺术设计的影响的相关讨论和研究远超过了对中国影响的关注。事实上，对于这种17—18世纪早于日本对欧洲产生深刻影响的中国装饰艺术被严重忽视了。它的传播路径与方法内容，以及产生的具体影响则很少提及或轻描淡写，虽然近二十多年来相继出现一些论文与个别专著对这一主题有所关注，这些研究通常分为三种类型，且以前两种为主流，一是仅针对某一特定艺术领域的讨论，例如陶瓷、丝绸等。二是在讨论其他相关风格如洛可可或外销品时，涉及中国装饰风格的探究。往往不是围绕中国装饰风格本身进行独立的研究，而是将其作为一个元素或主题融入更广泛的讨论中。最后才是为数不多的针对欧洲的中国装饰风格的系统性研究。这一情况反映了中国装饰风格研究领域的局限性。具体存在以下几个问题：1.缺乏系统的研究框架，不少是某一学术主题涉及或延伸才触及的状态，而非研究主体；2.研究缺乏深度与广度，一些停留在特定的专用词汇考证层面，没有将这一用于装饰艺术的专用词汇上升到中国传统艺术风格对西方艺术的影响层面；3.现有中国装饰风格的研究均集中在中国装饰风格在欧洲文化和艺术中的传播和产生的影响，还未出现涵盖北美地区的研究内容；4.缺乏历史延伸的新思考，Chinoiserie是基于17—18世纪中国艺术对于欧洲的影响这一特定历史时期的专用名词，思维惯性使之固定在了特定的历史时期，而东西方文化交融互鉴是一个持续的过程，还会有新的发展与变化。

与之相反，在西方艺术设计理论研究中对于"中国风格"的理论研究更为系统深入。休·奥纳尔的《中国风尚：契丹梦幻（Chinoiserie：The Vision of Cathay）》（1961）、奥利弗·英培的《中国风：远东风格对西方艺术和装饰的影响（Chinoiserie：The Impact of Oriental Style on Western Art and Decoration）》（1977），以及捷克布森·道恩的《中国风（Chinoiserie）》（1999）等著作是国际上有关中国装饰风格研究领域的重要参考文献。这几部西方著名艺术设计史专著都是以宏观的视角对中国装饰风格在欧洲的发展历史进行了深入的探讨，近五十年来，一直为国内外学者在进行有关中国装饰风格的研究时提供了坚实的基础，至今还没有出现能够全面超越这些专著的新著作。不同于后来西方学者专注于对中国装饰风格微观层面的探究，意大利学者佛朗切斯科·莫瑞纳的《中国风在意大利的传播(Chinoiserie: The Evolution of the Oriental Style in Italy) 》(2009)对奥纳尔的研究进行了较为全面的补充，通过引入各种物证来支持研究，是近年来为数不多的进一步充实中国装饰风格历史发展的研究专著。这些专著为了解欧洲地区的中国风格发展提供了重要的视角和研究素材。然而，尽管这些研究取得了显著成就，但仍有众多领域需要深入探索，特别是在多元文化性、地域性研究，以及对中国风格在不同历史时期的演变等方面。

　　《十八至二十世纪北美的中国装饰风格发展研究》一书首先明确了易引发歧义的Chinoiserie一词的中文翻译为"中国装饰风格"，同时旨在为学术界提供全面而专业的视角，深化对北美地区中国装饰风格发展历程的认知，为中国装饰风格在这一地域的演变提供了全新的视角。并为设计学领域的研究和教学贡献新的理论和实践经验。透过大量文献历史资料的查阅与检索，分析随中国商品和游记开始中国传统装饰艺术对于欧洲的深刻影响，并产生了不同的历史阶段与风格变化。进而，也是本书创新点：讲解中国装饰风格对于从欧洲延伸至北美地区的发展与变化，涉及欧洲对于北美殖民地政治经济艺术的影响，以及由此带来的该地区对于中国装饰风格引入与发展。独立战争后北美的中国装饰风格设计的发展，直至战后中国装饰风格在北美发展的巅峰时期"好莱坞摄政风格"等。书中对于美国当代设计中的以中国为代表的东方文化影响的艺术设计发展也做了史料的梳理与深入分析。

　　本书探究了国内理论文献和官方教材中鲜有涉及的北美的中国装饰风格（Chinoiserie）的发展历史。相对于以往较为表面的关于中国文化对西方艺术设计影响的论述，聚焦于北美地区，与国内大量研究东方文化对欧美影响时对浮世绘进行深入研究的学术成果形成明显对比。在详细介绍分析中国风格在欧洲的情况基础上，填补了前面所说的学术空白。

本书作者朱爱伦是我的学生，从硕、博到博士后我作为她的专业导师前后已历八年有余。作为华裔澳大利亚籍同学，她先天的语言优势以及由于经历不同的教育方式生活阅历形成了有利于进行文化比较研究的能力优势。她是一个孜孜不倦热衷学术研究的人，本科阶段，她在澳大利亚新南威尔士大学艺术与设计学院系统学习过图案、染织等装饰艺术课程，在硕士和博士阶段进入清华大学美术学院在视觉传达设计领域深造历练，成为她研究生期间学习视觉传达设计的理论与实践，取得许多成果。在进入博士学习期间，我为她制订的学习计划开始倾向于探讨比较东西方艺术设计概念体系的比较与相互影响的研究。她克服了国际文献材料少、语言障碍等问题。最终的博士论文在保持这种宏观梳理的基础上，落脚在北美"中国风"的主题研究。这是非常新颖的视角与研究内容，她将"中国风"的概念扩大到18世纪之后的北美并且提出了在新时代的发展、启发。在她圆满取得博士学位之后，选择继续加入我们关于中国传统文化国际传播项目的博士后工作，而其博士论文的研究方向也得以延续深入。当得知要将这篇近20万字的博士论文刊印出版并请我作序的消息后，我格外欣喜并欣然接受邀请。这本书填补了一直以来艺术设计史论教学的空白，从学术的角度正视中国传统装饰艺术对于世界的影响，不仅详尽地研究分析了"中国装饰风格"对于欧洲、北美的影响，形成专用名词，而且为我们梳理串联了不熟悉或零碎的事件与案例地，并加以逻辑梳理和提炼分析。值得注意的是，在此基础设上讨论19世纪之后中国艺术对西方新影响，试图突破"中国装饰风格"的名词外延，探讨源自中国传统哲学与艺术形式的新风格形式。相信本书的出版对于国内艺术设计教育的理论体系建构，以及对于艺术设计实践的具体指导都具有重要的学术价值。

陈楠

2023年11月15日 于清华园

（陈楠，清华大学美术学院常聘教授、博士生导师、博士后合作导师，清华大学中国古文字艺术研究中心常务副主任）

序　二

千百年来，世界各地的人类创造了数量丰巨、名目繁多的装饰设计作品，这些作品可谓人类文明史的见证。它们不仅体现了人类掌握材料和征服自然环境的能力，更折射出人类自身智商、人文情怀、审美观念，以及价值判断形成和演进的过程，同时，世界各地的装饰设计作品也是人类社会组织结构和生产方式变迁的真实写照。它们饱含着人类物质文明和精神文明发展的珍贵内涵，并随着时代进程的发展和社会的演变，愈加清晰地展现出人类历史发展的脉络和走向，成为今日人们认知自身的重要读本。因此，对于装饰设计历史的研究，即成为人类对自身过往的自省和对未来前瞻判断的重要依据。

不同的文化是不同民族的灵魂所在和精神凝结。装饰设计作为文化成就的重要内容，是我们了解不同文化的窗口，也是我们与不同民族对话的平台。本书作者朱爱伦长期生活于澳大利亚，对西方的文化历史进行了系统研究，基于爱国情怀，她对西方的中国装饰风格情有独钟。在清华大学美术学院攻读博士学位期间，更是激发了她对北美装饰设计中中国装饰元素和风格的研究热情，因此，爱伦君以一篇优秀的博士学位论文，实现了她的夙愿，也形成了她在学术上的巅峰之作。她的这部《十八至二十世纪北美的中国装饰风格发展研究》具有十分重要的开拓意义。众所周知，国内外现存的中国装饰风格发展研究，基本都集中于十七至十八世纪。随着这股时尚热潮在欧洲历史中逐渐式微，学界对其兴趣亦迅速消弭，十八世纪之后的发展鲜有学者关注，尤其是对后期发展起来的北美地区的中国装饰风格了解甚少，而朱爱伦敢为人先，知难而进，积极投入该研究领域，并且取得了可喜的成果。其大量的文献资料检索、田野调查、市场调查研究，以及作者积极的学术思考和客观的归纳总结，不仅为这部专著提供了可靠的论据和学术支持，也赋予专著以鲜活而实在的内容和相当的研究深度。值得肯定。

全书围绕十八至二十世纪北美的中国装饰风格发展这一主题，展开了深入系统的分析和研究，并就欧美的中国装饰风格发展脉络、中西合璧的中国外销品、独立战争前北美的中国装饰风格设计、独立战争后北美的中国装饰风格设计等问题进行了深度的解析和论证，取得了相当理想的研究成效。在一些学术问题上，爱伦君提出了独特的见解和思考，显示出其学术敏感性和扎实的理论研究基础。

我认为，该书的特色在于：聚焦北美，以阐释中国装饰风格在欧美的发展历史和设计特点为基础，将历史视为设计的力量和工具，从社会、文化、经济和政治多角度地探究这种风格如何对社会和艺术设计产生影响。通过收集整理大量有关中国装饰风格的文献和博物馆公开的实物资料以及推论性证据等，对中国装饰风格在欧洲和北美的演化过程的横向性截面研究进行纵向性的串联，探究其中的因果关系和内在联系。全书重点章节皆以纪传本末体的编写格式组织内容，卓有成效地以中国的历史体例来描绘出这一时期独特的西方艺术设计风格。不仅全面阐述了中国装饰风格在北美的发展和演变的历程，而且还依据实物与文献相互结合的方法，剖析了装饰风格产生的社会、历史、经济、宗教等因素，对其风格特质、艺术价值及其设计表达方式都进行了颇为深入的分析，并得出了相当系统的研究结论。

装饰设计风格的研究，其意义并不仅仅在于对历史的重温和对精美作品的赏析，而要着眼于更高层面，在对前人经验总结和思想境界认识的基础上，尝试建构在当今和未来社会，对培育社会人文精神，发展健康的文化事业产生直接作用的装饰设计体系，成为净化人的灵魂，陶冶人的情操，拓宽人的视野和优化人的心智的精神食粮。毫无疑问，有关北美的中国装饰风格研究，势必对我们认知和推动不同文化间的交流与对话起到积极的作用。我认为，学习研究十八世纪以来北美的中国装饰风格，有助于填补当前学术界的世界史、全球史和装饰设计史在这一研究领域的理论空白，起到以史为鉴、承前启后的作用，将有关中国装饰风格的历史研究延展过渡至二十世纪后期。此项冷门研究结合世界历史大事件，深度阐释了北美中国装饰风格发展所体现的时代特征，为今后进行跨东西方的文化传播交流、艺术设计和学术研究提供有效的理论依据。我想，这正是这部《十八至二十世纪北美的中国装饰风格发展研究》出版的意义所在。

搁笔之前，由衷祝贺朱爱伦的新著成功付梓。

是为序。

张夫也

2023年金秋于北京清华园

（张夫也，清华大学美术学院教授、博士生导师，中国艺术研究院特聘教授、博士生导师）

摘　要

自汉代在张骞的带领下，东西方之间的交流之路被打通，大规模的贸易和文化交流得以展开。随着东方贸易的繁荣，西方人开始接触到来自中国的艺术和工艺品，并对这个遥远而神秘的东方国度产生了无限的好奇和幻想。欧美工匠为满足市场的大量需求，通过对东方舶来品的观察和学习，创造出一种被称作"Chinoiserie"的装饰风格（后文统一称为中国装饰风格）。这种风格在十七至二十世纪，长达四个世纪的时间里，不断地在欧美各国引发流行，塑造了关于审美模仿、改变和文化融合的当代观念。

十八世纪中后期，随着欧洲古典艺术的复兴，中国装饰风格的热度退去。但是，它并没有就此退出历史舞台。欧洲殖民者在北美建立殖民地之后，为尝试延续自己的文化而做出了大量的努力，其中就包括将中国装饰风格的商品出口到北美。这种风格在北美殖民地焕发新生，具有强烈地域特色的中国装饰风格设计相继出现。

本文以阐述中国装饰风格在欧美的发展历史和设计特点为基础，聚焦北美。将历史视为设计的力量和工具，从社会、文化、经济和政治多角度地探究这种风格如何对社会和艺术设计产生影响。使用历史性研究法、案例研究法和横向性结合纵向性研究法，通过收集整理大量有关中国装饰风格的文献和博物馆公开的实物资料以及推论性证据等，对中国装饰风格在欧洲和北美的演化过程的横向性截面研究进行纵向性的串联，探究之中的因果关系和内在联系。重点章节以纪传本末体的编写格式组织内容，尝试用中国的历史体例来描绘出这段独特的西方艺术设计风格。

国内外现存的中国装饰风格发展研究，多集中在有关十七至十八世纪的发展。随着这股时尚热潮在欧洲历史中逐渐衰落，学界对其的兴趣也迅速冷却，十八世纪之后的发展鲜少被关注，尤其是对后期发展起来的北美地区的中国装饰风格了解甚少。学习十八世纪以来北美的中国装饰风格，有助于丰富当前学术界世界史、全球史和艺术设计史对这一阶段研究的理论空白，起到承前启后的作用，使有关中国装饰风格的历史研究顺利过渡到二十世纪后期。本研究结合世界历史大事件，论述北美中国装饰风格发展所体现的时代特征，为文化传播者、艺术设计创造者在今后进行跨东西方文化交流时提供理论依据。

关键词：中国装饰风格；北美地区；文化比较；设计美学；文化传播

Abstract

Since the Han Dynasty, under the leadership of Zhang Qian, the road of communication between the East and the West was opened, and large-scale trade and cultural exchanges were launched. With the prosperity of trade in the East, Westerners began to come into contact with arts and crafts from China and became infinitely curious and disillusioned with this distant and mysterious Eastern land. To meet the significant demand of the market, European and American artisans created a decorative style called "Chinoiserie" by observing and learning from the imported products from the East. From the seventeenth to the twentieth century, this style gained popularity in Europe and the United States for four centuries, shaping contemporary ideas of aesthetic imitation, change, and cultural fusion.

With the revival of classical art in Europe in the mid to late eighteenth century, Chinoiserie lost its popularity. However, it did not retire from history. After establishing colonies in North America, European colonists tried to continue their culture, including exporting Chinoiserie-style goods to North America. This style was revitalized in the North American colonies, and the Chinoiserie style design with solid regional characteristics appeared.

Based on the development history and design characteristics of the Chinoiserie style in Europe and the United States, this paper specifically focuses on North America. Considering history as the power and tool of design, it explores how this style has influenced society, art, and design from multiple perspectives, including social, cultural, economic, and political. Explore how this style influences society and artistic creation from multifaceted perspectives using the historical research method, case study method, and horizontal combined with longitudinal research method. Collecting and sorting many documents about Chinese decorative style, physical materials, inferential evidence, etc., A cross-sectional study of the evolution of Chinoiserie in Europe and North America are linked vertically to explore the cause-and-effect relationships and interconnections. The key chapters are organized in a biographical format, attempting to portray this unique Western art design style in a Chinese historical manner.

Existing studies on the development of the Chinoiserie style in China and abroad focus on the development from the seventeenth to the eighteenth century. As the fashion craze declined in European history, academic interest in it cooled rapidly. Little attention was paid to developments after the eighteenth century, especially in North America's later development of the Chinoiserie style. Studying the North American Chinoiserie style helps to enrich the theoretical gaps in the current academic community, global history, and art and design history. This historical study links the past and the future of the Chinoiserie style into the late twentieth century. This study discusses the characteristics of the times reflected by the development of the Chinoiserie style in North America in combination with the significant events of world history to provide a theoretical basis for cultural communicators and artistic design creators to carry out cross-cultural cultural exchanges in the future.

Key words: Chinoiserie; North America Region; Cultural Comparison; Design Aesthetics; Cultural Diffusion

目　录

6

第一章 绪论

1.1 研究目的及意义

季羡林教授曾经说过："我认为二十一世纪应该是'东化'的世纪。我们不能只讲'西化'，不讲'东化'；不能只重视'西学东渐'而忽视'东学西渐'。"[1]

以大航海时代为背景，探讨中国文化对欧洲的影响是一个世界性的课题，近年来国内已经有不少研究成果介入这一领域，并有数篇博士论文问世。在各大学术网站上搜索关于Chinoiserie和东学西渐[2]的相关文献，发现主要文献集中于十六至十八世纪中西方之间的文化交流，即中国装饰风格兴盛时期。针对十八世纪后期，尤其是十九世纪至今的系统性研究几乎没有，笔者认为因为从十八世纪后期开始，中国装饰风格逐渐走向衰落，人们大多以为这段辉煌的东学西渐历史从此退出了历史的舞台，便不再过多关注之后有关中国装饰风格在欧美的发展变化。但它不仅幸存了下来，而且还在北美得到了延续。因此现有文献多集中于对这种艺术风格在欧洲的表现及特色的讨论。而北美流行的中国装饰风格鲜少被提及，讨论中国装饰风格时没有明确指出流行于欧洲和北美的中国装饰风格之间的区别，更没有对这段历史进行深入性探究的博士论文问世。

1.1.1 理论意义

十六世纪开始，中国的艺术设计在欧美与当地艺术设计产生了互动和交融，研究中国装饰艺术设计文化进入到欧美文化之后产生的迭代和变形的历史，有助于理解西方美学的特质、异质、发展和走向。

包豪斯于1919年诞生，是工业革命时代的产物，包豪斯的设计模式起源于工业主义，[3]目前已成为艺术史中不可代替的一页。包豪斯在德国被纳粹打压后，其核心成员都选择了逃往美国。他们得到了美国的接纳和认

---

1 季羡林：《人物风流：19世纪"东学西渐"中的两个外国人》[N]，《北京日报》，2005年03月01日。

2 "东学西渐"表示中国文化向西传播的过程。在这里，最后一个字"渐"做动词，读一声jiān，表示慢慢发生改变、流转传播的意思。

3 李立新：《包豪斯与中国——写在包豪斯诞生100周年之际》[J]，《南京艺术学院学报》2019年6月，第1—3页。

可，对美国、乃至全球的艺术设计的发展具有推动作用。第二次世界大战后，美国的艺术设计风行世界，著名艺术评判家克莱门特·格林伯格的研究表明，最"先进"的西方艺术形式不再是在欧洲，而是在纽约。当代艺术设计的产生、发展和形成基本是美国推动的结果。而这段时间也正是中美两国政治经济发展的重要阶段。美国动用经济和政治手段，将波普、极简等美国艺术设计确立为当代艺术发展的风向标。[1]美国艺术的历史并不悠久，但其艺术风格的变化，不仅体现在风格上，还体现在创新、积极、兼容并蓄的观念上。要深入研究国际设计，就要研究美国的艺术设计史，了解作为一个发展历史较短的移民国家，美国是怎样成长为世界艺术支柱，并得到在当代艺术设计领域中举足轻重的地位的。[2]

基于美国的国际影响，研究美国艺术设计是如何学习和吸纳中国的文化。从事这个阶段的理论研究极具价值：

一方面，通过对欧洲近代殖民扩张史和美国独立战争前后历史发展的研究，重新审视世界艺术设计的变迁，能够有利于世界艺术设计史和中国相关部分的发展研究；

另一方面，从东方文化在欧美的兴盛进程上，看其对世界艺术设计的影响。对中国艺术设计史进行补充。探讨西方中国装饰风格的兴盛是如何影响到政治、经济、社会和文化的融合和发展的。

装饰艺术和设计融入日常生活，对民众审美观念起着潜移默化的作用，可以说是艺术设计最接近生活的领域。北美受众对中国元素融入日常生活的设计的接受程度，显示出中国文化对西方文明产生的影响。北美中国装饰风格的应用也体现了美国对中国文化的解读程度。

同时，当今中国"一带一路"的战略是今后中国对外开放的总纲领。丝绸之路经济带和二十一世纪海上丝绸之路的合作倡议又借由古代丝绸之路的历史符号，积极发展中国西部与亚欧非沿线国家的经济合作伙伴关系。研究北美中国装饰风格的发展路径，在传统文化全面振兴、文化自信空前高涨的今天，对共同打造经济融合、文化包容的利益共同体、命运共同体和责任共同体也能提供一定的启示意义。

互联网经济和疫情引发的社会性动荡，改变了以往世界的格局，结合国际关系和传播学理论，研究中国装饰风格，在新的世界格局下，对国际文化交流有借鉴意义。

1　王蕾：《二战后美国艺术赞助体系与美国当代艺术崛起》[J]，《美术》2015年第6期，129—133页。

2　吕晓萌：《包豪斯和美国》[D]，浙江：中国美术学院，2018。

本次研究以当今中国艺术设计作为主视点，重新审视世界艺术文化的变迁，重建文化自信，推进当代中国艺术文化的建设。并且，研究这一时期美国艺术设计领域对中国艺术设计的吸纳，对艺术设计传播、文化传播是一个重要的参考。

本论文将重点放在北美的中国装饰风格的研究方面，即研究北美的中国装饰风格从英国传入和创新的过程、英美两国之间中国装饰风格的联系和差异。对这段历史的梳理，不仅可以丰富当前的研究，还有助于填补当前学术研究的理论空白，对研究中西方装饰设计文化的特点、发展方向提供了视角，更能起到承上启下的作用。

1.1.2 现实价值

自十九世纪以来，西方文化持续对中国近代历史起到强势的影响。然而十七世纪开始，欧美对中国文化的极度崇拜，也深刻地影响了欧洲近代社会的进步。至十九世纪末期，中国装饰风格对西方艺术上的影响和发展已经不限于形式而逐步深入到思想内核之中。很多艺术家、文学家开始了解中国的哲学思想，转而影响到整个艺术设计领域，乃至西方文明的发展。

Chinoiserie风格广义来讲是指：中国元素对西方艺术设计的影响；狭义是指：流行于欧美的艺术设计流派，西方人对东西文化交融的结果。当今，在国际化传播的时代背景下，设计师有必要了解自己文化之外的异文化，领悟彼此如何认知和理解对方的文化。以中国为例，探究中国和中国文化的形象在西方设计历史中经历了何种转化和变迁，尝试站在西方人的角度，解读中国文化和审美方式。引发如何将更深层的中国文化内核与西方文化进行迭代的思考。在接轨世界传播中国文化时，将对中国设计师判断中国文化特质和未来发展具有指导意义。也让西方设计师、文化传播者了解自古以来西方的中国装饰风格设计就存在一定的片面性，引导西方设计师接触更真实的中国文化，让那些对东方文化感兴趣的专业人士深入到中国传统文化的美学价值、意蕴内涵研究当中。对于未来西方设计师在设计语言的选择和运用时起到积极的影响。

国内学术界对诞生于欧美的中国装饰风格源起和发展关注不足，没有从根源层面去更全面、科学诠释"中国风格"，把真正的"中国风格"呈现给西方世界。当前，中国经济和世界经济高度关联。中国一以贯之地坚持对外开放的基本国策，构建全方位开发新格局，深度融入世界经济体系，为人类和平发展做出更大的贡献。中国也正处在由"中国制造"向

"中国设计"升级、转型这一关键时期。而让世界了解中国，消除历史偏见和文化误读，是前提条件之一。所以对北美的中国装饰风格的发展路径进行探究，在中国传统文化全面振兴、文化自信空前高涨的今天，具有积极的时代意义。作为自幼生长于海外的华人，本书的作者有责任在这个时候，尽力发挥自己的文化优势，以对东西两方较为深入的了解，站在中立的角度，去看待、还原和解读这段发生在北美的历史。

希望借由本研究，深入学习中国装饰风格，了解西方视角，让这段曾经满足西方世界通过艺术和设计，表达他们想象当中的东方幻境的艺术设计历史，增进人文交流与文明互鉴，实现多元、自主、平衡、可持续发展，并继续推动中国文化和世界文化之间的融合和发展。使中国厚重的历史、文化底蕴和涵养凝缩而成的东方美学元素，可以不断地给予国内外设计师充沛的灵感。同时，借由这段艺术设计发展史让世界了解和接受中国文化和哲学思想，促进越来越多的承载中国精神的艺术设计及其相关产品进入全球市场，进而推动中国软实力的快速上升。

1.2　概念界定

首先会对装饰风格的定义进行阐述，以及对装饰艺术设计的范畴进行界定，为后文进一步拓展描述做好铺垫。

同时通过对历史的梳理，发现十七至十八世纪出现在欧洲的"Chinoiserie"风格，在国内常用的中文翻译是中国风或中国风格，但是这种表述不够准确且容易引起歧义。重新回顾历史、语言和文化等三方面，厘清对这一概念更合适的中文表述。同时，为了方便后续阐述，将对"欧洲""北美""东方""远东"等地理范围进行解释，以避免概念的混淆。

1.2.1　装饰风格的定义

五至六世纪，中国历史学家范晔的《后汉书·梁鸿传》中就出现过"装饰"一词，书中写道："女求作布衣、麻屦，织作筐缉绩之具。及嫁，始以装饰入门。"这里的装饰表示修饰、装扮。[1]蔡元培先生将"装饰"的形式分成五种类别，分别是：身体、服饰、器物、宫廷皇室和都市的装饰。[2]

1　辞海（第七版）[M]，上海：上海辞书出版社，2020年。

2　蔡元培：《蔡元培美学文选》[M]，北京：北京大学出版社，1983年，第60—61页。

詹姆斯·阿克曼（James Ackerman）指出，在艺术史领域，艺术设计作品的"形式（Form）"和"风格（Style）"的含义有重叠，但也有些许区别。形式仅限于物体本身的结构，而风格指的是一种特殊的文化。[1]风格体现了艺术家和设计者在其作品中所具有的鲜明特点和个性。

装饰艺术设计风格，通常是指某个特定地域、特定历史阶段的人们社会生活的审美偏好、素质层次、群体文化的整体需求与反映。在艺术设计中，装饰艺术具有不可替代的作用。在手工盛行的年代，装饰常常成为设计中一个重要组成部分。现代设计中的装饰形态与内涵，虽然有所改变，但其实质并未发生改变。纯艺术、装饰艺术、设计是相互关联、相互影响的。本质上讲，装饰是人们对旧有的东西和形式进行改良、优化和美化的行为。装饰是一种文化的衍生物，也是文化的某种艺术化表现形式。[2]艺术设计风格的丰富性，也源于人们审美需求的多元化，以及受到受众群体文化背景差异等诸多因素影响。可以看出，装饰风格体现了某种主观偏好，正如盖伦·约翰逊（Galen Johnson）所说，"人们所有的感知都是风格化的，它体现了这个世界的某种风格。"[3]现代装饰艺术包含着多层含义，象征着普通美术的功能、实用性的功能和艺术功能。[4]

"装饰艺术"运动，即ArtDeco，是二十世纪二十年代开始在以法国、英国、美国为代表的国家中掀起的一股艺术设计热潮。它既有手工业的特征，也有工业化的特色，即把奢华的手工艺与代表着未来的工业结合起来，创造出一种新的艺术形式。装饰艺术运动的设计追求的是奢华感，以符合人们对产品形态的审美要求，是一种精英化的设计，主要服务于上流社会的客户。[5]

"各种能够让人赏心悦目而不一定表达理想或观点、不要求产生审美联想的视觉艺术。陶瓷制品、玻璃器皿、宝石、家具、纺织品、服装设计和室内设计，一般被认为是装饰艺术的主要形式。"[6]也有学者表示"装饰艺术和建筑之间存在着共生的关系，装饰突出并加强了任何建筑构图的空间属性。相对的，建筑也提供了理想的物质支持，以展示装饰艺术的创造

---

1 Jules David Prown, Style as Evidence [J], Winterthur Portfolio, Volume 15, Number 3, 1980, p197.

2 李砚祖：《艺术设计概论》[M]，武汉：湖北美术出版社，2009年，第52—55页。

3 Anne Anlin Cheng, Ornamentalism [M], Oxford: Oxford University Press, 2019, p14.

4 李砚祖：《艺术设计概论》[M]，武汉：湖北美术出版社，2009年，第52—55页。

5 张玉花，王树良：《现代设计史（全彩版）》[M]，重庆大学出版社，2015年，第41页。

6 简明不列颠百科全书[M]，北京：中国大百科全书出版社，1986年，第549页。

力和工艺。"[1]因此除了常见的装饰艺术表现形式的案例，本研究也会涉及一些相关建筑的讨论。

1.2.2 本研究中的"中国装饰（Chinoiserie）"风格

早在路易十四的财政记录中，对中国式制作已经有记录在册的特定表达方式，例如："façon de la Chine"和"à la chinoise"，译为中国方式和用中国方式制作。

"Chinoiserie"一词首次出现在1836年出版的法国小说《禁治产》（《L'Interdiction》）中，作者巴尔扎克（Honoré de Balzac）用"Chinoiserie"来表示中国风格的工艺品。自此，这个词开始频繁地被用来指代中国风格制作的物品。1878年"Chinoiserie"被正式收录于法国词典（Dictionnaire de l'Académie française）[2]，字典中对Chinoiserie的解释为："收藏艺术、收藏和好奇，中国人都喜欢。""第二帝国时期的中国特色"。

牛津英语字典中是这么描述的："装饰风格尤指十八世纪西方艺术、家具和建筑中的装饰风格，以使用中国图案和工艺为特点。"

《不列颠百科全书》中对"Chinoiserie"的记录："十七和十八世纪西方风格的室内设计、家具、陶器、纺织品和园林的设计，代表了欧洲对中国风格的奇特诠释。在十七世纪的头几十年里，英国和意大利以及后来的其他工匠开始自由地利用从中国进口的橱柜、瓷器器皿和刺绣上发现的装饰形式……中国装饰风格主要与巴洛克和洛可可风格结合使用，以大量镀金和上漆为特色；大量使用蓝白色；不对称形式；对正统观念的颠覆；东方人物和图案……这种风格以其轻盈、不对称和变幻莫测的图案著称——也出现在美术作品中……"

2006年牛津大学出版的装饰艺术百科全书当中"'Chinoiserie'指中国或伪中国（pseudo-Chinese）装饰图案为主的一种欧洲艺术。这个词最常用于形容十七世纪下半叶至十九世纪初的装饰艺术，当时欧洲和东亚的贸易往来处于鼎盛时期。"[3]

综上，"Chinoiserie"概念的基本含义可以总结成两点：

---

1 Anca Mitrache, Ornamental art and architectural decoration[J], Procedia Social and Behavioral Sciences, 2012, pp.567-572.

2 Dictionnaire de l'Académie française. 7th Edition, Vol.1, Paris, p307.

3 Gordon Campbell, The Grove Encyclopedia of Decorative Arts: Two-volume Set[M], USA: Oxford University Press, 2006, p.237.

1. 十七世纪开始流行于欧洲，基于欧洲设计师和工匠对中国元素富有想象力的诠释的伪中国风格。

2. 受中国舶来品瓷器、绘画、室内装饰、漆器、金属艺术和纤维艺术等影响，主要表现在装饰艺术设计领域。

柯林斯英汉双解大词典中"Chinoiserie"的中文被翻译为"中国风（装饰风格或艺术品的）"。且中国大部分相关文献也都使用了"中国风"作为"Chinoiserie"的中文表述，小部分则使用了"中国风格"。但是这两种表述很容易和其他领域如文学、音乐和戏剧中的中国风格混淆。在知网中检索"中国风"和"中国风格"两个关键词，上千个结果中，仅有十几篇真正和流行于欧美的Chinoiserie艺术设计风格相关。（图1.1、图1.2）

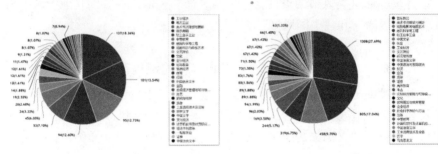

图1.1 中国风   图1.2 中国风格

"Chinoiserie"一词的词根源自法语的"Chinois"，即"中国人"的意思。从古代开始，欧洲人就对具有异国风格的中国表现出强烈的兴趣。商人、传教士等给欧洲带来了关于东方国家的稀有商品和新奇的故事。马可·波罗的描述及自十六世纪以来中国和欧洲的贸易让欧洲人认识了这片新颖的、神秘的东方土地。同时，欧洲人喜爱收集珍贵的中国手工艺制品，认为这是财富的象征。欧洲的国王们对这类工艺品进行了大量的收藏，包括路易十四等君主。

欧洲人最喜爱的是中国的传统书画、丝绸、扇子、瓷器上山脉、瀑布、异国的建筑结构、皇帝、官员、士人、农民、僧侣和东方的动植物。这些图像加强了欧洲人的想象力，刺激了他们对中国的幻想。从中国带来的产品向他们展示了装饰艺术品的异国艺术美感。

凡尔赛宫的花园也采用了一些象征吉祥意味的中国传统装饰图案，使

---

1 图1.1和图1.2数据来源：中国学术期刊网络出版总库，中国博士学位论文全文数据库，中国优秀硕士学位论文全文数据库，中国重要会议论文全文数据库，国际会议论文全文数据库，中国重要报纸全文数据库，中国学术辑刊全文数据库，外文期刊，国际会议。

花园富有异国情调。[1]建筑师迈尼桑在设计路易十五在尚著伊的别墅时，一些房间的设计不再使用对称原则，设计了弯曲的墙壁，并采用了彩绘天花板。彩绘采用了带有东方花卉图案的生动风格。奥地利宫殿"布洛涅"宫殿的两个大厅也装饰着大量东方元素。墙壁上装饰着彩绘的风景和花鸟，嵌在黑漆金色图案的背景上，其边框装饰着植物、鸟禽等图案。墙壁用珍贵的紫檀木装饰，以金色的贝壳和植物图案作框架，框架内镶嵌着工笔画，都具有纯粹的东方情调。[2]

基于对历史的尊重、字面解读和概念含义等三方面，《外国工艺美术史》（张夫也，2004）[3]和《工业设计史》（何人可，2000）[4]中对这一风格的描述"中国装饰"作为"Chinoiserie"的中文翻译更为贴切。后续研究中将统一称这类风格的设计为·"中国装饰"风格，以区别其他领域中出现的"中国风"和"中国风格"。

1.2.3 本研究中"欧洲"与"北美"的地理范畴

引发过中国流行风潮的欧美国家，主要包含十七世纪前就同中国进行过贸易往来的国家，如：英国、法国、德国、意大利、奥地利等，以及十八世纪成为独立国家的美国。本研究中记录的西方或欧洲国家，专指当年入侵美洲并建立殖民地的国家，以英国为主，偶尔会涉及法国。"北美"主要讨论曾经成为英属殖民地的并且引发本土特色中国装饰风格热潮的北美洲的一些地区，包括美国和墨西哥。

探讨的范围不仅限于地理上的概念，同时也含括政治、经济、社会和文化上的观点。

1.2.4 本研究中"远东"与"东方"的地理范畴

当时的欧洲人对中国的实际情况其实并没有一个明确的概念。通常，像"东方""远东"或"中国"这样的词的含义都较为模糊，主要用来表示拥有中国文化作为主要代表的东亚地区。艺术史中，"东方（Orient）"通常表示中国、日本、印度、东南亚等国。[5]

1　徐艳文：《美丽的凡尔赛宫花园》[J]，《花木盆景（花卉园艺）》，2016年第6期，第43—45页。

2　平平凡：《"中国风"对欧洲和俄罗斯传统绘画及室内装饰艺术的影响》[J]，《美术》，2013年10月，第128—133页。

3　张夫也：《外国工艺美术史》[M]，北京：中央编译出版社，2004年第二版，第296页。

4　何人可：《工业设计史》[M]，北京：北京理工大学出版社，2000年，第24页。

5　范梦：《东方美术史话》[M]，北京：中国青年出版社，1996年。

关于"远东"这个术语，哈佛大学东亚研究的教授Fairbank和Reischauer的书中写到过："When Europeans traveled far to the east to reach Cathay, Japan and the Indies, they naturally gave those distant regions the general name 'Far East'."[1]就是说，当欧洲人远赴东方到达中国、日本和印度群岛时，他们自然而然地给这些遥远的地区冠以"远东"的大名。值得一提的是，这句话在英文原文里提到中国的时候，用的是Cathay而不是China。Cathay这个词，其实是当年马可·波罗传入欧洲的，有的时候被翻译成契丹和华夏。这也一直是学术界对历史中欧洲称呼中国时颇有争议的词。

本研究中的中国装饰风格，灵感来源地，将主要针对中国，偶尔会涉及部分受中国文化影响的日本文化，例如：禅宗等进行讨论。

1.3　文献综述及研究现状

在过去的七十年中，西方学者以东西方关系为主题的著述有数百本。经济学、政治学、文化史、文学、人类学、建筑学、哲学、城市规划、宗教、语言学和艺术史等领域都对东西方的相互作用进行了大量研究。笔者广泛地对这些文献进行了搜集、整理和学习。

海外国家对中国装饰风格开展了较为系统的研究，例如，英国著名艺术史学家Hugh Honour（1961）的《Chinoiserie: The Vision of Cathay》[2]指出"中国风"十一世纪发端，历经几个世纪发展，十七世纪渗透到欧洲人生活当中，成为欧洲趋之若鹜的时尚潮流，直接形塑了名扬西方时尚史的洛可可风格，并在十八世纪中叶达到顶峰。这本书立足"中国风"在欧洲发展过程让人们看到了不同时期中国风设计表现以及欧洲人认知当中的中国形象变迁历程；十四世纪之后，欧洲文学和艺术出现"古典主义流派"和"巴洛克艺术"两大分流。于复洋（2011）[3]指出其中的"巴洛克艺术"受到来自中国的瓷器、茶叶、丝绸等造就的"中国装饰"风格影响，最终

1 Edwin O, Reischauer, John K. Faibank. East Asia: The Great Tradition[M]. Boston: Houghton Mifflin, 1960.

2 Hugh Honour, Chinoiserie: The Vision of Cathay[M], London: John Murray Ltd, 1961, pp.8—15.

3 于复洋：《18世纪欧洲文化思潮中的"中国风"》[J]，《大众文艺》（学术版），2011年第21期，第165页。

发展成为"洛可可艺术"。袁应明（2012）[1]对中国装饰风格之所以在欧洲出现的原因开始探究，指出因为开辟新航路，尤其是1514年葡萄牙人的进入，揭开中国和欧洲的交往，出现了十七至十八世纪欧洲的"中国热"，当时源于中国的各种工艺品得到了各阶层的一致青睐。日本中国艺术史和文学史研究家小林太市郎（1982）[2]《洛可可的形成》阐述了中国装饰风格对洛可可风格形成的影响，甚至，小林太市郎指出，十八世纪风靡欧洲的洛可可风格，应该更名"中国——法国式"风格，才是比较准确的称谓。

对比之下，中国对于这股中国装饰风的研究，目前还处于起步阶段，相关的研究散见于不同研究领域的论文当中。而且，相关文献也都使用了"中国风"作为"Chinoiserie"的中文表述，小部分则使用了"中国风格"。作者在中国知网（CNKI）等相关学术平台上以"中国风"和"中国风格"为主题词进行搜索，发现在现有的汉语词汇当中，"中国风"和"中国风格"都还没有形成专业术语。且这两种表述非常容易和其他领域，如文学、音乐和戏剧中的中国风和中国风格相混淆。作者以"欧洲中国风"为主题词进行搜索，对应搜索出文章158篇，其中还有一部分文章与选题研究"中国装饰"风格不符。以"十七至十八世纪欧洲中国风"为主题开展搜索，仅搜索出来16篇契合主题文章。因此，可以看到，当前国内学术界与选题相关的研究相对匮乏。而且，现有的研究更多集中于欧洲"中国装饰"风格的由来，欧洲各种"中国装饰"风格作品当中体现出来的中国设计元素，等等，系统、全面的研究就目前来说，仍旧有待于学术界进一步完善。

需要指出，国外中国装饰风格的研究虽然相对系统，但并不全面。因为外国学者对于中国历史文化的了解并不充分和准确，他们眼中的中国装饰风格是有偏差的，是迎合了欧洲文化特点和欧洲人喜好的中国风格。甚至一些研究当中，对于中国装饰风格设计艺术有所贬低，例如Porter D（2010）[3]基于中国装饰风格研究的基础上深入分析中国美学对包括英国美学在内的欧洲美学所产生的深刻影响，他认为中国工艺美术品过于俗丽，但迎合了当时欧洲人追求新奇样式和异国情调的需求，因此，他把中国装饰风格定义为俗丽的异国情调。显然，这一认知是因为片面认知了中国艺

1　袁应明：《17—18世纪"中国风"在欧洲的有限影响及原因分析》[J]，《内蒙古农业大学学报》（社会科学版），2012年第4期，第323—324页。

2　小林太市郎：《洛可可的形成》[J]，《美术译丛》，1982年第3期，第49页。

3　Porter D, The Chinese Taste in Eighteenth-Century England[M], Cambridge: Cambridge University Press, 2010, p.21.

术文化和中国传统审美而造成的错误理解。而这样认知的存在，正是因为国内学术界对欧洲中国装饰风格源起和发展关注不足而造成的，没有从根源层面去更全面、科学诠释中国装饰风格，把真正的"中国风格"呈现给西方世界。在当前中国正由"中国制造"向"中国设计"升级、转型的这一关键时刻，需要发挥中国厚重历史文化底蕴涵养而成的东方美学元素，不断给予设计师充沛灵感，让中国装饰风格成就西方世界的东方情愫，满足设计表达想象当中的东方幻境。

1.3.1　中国装饰风格相关学术研究概况

（一）国内外中国装饰风格的研究动态

Hugh Honour（1961）[1]出版了第一部对中国装饰风格开展系统研究的专著，他指出中国装饰风格已经形成了一种欧洲美术史的特有现象，从欧洲人对中国的想象当中，渗入欧洲人日常器物，由此影响了十八世纪欧洲美学。

Arthur O. Lovejoy（1933）[2]开展了中国美学对英国美学的影响研究，针对十八世纪英国美学（尤其是园林艺术）当中摒弃了古典主义追求的规则之美而开始寻求以"荒野"式无限接近自然的多样性，学者认为这种转变源于中国园林艺术，由此促进欧洲美学从规则美学（古典主义）转向了不规则美学（浪漫主义）。

Jacobson（1999）[3]基于艺术史视角对中国装饰风格进行了深入研究，指出真正的中国风格是西方对于中国这样古老东方艺术想象的"具体再现"，欧洲人想象着那个遥远又充满异国情调的中国，由此对中国的各种器物以华丽幻想的展示开展丰富的想象，从而运用东方异域符号再现理想中的中国。

Álvaro Samuel Guimarães da Mota（1997）提出，"Chinoiserie"一词首次产生于欧洲，也称作"中国风格"。根据牛津英文词典的定义来看，"Chinoiserie"一词始于十七至十八世纪欧洲的时尚界，这一词是依托法语中"Chinois（中国的）"原词而演变形成的[4]。

1　Hugh Honour, Chinoiserie: The Vision of Cathay[M], London: John Murray Ltd, 1961, pp. 8-15.

2　Arthur O. Lovejoy, The Chinese Origin of a Romanticism[J], Journal of English and Germanic Philology, 1933(32), pp. 1-20.

3　Jacobson Dawn, Chinoiseie[M], London: Phaidon, 1999, p128.

4　Álvaro Samuel Guimarães da Mota, Gravuras de chinoiserie de Jean-Baptiste Pillement [M], Faculdade de L etras da Universidade do PortoPorto 1998, p16.

袁宣萍（2005）[1]博士论文《17—18世纪欧洲的中国风设计》立足中国装饰风设计核心，比较全面阐述十六世纪以来欧洲诸多领域中国风设计表现，学者的研究对于中国装饰风格设计研究，起到了一定引领作用。

　　秦东旭（2017）认为狭义的中国装饰风格即是十七世纪的欧洲设计在仿照中国设计的进程中，将中国的传统艺术元素广泛运用于装饰建筑、园林设计、器皿设计、建筑等多种艺术门类之间而构成的一种新的艺术设计风格。广义的"中国装饰"风格指的是中国艺术风格，它是以中国传统文化为内核，以古老的艺术元素作为设计体现的内容，历经多年的沉淀以及多代的继承和发展而构成的某种独特的艺术设计风格，例如清新自然的水墨画、富丽而具有民俗元素的年画、精致的剪纸、古拙的明式家具或是传统刺绣和器物上的古老装饰纹样等都属于中国装饰风格的范畴。欧美不同年代的中国装饰风格，其设计的目的都是从中国传统文化中持续地吸收设计灵感，以便融入设计思维中[2]。

　　王业宏、姜岩（2020）的观点是，中国装饰风格是在欧洲了解中国的渠道非常狭窄，又对那一时期的中国具有普遍的向往和崇拜心理的前提下，西方人依据较少的实物资料加上想象而展开的大规模的浮于形式的设计[3]。

　　赵阳（2018）[4]引入了"异域凝视"这一基于文化差异形成的视觉政体来研究中国装饰风格对于欧洲艺术风格的具体影响，他指出当时以中国瓷器为主的各种工艺美术品引发了十七、十八世纪的欧洲人创造了一系列中国风格的壁画、挂毯、家具器物等，在构图上突破古典主义严格教条凸显曲线、不对称之下可爱、柔和的特征，由此形成了洛可可式的西方视觉驾驭下的自然、阴性的中国，进而影响到欧洲美学的架构。

　　刘靖等（2009）[5]指出十七至十八世纪的法国窑厂学习和模仿中国瓷器的设计风格，出产的艺术品不仅为法国权贵们所喜欢，也大量销往欧洲各地，充分表现了中法瓷器文化的交流。

1　袁宣萍：《17—18世纪欧洲的中国风设计》[D]，苏州：苏州大学，2005。

2　秦东旭：《生于东方，成于西方——论"中国风"在西方现代创意设计中的运用》[J]，《美与时代》（上）， 2017年第4期，第19—21页。

3　王业宏，姜岩：《19世纪末20世纪初美式"中国风"服饰现象浅析——以美国康奈尔大学纺织服饰博物馆收藏为例》[J]，《艺术设计研究》，2020年第1期，第36—43页。

4　赵阳：《法国洛可可艺术中的中国视界》[J]，《文化艺术研究》，2018年第6期，第149—153页。

5　刘靖，徐小娇：《浅析17、18世纪法国窑厂的中国风设计》[D]，江西：景德镇陶瓷学院，2009年。

彭锋（2018）[1]表示欧洲现代美学的兴起和建立与外来文化影响是分不开的，其中尤其是中国装饰文化的影响。例如自然式的中国园林影响了欧洲园林艺术风格，但却因为现代性中的"文化政治斗争"使之被篡改成英国人的发明。但溯其源头，正是中国装饰风格在欧洲的流行催生了现代美学兴起，内化到现代设计当中，从而影响了当代的设计。

王晓闻等（2012）[2]指出，欧洲的中国装饰风格在十九世纪时虽然衰落，但是中国艺术风格在世界艺术设计舞台上已经留下了自己的烙印。在当时欧洲形成"Chinoiserie"，一是源于欧洲的东方情结和中国文化热，二是中国外销艺术品独特的风格情调激发的消费喜好。

邵志华（2017）的研究表明，十九世纪末期以来，西方对东方古老文化的向往再次达到了高潮，中国装饰风格在欧洲得以广泛传播。伴随东西方交流的逐渐频繁，二十世纪初期，许多中国知名艺术大师在欧洲举办画展，将中国艺术创作中的写意观念传递给了欧洲。同时，在绘画界，以敦煌壁画为代表的东方艺术进入了欧洲，这类艺术品所呈现的艺术观念成为欧洲美学转变的推助[3]。

例如，敦煌壁画线描艺术具备"立形写意"的特质，即仅仅凭借线的粗细、疏密等来体现丰富的物象，实现状物传神（张小琴，1996）[4]。因此，中国艺术领域中中国风格的西传，促使蕴含于其中的中国美学理念对欧洲美学产生了深远影响，尤其是中国装饰风格中的写意观念逐步为欧洲所认同和借鉴。

十九世纪后，欧洲美术绘画风逐渐从写实朝着抽象改变，在美学思想观念上完成了从传统向现代的转变。虽然高扬鹏（2019）认为，这种转变还源于其他原因，如伴随工业革命的快速发展，摄影艺术兴起，对传统写实绘画形成了冲击，但以中国美术为代表的Chinoiserie风无疑在这其中起到了一定助推作用[5]。

---

1 彭锋：《欧洲现代美学中的中国因素》[J]，《美育学刊》，2018年第1期，第1—4页。

2 王晓闻，邢鹏飞：《对欧洲的中国风设计的新认识——读袁宣萍的十七至十八世纪欧洲的中国风设计》[J]，《大众文艺》，2012年第14期，第72—73页。

3 邵志华：《20世纪前期中国文艺美学对西方的影响》[J]，《南通大学学报》（社会科学版），2017年第4期。

4 张小琴：《壮骨畅神立形写意——敦煌壁画线描艺术之探究》[J]，《敦煌研究》，1996年第3期，第93—95页。

5 高扬鹏：《西方美术史上绘画从写实到抽象的演变及原因》[J]，《大众文艺》，2019年第1期，第125—126页。

晏彦（2009）[1]指出十七世纪时，欧洲人创造出"Chinoiserie"，通过当时中西商品、文化的交流认识、接受中国艺术，进而发挥想象力的灵感源泉，欣赏、模仿中国艺术，由此逐步确认了中国装饰风格在全球艺术设计舞台上的重要地位，并且表现在二十世纪初乃至当代的欧美园林设计、服装设计乃至建筑装饰等多个领域。

阎鹤（2006）[2]指出当代欧洲的设计师时常借用中国元素（如装饰纹样、扎染工艺等富于中国特色的设计、手法等）进行创作。而且，他们对于中国装饰风格的认知远远超出了十八世纪水平。

于奇赫（2018）提出，与十八世纪欧洲对中国物品的模仿相似，在十九世纪，"中国风"也出现在了美国的东部，美国对来自中国的瓷器"桃花片"的仿制引发了一场模仿中国器具的风潮。[3]

伴随着新航路开辟，尤其是1514年葡萄牙进入亚洲，正式打开了欧洲各国与中国的广泛的、多层面的交流。在交流进程中，产生了十七至十八世纪席卷欧洲的"中国热"。即在那一时期，中国和欧洲的交流涉及政治、经济、文化、艺术等多个层面，虽然中国艺术品进入欧洲并不代表着西方艺术的改变，但这的确体现了从十七世纪开始兴起的中国装饰风设计的主要趋势（David Almazán Tomás，2003）[4]。然而伴随着时代背景、经济、文化的改变和发展，中国的设计也将随之产生变化，体现出新的风貌。十七至十八世纪"中国风"在欧洲的兴盛仅仅是昙花一现，它在十八世纪末快速消退（袁应明，2012）[5]。McDowall，Stephen（2017）认为这种设计风格的作用是表面的，浅层的，缺乏深刻印记的，总体而言只是对欧洲的艺术以及社会生活产生了部分影响，还不能够对欧洲的主流的文化和社会思潮产生显著的影响。反之，比起十七至十八世纪欧洲的中国装饰风格潮流，中国装饰风格对于十九至二十世纪时期欧美的影响则更为深远

---

1 晏彦：《东风再起——欧洲现代装饰设计中的"中国风"》[J]，《美术大观》，2009年第4期，第106—107页。

2 阎鹤：《18世纪与当代欧洲纺织品设计的"中国风"》[J]，《国外丝绸》，2006年第2期，第25—27页。

3 于奇赫：《飞尽桃花片——19世纪美国制作的康熙豇豆红风格玻璃器》[J]，《收藏家》，2018年第12期，第24—29页。

4 David Almazán Tomás，LA SEDUCCIÓN DE ORIENTE:DE LA CHINOISERIE AL JAPONISMO [J]，Artigrama，2003(18)，pp. 83—106.

5 袁应明：《17—18世纪"中国风"在欧洲的有限影响及原因分析》[J]，《内蒙古农业大学学报》（社会科学版），2012年第4期，第323—324页。

和广泛。[1]

（二）艺术设计领域中的中国装饰风格研究

关于艺术，Francesco Morena（2022）表示欧洲的中国装饰风格最早可以追溯回十三世纪晚期，欧洲的艺术家和工匠受到东方的影响，艺术领域出现了大量中国技术与欧洲审美结合的全新创作。中国装饰风格是一种广泛的文化和艺术的追求，不仅限于某类特定的艺术风格，也不限于某种特定的创作媒介，其产生和发展都源于欧洲，中国装饰风格深刻地影响了欧洲的艺术的发展。[2]王才勇（2019）指出，从十九世纪开始到二十世纪初，中日主导东方美术对西方美术的现代主义发展具有重要的推动作用[3]，其原因之一便是中国瓷器的大量出口。中国出口的瓷器是美国查尔斯顿地域最常见的瓷器之一，在多个考古遗址中占瓷器总量的24%，这带来了青花瓷绘艺术的广泛传播[4]（Robert A. Leath，1999）。青花瓷绘艺术引起的中国装饰风格影响欧洲美术画风又涉及了欧美，在这其中受影响最多的是欧美的画家。所以青花瓷绘图案中的水墨绘画样式成为某种独特的东方文化符号，从欧洲人的审美转而进入欧美人的视野领域，让其得到最初对传统中国的印象。中国传统艺术的审美理念从此影响了欧美人对中国艺术的意趣和观念。

因美国画家詹姆斯·A·M·惠斯勒（James Abbott McNeill Whistler）的积极推动，促使青花瓷绘画对欧美的印象派画家改变艺术理念起到了一定影响。惠斯勒的知名作品《玫瑰色与银色：瓷国公主》（图1.3）便是他依托青花瓷器皿以及器面的绘

图1.3 詹姆斯·麦克尼尔·惠斯勒：《玫瑰色与银色：瓷国公主》，1860年，布面油画，116.1cm×226.5cm，现存并展览于华盛顿特区弗瑞尔艺术画廊孔雀屋中

1 Stephen McDowall, Stephen. Imperial Plots? Shugborough, Chinoiserie and Imperial Ideology in Eighteenth-Century British Gardens[J], Cultural & Social History, 2017, 14(1), pp. 1-17.

2 佛朗切斯科·莫瑞那：《中国风：13世纪—19世纪中国对欧洲艺术的影响》[M]，龚之允，钱丹译，上海：上海书画版社，2022。

3 王才勇：《东画西渐的三个历史阶段及其意义》[J]，《学习与探索》，2019年第3期，第144—150页。

4 Robert A. Leath, "After the Chinese taste": Chinese export porcelain and chinoiserie design in eighteen-century Charleston[J], Historical Archaeology, 1999.

画图案：中国古代的人物、山水、花鸟动物，向西方油画爱好者推荐了中国古代的视觉经验。在此幅画中，画家描绘一位身穿东方服饰的女子正在绘制青花瓷器，体现出画家对青花瓷绘图案的浓厚兴趣。英国学者贡布里希（Ernst Hans Josef Gombrich）在其《艺术发展史》书中，对惠斯勒的艺术追求的评论是："他最关心的不是光线和色彩的效果，而是优雅图案的构图。"的确，当青花瓷图案作为中国装饰风格这一独有的、有代表性的文化符号进入欧美人的视野，再加上美国人的积极推进而对欧美的印象派绘画起到的影响，这都为欧美传递了中国传统艺术信息（吴自立，2009）[1]。

总的来说，中国对欧美出口瓷器的贸易，推动了青花瓷器皿及其器面的绘画图案，包括人物、山水、花鸟等图案在欧美艺术审美领域中的融入和应用。

关于服饰，王双（2016）指出，十九世纪中期到二十世纪，有许多的欧美服饰设计在图案造型层面上大量提取和选用了中国图案。美国博物馆中众多的藏品显示，这些中国传统图案的使用主要包括三方面：

第一，中国传统纹样花卉纹、龙凤纹的应用，这是最多见的主题设计；并且中国传统服饰技艺特别是刺绣技术为西方人士所欢迎[2]。

图1.4 威廉·帕克斯顿：《新项链（The New Necklace）》，1910年，油画，存于波士顿艺术博物馆

第二，中国人物、景物等图案的织物印花，这也属于非常流行的图案设计。这类图案在部分画家的作品中时常可见，如威廉·帕克斯顿（William McGregor Paxton）（图1.4）创作的油画中就经常出现人物的衣物为美国传统样式，然而面料图案是东方人物的形象，衣物款式体现了二十世纪二十年代的服饰特征；

第三，一些服饰使用了和中国传统服饰非常相似的样式，即形制相同，并使用中国图案，但实质上并非中国传统服饰，而是属于中西结合的独立设计。

房诚诚（2017）指出，1905年，

1　吴自立：《19世纪美国"中国风"——中国瓷的文化影响》[J]，《世界美术》，2009年第2期，第95—101页。

2　王双：《"中国风"在高级时装设计中的应用研究》[D]，青岛：青岛理工大学，2016年。

著名时装设计师保罗·波列（Paul Poiret）（图1.5）为自己的夫人设计了一套具有中国吉祥纹样的服饰，设计灵感来自传统吉祥纹样，这是自中国装饰风格兴起开始，欧洲再次把中国装饰风格的图案应用于时装设计中[1]。而正式提出"中国装饰风格"时装系列的设计师是全球知名服装设计师伊夫·圣·洛朗（Yves Saint Laurent），在1977至1978年巴黎秋冬时装发布会上（图1.6），他的中国装饰风格服饰设计系列一经推出，便引起了人们广泛的注意。该系列衣物的设计灵感来自中国清朝官服中特有的凉帽与马褂。服饰帽子呈斗笠形，和凉帽非常相像，而衣服袖子也借用了清朝马褂宽短的特性。二十世纪八十年代春夏时装周上，他再次展示了中国装饰风格系列服饰，衣物肩部的造型设计来自中国传统建筑的翘角屋檐（图1.7）。

图1.5 保罗·波列：《孔子（Révérend）》，1905年设计的带有中国吉祥纹样的服装

图1.6 伊夫·圣·洛朗：1977-1978年巴黎秋冬时装发布会上展示的带有中国清朝官服设计元素的时装

图1.7 伊夫·圣·洛朗：中国传统建筑为灵感来源的高级时装，1977年

羽露（2013）认为：二十世纪之后的欧美中国风格服饰设计，设计创意更为超前，设计所包含的内容也更加广泛，东方的汉字、泼墨、女士旗

1　房诚诚：《汉代服饰中吉祥纹样的分析及其在现代设计中的应用》[J]，《山东纺织科技》，2017年第4期，第34—37页。

袍、古代建筑、传统纹样、中式园林等多方面的图案元素被广泛涉及。中国传统的花鸟纹、屋檐、青花瓷等图案频繁呈现于各大知名时装发布会片场，此时的欧美设计师主要是通过选取中国传统图案，融入自身的设计思维中，设计出中西文化融合的服饰[1]。（图1.8、图1.9、图1.10）

图1.8　Gucci ss17春夏系列，
大量使用中国传统设计元素

图1.10　卡尔·拉格斐：香奈儿科罗曼德
（Coromandel）晚宴系列，1996年

图1.9　汤姆·弗莱德：YSL FW2004秋冬系列

1　羽露：《论中国服饰设计的传承与发展》[J]，《旅游纵览月刊》，2013年第5期，第297页。

总体而言，十九世纪欧美国家盛行的中国装饰风格服饰图案设计，主要是采用中国元素展开新的设计，其中被众多设计师喜欢和群众热衷的传统刺绣技术，大量产生在中国装饰风格的服饰作品中。二十世纪以来欧美国家的中国装饰风格服饰图案设计，设计所包含的内容更为宽广。

　　关于建筑和景观，张波（2016）指出，十九世纪初期，中国元素和中国风格图案对欧美建筑的影响主要集中在上流人士的住宅中，且其影响局限于个别的景观构成和室内装饰。因年代久远，这些建筑都不复存在，仅存的早期中国建筑来自一张版画，展

图1.11　费城的宝塔和迷宫花园，约1828年

示了位于费城的宝塔和迷宫花园（图1.11）[1]。从图1.11中能够看出塔和房屋的设计风格具有一些中式建筑的典型特征，和欧洲的中国装饰风格的建筑体现出相似的面貌（William Chambers，1968）[2]。

　　例如，宝塔是一种中国独有的建筑形式，中国修建宝塔的工作也被附加了除保存佛教徒舍利子之外，镇邪、祈福以及观景等多种作用。作为某种标志性的建筑物，宝塔形式在十九至二十世纪被广泛应用在欧美的公共空间中。现在已知的建筑实例有：芝加哥市加菲尔德公园（Garfield Park）内的宝塔（图1.12）。

图1.12　芝加哥市加菲尔德公园宝塔，约1905年

1　张波：《中国对美国建筑和景观的影响概述（1860—1940）》[J]，《建筑学报》，2016年。

2　William Chambers, Designs of Chinese Buildings. Furniture, dresses, Machines and tcnsile[M], New York: Benjamin Blom, 1968.

欧美私家花园中，除了亭的中国建筑形式外，还有许多其他中式园林的典型图案。自1860年以来，欧洲的中国风"花园"逐渐流行起来，这类花园约占了近三分之一的花园比例（Gregory Kenneth Missingham，2007）[1]。1910年，罗德岛州布利斯托尔（Bristol）市的布莱斯沃德花园（Blithewold Garden）（图1.13）以及1920至1930年，法兰德为洛克菲勒家族在缅因州海豹港市设计的花园中（Abby Aldtich Rockefeller Garden），采用了月洞门（图1.14）。

图1.13　罗德岛州布里斯投尔市布莱斯沃德花园的月门，1910年　　图1.14　缅因州海豹港市洛克菲勒花园的月门，1920年

再如，在十八世纪的欧洲，重檐四角的中式亭子样式便作为一种经典的样式用作上流阶层的鸟舍。这种建筑形式用来展示动物具有通风等诸多优点，并且其反弧的屋顶隐喻着鸟类飞行的样子。十九世纪中后期，建造公共动物园的活动中，欧美动物园的建筑者们采用了这种东方特色，增加了动物展示的新鲜感，并让动物园内充满着异国情调。伊利诺伊州皮奥瑞亚市（Peoria）格伦橡树公园的松鼠笼舍具有典型性（图1.15），这一建筑物不但具有欧洲鸟舍建筑造型的特征，还体现了建造师对中国装饰风格的

图1.15　皮奥瑞亚市格伦橡树公园内的松鼠笼舍，不存，1910年

1　Gregory Kenneth Missingham Faculty of Architecture, China 1: A first attempt at explaining the numerical discrepancy between Japanese-style gardens outside Japan and Chinese-style gardens outside China[J], Landscape Research, 2007, 32(2), pp.117-146.

吸取和认识的提升，其檐角的起翘和建筑比例非常中国化，应该是吸取了中国本土的图案。

又如，中国建筑对于欧美公共建筑的影响少于其他建筑物类型。最大规模的应是两座剧院建筑，还有些许公共建筑门类。1927年建成的好莱坞格劳曼中国剧场综合了诸多的中国文化图案，比如龙头、红柱等，但并非属于传统中式建筑的构件，所以建筑的整体观感和中式建筑有天壤之别。这样的建筑并未吸取到欧洲中国装饰风格的精髓。甚至可以说，这一建筑是设计师对于中国风臆想的产物。相比较而言，西雅图市第五大道剧场的设计对中国风的理解更清晰（图1.16）。该建筑于1926年建成，即使建筑的外立面还是西式的，然而建筑的内部体现出对中国风格的透彻认识。例如中式建筑的彩画、神仙图案等都被恰当地应用到了演出厅和门厅的建筑设计中，体现出一种中国皇家建筑的尊贵。

图1.16　西雅图市第五大道剧场，1926年

Hamel N（2018）指出，从十八世纪开始，中国装饰风格的墙纸数量增多，例如十八世纪中叶的加拿大便出现了中国装饰风格的墙纸[1]。BH Clifford（2014）提及，中国装饰风格墙纸在欧洲的第二次盛行是在1826年至1850年。

十九世纪，中国装饰风格图案在室内装修设计中被广泛运用，它或是以单纯的中国装饰风格出现，或是被杂糅到"东方元素"这一广泛的设计风格中。在家具设计层面，中国装饰风格图案的应用便带有"杂糅"的性

1　Hamel N, Regards sur la chinoiserie au milieu du xviiie siècle à Québec: les décors de papier peint de la maison Estèbe[J], Histoire et archéologie, 2018(6), pp.45—59.

质。如现藏于纽约大都会艺术博物馆的一个衣柜，是赫特兄弟（Herter Brothers）公司在1880年前后制作的（图1.17）。衣柜造型图案有许多与明式家具中开门柜的共通之处，如金黄色木材拼接的花形与叶饰，以简约的几何图案组成，它既契合设计师欧文·琼斯所提倡的平面化的装饰理念，也能让人联想到日本古代装饰图案。（赵泉泉，袁熙旸，2015）[1]。

图1.17　赫特兄弟公司参考了十七世纪的明代橱柜设计出的作品，1875–1883年

（三）现有研究中存在的不足

需要指出，中国装饰风格虽然影响了欧美艺术设计乃至世界艺术设计，但是，设计领域对其发展的关注程度稍显不足。现有文献还未完整地还原这段历史的全貌，并没有形成完整的中国装饰风格的设计思想，中国的相关研究甚至还不如对国外的设计思想研究来得多。

近些年来，中国设计界接轨西方艺术设计，先后开展了一系列研究，例如段岩涛（2007）[2]和顾明智（2012）[3]分别以包豪斯设计对中国艺术设计教学的启示为研究对象分析源于德国的包豪斯设计思想对现今我国艺术设计教育所起到的影响作用，而与之相关的研究还有很多。正因为中国设计界对包豪斯设计已经引入设计教育领域，所以包豪斯对于中国设计的影

1　赵泉泉，袁熙旸：《中国元素在西方现代家具中的发展与地位》[J]，《南京艺术学院学报》（美术与设计版），2015年第3期，第82—88页。

2　段岩涛：《包豪斯设计思想对中国艺术设计教育的启示》[J]，《赤峰学院学报》（汉文哲学社会科学版），2007年第6期，第55—58页。

3　顾明智：《包豪斯理念对当今艺术设计教学的启示》[J]，《美术大观》，2012年第8期，第94—96页。

响可谓深远。姚民义（2012）[1]在其博士论文当中提及要为实现包豪斯理想而奋斗，认为包豪斯创立的现代设计教育思想迎合了时代需求。吕晓萌（2018）[2]的博士论文还原了包豪斯在美国的发展历程，研究了包豪斯设计理念对美国的影响，指出正是因为包豪斯设计理念的推动美国才成为世界艺术行业权威。

如果说包豪斯之所以风靡西方又影响到东方国家，是因为它源于西方。但是，日本的浮世绘——完全源于东方的设计，仍旧火遍全球。赵莹（2016）[3]研究了日本浮世绘艺术风格，指出其反映了日本市民阶级民俗风情，影响了西方艺术绘画史以及许多名人画作流派。周露露（2016）[4]的硕士论文指出东方艺术与欧洲国家发生交流并基于艺术设计领域产生美学影响，主要有十七至十八世纪的"中国装饰风格"和十九世纪下半叶的"日本主义"潮流（即日本浮世绘），对比中国风格潮流，日本浮世绘在西方艺术家的推动下上升到了一个崭新高度并加速西方艺术的现代化进程。而对比之下，设计领域对于影响欧美达四个世纪之久的中国风格设计却没有足够关注并引入设计领域。

1.3.2　历史研究的编写体例

被人们尊称为"历史之父"的希罗多德开创了历史撰著体裁，例如他的作品《历史》采用大故事套小故事的结构方式，在人物形象刻画和对话方面造诣很高，常常被认为是西方第一部著名的散文作品（John L. Myres，1968）[5]。历史和史学方法的现代学术研究是在十九世纪的德国，特别是由哥廷根大学开创的。利奥波德·冯·兰克（Leopold von Ranke，1795—1886年）在这方面产生了举足轻重的影响，并且被认为是现代客观主义历史的创始人（Beiser，Frederick C，2011）[6]。

对这段西方的艺术设计发展展开研究，要从学习专业史的写作方法开始，即"体例"。首先要明确体例的定义，以艺术史体例为例：是艺术史家用来书写艺术史的一种"记述历史的线索"。艺术史家依据这一线索将

1　姚民义：《为实现包豪斯理想而奋斗》[D]，北京：中央美术学院，2012年04月。

2　吕晓萌：《包豪斯和美国》[D]，杭州：中国美术学院，2018年05月。

3　赵莹：《浅谈日本浮世绘设计艺术风格》[J]，《人间》，2016年第28期。

4　周露露：《17至19世纪欧洲画坛的东亚印迹》[D]，苏州：苏州大学，2016年04月。

5　John L.Myres, Herodotus, Father of History[M], Oxford: Clarendon P, 1st edition, 1968.

6　Beiser, Frederick C, The German historist tradition[M], New York: Oxford University Press, 2011, p.254.

散布在漫长历史中的大型艺术作品、事件和人物连接起来，形成展现特定的美学观和价值观的艺术发展史。不同于中国史学书籍的编年体、通历、纪事本末体等，西方在史书记载时也呈现出丰富性的特点，主要有编年史、年代记、帝王传记、宗教人物传记、政治见闻录和政治学说史等多种体例。

早期学者编著的西方主流专业史，大多受到自己固有的艺术史观的影响，史籍的写作主要是以编年史的方式来划分，即根据特定的时代、特定的历史阶段或特定的民族地区来划分；在编写西方艺术史的时候，还采用了"历史叙事"的写作方法，在西方艺术史写作中，多采用平铺直叙的方法，对其进行分析、评价和总结。在这样的写作方式下，作者很少会有自己的文学志向，也不会刻意地构建自己的风格，只要将历史上的事情联系在一起就可以了。这样的写作方法可以使读者在很短的时间里，看到整个事件和它们之间的关系。

David Raizman（2010）的《现代设计史》[1]，采用了编年史的体裁，目录划分以年代为主要标准，辅以不同设计门类划分标准，剖析了十八世纪以来实用艺术和工业设计的发展历程，涵盖了绘画、雕塑、建筑、家具、印刷、摄影、服装、工业等诸多领域，表达出作者独特的艺术见解。

E. H. Gombrich（1995）所著的《艺术的故事》[2]，该书籍采用了年代记的体裁，目录以时间为划分标准，以历史发展脉络为线索，概括地叙述了从最早的洞窟绘画到当今的实验艺术的发展历程，表达了作者对于艺术史的理解，即"各种传统不断迂回、不断改变的历史，每一件作品在这历史中都既回顾过去又导向未来"的观点。

朱光潜先生（1963）的《西方美学史》[3]以时代背景、代表艺术史学家、艺术家的艺术理念为依据，对西方美术史的历史使用叙述史的编写体例进行了分类和撰写。首先对各个时期的主要艺术思想和流派进行了分类，并详尽梳理和分析了每个时期的代表性画家和主要艺术理念。例如，在某个世纪，某种艺术的流行，它的艺术特征、建筑、雕塑、艺术思想、工艺美术等，都被收集、整理、编写，形成了一个大的框架，然后再把它分成不同的章节，编撰一个历史阶段的西方美术史。这种分类方式可以使读者迅速地了解到当时的艺术流派所处的时代背景，但是它并不能反映出

1 David Raizman, History of Modern Design[M], New Jersey: Person Rrentice Hall; 2nd edition, 2010.

2 E.H. Gombrich, The Story of Art[M], London: Phaidon Press, 1995(first published 1950).

3 朱光潜：《西方美学史》[M]，北京：人民文学出版社，1963。

其自身的发展特征。

中国史学中的编年体时间框架的创建，是以自然时间为核心的。[1]如李朴园（2009）[2]《中国艺术史概论》便是一部编年体史书，它将中国艺术设计史划分为几个统一的时段，再在每个时段中分类讨论各个门类的艺术设计特色。这类编纂手法结合了"鸟瞰式"和"虫蛀式"的办法，不仅能从总体上掌握艺术发展变迁的方向，还能让读者看到各个时代不同品类之间的横向关系。这种方法的局限性是：中国艺术发展非是同时进步的，因此编年体没有体现出中国艺术设计门类发展的跌宕起伏的状态。同时，以时间作为框架可能割裂历史，因此编年体并不是一种主要的史学体裁。[3]

通史即叙述各个时代的史实的史学体裁。如《中华艺术通史》（2006）便是一部涉及美术、艺术设计等主要艺术门类的综合性大型艺术通史。该书根据中国历史的发展分卷编排，从原始社会到清宣统三年，从整体脉络上梳理了不同类型艺术的创作，探索了它们的一般规律和各自的特点，并讨论了中国传统文化的观念，以及国内不同民族、中外艺术的融合对中国艺术设计的创作和发展的影响。[4]但通史这种体例可能有"流水账"的缺点。[5]

纪事本末体史书，是一种以历史事件为主的史书体裁。[6]如冯贯一（1941）《中国艺术史各论》[7]的编纂便采用了纪事本末体。[8]这本书是一部以工艺美术品类为主体的艺术史著作。作者将这部书按照书画类、建筑类、雕塑类、工艺美术类来进行划分，并细分为20个小类。每个小类的叙述方式都按照其自身的发展演变规律进行了清晰细致的描述。如，在铜器类的叙述中，作者首先介绍了铜器的发展和起源；其次，描述了铜器的使用价值；再次，举例说明铜器的造型，并说明了青铜器的材料选择；接下来则描述了青铜器丰富的装饰。后面三小节构成一个整体，首先介绍了铜器的发现和铜器在文人士大夫阶层中的地位，最后阐述其社会历史文化价值。总的来说，这本书在编纂不同门类的工艺美术品时，侧重探索了不同门类艺术独

1　周晓瑜：《编年体史籍的时间结构》[J]，《文史哲》，2004年第1期，第6页。

2　李朴园：《中国艺术史概论》[M]，长春：时代文艺出版社，2009。

3　韩延兵：《浅析冯贯一〈中国艺术史各论〉史体》[J]，《东方藏品》，2018年第3期，第2页。

4　李希凡：《把握传统才能瞩目未来——关于〈中华艺术通史〉的编撰》[J]，《文艺研究》，1999年第3期，第13页。

5　郭士元：《国史论衡（上下）》[M]，上海：上海生活·读书·新知三联书店，2014。

6　陶晓姗：《纪事本末体考评》[D]，合肥：安徽大学，2007。

7　冯贯一：《中国艺术史各论》[M]，大连：中日文化协会，1941。

8　韩延兵：《浅析冯贯一〈中国艺术史各论〉史体》[J]，《东方藏品》，2018年第3期，第2页。

特的发展方向和演变规律，为读者提供了一幅明晰的艺术图谱结构。[1]

再如，刘道广《中国艺术思想史纲》（2009）[2]也采用了纪事本末体的体裁。该书以艺术思想潮流为分类，通过记叙不同艺术思想潮流的产生、发展和衰落，梳理了从人类早期艺术思想萌芽到民国多元艺术思潮的兴起、并存等艺术思潮发展史。梁启超对纪事本末体最为推崇。他认为"……纪事本末体以事为主。夫欲求史迹之原因结果以为鉴往知来之用，非以事为主不可。"[3]杨鸿烈也认为："'纪事本末'的方法，如所谓……艺术史……即是应用这种方法整理而成的史籍。"他提出了纪事本末体打破事件的限制，并发展为主题的重要性。[4]

后来的西方主流专业史书籍编写大都继承惯用历史时期、艺术家与艺术风格为主流的编撰模式。在完成了整体框架的搭建之后，从文章的概述到每个章节的标题，所有的步骤都是固定的，编者只需要将这些作品分类整理好就可以了。这样编撰出的历史内容粗略，观点落后，而上述问题，在进入二十一世纪以后，也逐渐得到了修正和完善。

进入二十一世纪以来，中国的经济和文化得到了快速的发展，美术历史和美术教育问题也得到了空前的发展。在对以往西方主流专业史书著录中叙述史范式、艺术视角滞后等问题进行反思之后，研究者们开始以新的方式、新的视角来书写西方艺术史著作。在著述中，学者们开始将编年史、风格学、图像学等艺术史学结合，特别是沃尔夫林的风格学、潘诺夫斯基的图像学，这些编年史和艺术体裁的建构，使得编著更为专业化。

之后，西方的主流专业史作品在创作艺术史时，就已有了"问题意识"，在写作中，逐渐摆脱了叙事史的写作模式，以"发现问题"和"解决问题"来证明艺术史。在这一时期，海外的美术史学家们开始以问题史为范例，以1892年英国美学家Bernard Bosanquet所著的《美学史》为例，[5]便对"问题史"开始有了清晰的认识。这些海外的艺术研究作品，为中国近几年来从事艺术史编纂工作提供了一个范本，中国学者除了受到其自身的艺术史观念的影响之外，还可以从海外的艺术史译作的写作范式中得到某些形式的借鉴，从而对艺术史作品进行新的体例、新的视角的发掘。

1　韩延兵：《浅析冯贯一〈中国艺术史各论〉史体》[J]，《东方藏品》，2018年第3期，第2页。

2　刘道广：《中国艺术思想史纲》[M]，南京：江苏美术出版社，2009。

3　舒习龙：《20世纪史家对纪事本末体史书的反思与实践》[J]，《广西社会科学》，2012年第3期，第6页。

4　梁冬华：《艺术学理论学科视野下的中国艺术史体例研究》[J]，《东南学术》，2019年第4期，第8页。

5　Bernard Bosanque, A History of Aesthetics[M], London: Swan Sonnenschein, 1892.

以2005年出版的中国美学家彭峰的《西方美学与艺术》为例，[1]以"问题史"为绍介西方美学与西方美术理论切入点，使其从同时期、其他国家的西方艺术史作品中脱颖而出。与过去的同类作品比较，这本书很具特色。它并不以编年史为主线，而以主题为线索。这本书以"创造""趣味"和"艺术的结束"为15个主题，并将它们串联起来。

综上，在史书体例中，纪事本末体既能更好地反映艺术设计发展演变的方向以及各个子门类的演变发展规律，又能完整地呈现历史原貌，是一种更符合时代需求的史学体例。

1.3.3 文献研究结论

综上，十七世纪中国商品在欧洲的市场增长迅猛，以至于欧洲人开始设计更多中国风格的商品来满足市场需求。这些商品被称为"Chinoiserie（中国装饰）"风格，是欧洲人在缺乏足够了解的情况下，对中国风格的臆想性解释，多数设计具有特殊的艺术魅力。中国装饰风格在欧美是一个广泛的术语，主要包括带有中国元素的设计，但也包含日本、东亚地区或西方世界认为异国情调的文化设计的组合。欧来荣（2013）[2]指出，欧洲十七至十八世纪的审美品位因为出现中国装饰风格而受到影响，在当时人们心目中，中国是田园牧歌式的静谧园林，奢华逸乐的欢乐宫殿，这也催生了法国洛可可艺术风格的兴起。但是，当时人们对中国风格的认知还是浅表层的，只是反映在各种器物设计的艺术风格方面。张页（2019）[3]指出欧洲的中国装饰风格虽然是十七世纪始刮起的，但是发端却在十一世纪的"冒险家"马可·波罗和传教士鄂多立克等人。在历经几个世纪的推动之后，十七世纪初伴随着中国美轮美奂的瓷器、丝绸等艺术品渗透入欧洲人的生活，推动了巴洛克风格向洛可可风格的转换，到了十九世纪回落。

中国装饰风格对于欧美设计的影响，主要体现为中国装饰风格中的写意理念逐渐被欧洲美学思想所认同和借鉴，最明显的转变便是欧美绘画风格开始从写实向抽象转变。不同的设计领域虽然具有相异的设计理念，但也有诸多共通之处：即西方在中国装饰风格流行期间，不管哪个设计领域，都有对"中国风"图案的借鉴。主要包括中国传统的中国吉祥纹样龙

1　彭峰：《西方美学与艺术》[M]，北京：北京大学出版社，2005。

2　欧来荣：《探析欧洲17至18世纪的"中国风"》[J]，《美术教育研究》，2013年第10期，第8—9页。

3　张页：《中国传统文化元素在西方设计界的运用研究》[J]，《南京艺术学院学报》（美术与设计），2019年第3期，第194—196页。

凤纹、花鸟纹；代表民族特色的简约的几何图案、格饰图案等传统纹样，而中国古代的人物、山水风景、花鸟植物、汉字、水墨、青花瓷、古式建筑等中国元素也得以广泛应用。

在设计中应用中国装饰风格图案是深受人们欢迎的，然而怎样运用还需要避开某些雷区，例如对中国装饰风格图案的应用不应过分简单。前文提及，某剧场的建筑设计只是在外观上单纯地采用中式装饰图案，但并未体现中国元素的精髓。因为并非在设计中使用了中国风格的图案，便属于中国装饰风格设计，恰当地使用中国风格图案才更为重要（庄向阳，张云波，2016）[1]。中国风格图案的使用并不难，但对图案背后所蕴含的文化思想的理解和表现则更关键。

有关欧美的中国装饰风格设计的研究从多年前便已经产生，本文对现有研究文献的整理，多集中在对中国装饰风格起源和相关概念的解释，以及对欧美中国装饰风格图案设计的表现的阐述。根据这些文献不难看出中国文化对西方国家乃至世界艺术设计都有着深厚的影响。遗憾的是，中国装饰风格对西方国家的影响，对比日本浮世绘当前在艺术设计领域的成就，并没有被充分延续下去。而国内外对于曾经风靡欧洲的中国装饰风格相关的研究，也不是非常全面，相关的研究散见于不同研究领域的论文当中。而且，作者在国内各大学术平台上以"Chinoiserie""欧洲中国风"等为主题词进行搜索，发现在现有的汉语词汇当中，"中国风"还没有形成专业术语。作者以"欧洲中国风"为主题词进行搜索，对应搜索出文章158篇，其中还有一部分文章与选题研究"中国装饰风格"不符。以"欧洲的中国风"为主题开展搜索，仅搜索出来17篇契合主题的文章。因此，可以看到，当前国内学术界与选题相关的研究相对匮乏。而且，现有的研究更多集中于欧洲中国装饰风格的由来，欧洲各种中国装饰作品当中体现出来的中国设计元素，等等。系统、全面的，针对中国装饰风格发展后期在北美的演化过程的研究目前来说，仍旧有待于学术界进一步完善。

因此，本书以北美的中国装饰风格为研究方向，结合国内已有的与艺术设计相关的文章，如俞进军等（2006）[2]以包豪斯理念对中国艺术设计的影响，还有焦长虹等（2014）[3]等探讨中国传统文化对现代艺术设计的影

---

1 庄向阳，张云波：《新中式：风格，理念，抑或主义?——关于新中式的文献综述》[J]，《南方论刊》，2016年第3期，第96—99页。

2 俞进军：《包豪斯对现代中国设计的影响》[J]，《南京艺术学院学报》（美术与设计版），2006年第3期。

3 焦长虹，张秀敏：《浅析中国传统文化对现代艺术设计的影响》[J]，《今传媒》，2014年第8期。

响，等等相关文章，学习它们的研究方向，结合相关的研究框架，拟建本书研究方法和路线，由此开展课题研究，希望能够在一定程度上弥补课题研究目前在国内外的缺失，并吸引更多设计领域专业人士关注中国装饰风格。

1.4 研究方法

本书研究突出综合性、多元性、客观性的研究特色，通过客观的史实资料对设计美学在东学西渐过程中所呈现的时代特征进行深入浅出的研究，总结出中国装饰风格在东西方文化交流乃至欧美社会发展过程中，所取得的特殊成效。主要采取历史性研究法、案例研究法、纵向性+横向性研究法相结合的研究方法。多角度梳理、分析、解读和归纳文化现象，探寻东西方文化和风格在交流过程中，通过艺术设计的方式相互融合作用，对增进社会和经贸发展做出的重要贡献。对未来跨文化设计风格的发展开辟新思路。

（一）历史性研究法

通过对中国装饰风格的发展历程的整理，有助于读者更好地理解这类设计的历史和现状，并为建筑跨文化的未来发展奠定基础。从认识论的视角，历史性研究不仅使用了解释范式，而且还利用了实证范式对历史因果关系进行了描述，这不仅是一种定性的研究，而且是一个新的拓展领域。

细致深入地分析多种证据。对"真实"的中国装饰风格进行全面的了解和阐释。将定量分析导入设计历史研究，可以让历史尽可能清晰地显露。本研究采用历史方法，对课题进行界定、历史资料的搜集，对实证进行分析，对具体的过程进行阐释，指出因果关系。

（二）案例研究法

对中国装饰风格的案例进行分析，选取有代表性的个案，重点分析中国装饰风格的发展与经济和社会的关系，以及与社会环境、商业实践有关的因素。本书以中、英、美等国家的有关案例为主要参照，并将其与同时期中国本土的个案进行对比分析和归纳。基于以上的理论定义和逻辑关系的归纳总结，结合案例的对比分析，发现中国装饰设计的进化规律和动态变革关系。

（三）纵向性研究法+横向性研究法

因为跨越不同时期，北美的中国装饰风格在英美中之间有着千丝万缕的联系，因此本书将使用纵向与横向相结合的方法对这段发展史展开比较性研究，掌握多个时期、跨地域的和中国装饰风格相关的文献资料，通过观察和探索中国装饰风格设计在欧美的变化过程。寻找或揭示设计现象的变化发展规律。深度探究美国十八至二十世纪本土发展出的中国装饰风格。通过这种方法还可以避免以生物进化的思维进行艺术设计史研究，常见为将设计划分为：新生、发展、纯熟、衰败和消亡。[1]而这样，使用多角度、多重证据的交叉综合研究法所得出的结论，不仅可以对历史产生新的解读方式，并且比起单一的方式所得的结论要更严谨。根据此研究方法，本研究将中国装饰风格的整体发展划分为：传播、模仿、变革、替代及重塑五个阶段，第二章中将对此展开具体的论述。（图1.18、图1.19）

图1.18 欧美的中国装饰风格的5个发展阶段（作者自绘）

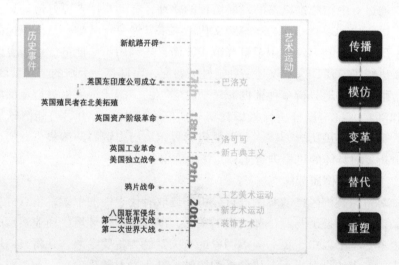

图1.19 欧美的中国装饰风格发展过程（同期历史大事件+艺术运动时间轴），及中国装饰风格发展阶段的横向性研究进行纵向串联的示意图（作者自绘）

通过以上三种研究方法相结合的灵活运用，树立设计风格的脉络之后，融会贯通起来，探其因果。在历史哲学、经济学、政治学等学科结合设计理论、设计思维、设计伦理、传播学，

1 李立新：《设计艺术学研究方法》（增订本）[M]，南京：江苏凤凰出版社，2009年，第173页。

通过对有关概念和逻辑关系的分析、定义，为后续的案例解析、规律归纳、原理阐释和系统建立提供理论依据，并对英国、北美各时期的中国装饰风格间的联系和差异进行了分析，探究北美的中国装饰风格对社会经济贸易发展乃至政治的影响作用。

1.5 研究内容

中国装饰风格从十七世纪到二十世纪为欧美文化为主的核心美学和社会观点提供了远见。本书试图将这种从英国发迹的装饰设计风格，与英属殖民地时期北美的艺术和设计联系起来，以便理解中国装饰风格是如何在多个社会和美学层面表现出来的。

十九世纪鸦片战争的爆发，使中国的大门被迫向西方世界打开，西方人有关中国的一切华丽想象，瞬间变成现实。虽然西方学者开始对中国展现出轻视姿态，但对有关远东的文化和艺术设计品的热情不减。二十世纪欧美世界对东方哲学思想有了更加深入的了解。中国装饰风格的艺术形式也走进了时装、戏剧及文学作品，但西方对远东的当代中国贴近真实的了解逐渐没了兴趣，取而代之的是留存在西方人脑海中幻想出来的神秘且繁华的遥远国度。当今以西方时装设计领域为主，仍然会见到大量远东文化符号的运用。

本书结合历史背景，重点考察十八世纪后期开始，英、美装饰设计领域在中国装饰风格影响下的变化及发展，展现北美中国装饰风格的发展历程和特色，包括北美的中国装饰风格从英国传入、碰撞、融合与再创造的过程。分析英美两国各自发展出的中国装饰风格的异同。最终，发现"东学西渐"如何塑造和影响了北美的装饰艺术。

1.6 研究框架

本书的研究思路是"文献研究+梳理历史+案例研究"，在具体的研究过程中，结合文献，分析学术界关于北美的中国装饰风格的相关观点；通过梳理历史史料，重点关注十八世纪以来中国装饰风格的历史沿革、文化背景以及东学西渐的传播方式产生的影响等；同时，结合案例研究，根据欧美装饰艺术设计领域中的中国装饰风格的发展，进行深入研究，最终总结全文。结合文献研究情况，梳理历史，从各种史料中找到研究的论据，再加上实际案例研究，使得内容更加丰富。研究共计分为五个部分，具体框架如下（图1.20）：

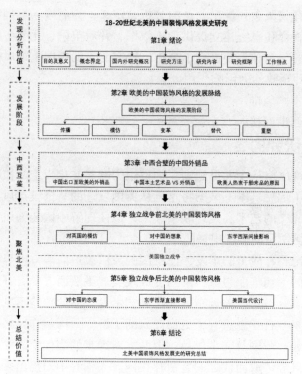

图1.20 本文框架图（作者自绘）

第一部分为绪论，包括研究目的与意义、概念界定、文献综述、研究方法、研究内容、研究框架和工作难点等。本部分主要是对研究内容中涉及的相关概念情况进行阐述，并且从国内外的角度进行分点阐述。也会包含文献综述，介绍学术界关于Chinoiserie主题的研究情况。从历史的角度梳理研究内容，结合中国装饰风格在国际上的影响情况，从文化自信的角度，阐述本研究的目的、背景、意义等。

第二部分主要以国内外相关研究结果为基础，概述了中国的文化艺术在向西传播过程中对西方艺术设计领域的影响。结合世界历史大事件，从历史沿革、文化背景、传播方式、产生影响等几个方面，阐述中国装饰风格在欧美经历的几个发展阶段，即传播、模仿、变革、替代和复兴。并且每个阶段的中国装饰风格都在为适应时代潮流而发生着不同程度的演化，如：巴洛克中国装饰风格、洛可可中国装饰风格、新古典主义中国装饰风格等，都会在这部分进行详细的描述与分析。

第三部分主要起到承上启下的作用。以英美两国为主要研究对象，对中国装饰风格的原型——中国外销品进行探究，关注针对英美两国不同市场的中国外销品的异同，这也是中国装饰风格在学术界经常被忽略的内容，将试图厘清英美两国之间的中国装饰风格中千丝万缕的联系，发掘中国舶来品在这个特定历史时期内受到追捧的原因。

第四部分是全书的重点章节，以美国独立战争为分界，分别介绍战争前后北美的中国装饰风格的特点变化，主要论述东学西渐如何间接和直接地对北美的中国装饰风格造成影响。第四部分主要探究美国独立战争前这个时期东学西渐间接地对美国艺术设计领域产生了影响。结合北美殖民地产生和发展的历史，以及贸易来阐述英国与北美殖民地之间的关系，重点关注了在英国的影响下，北美殖民地产生的中国装饰风格。

第五部分主要阐述在美国独立战争后，中美贸易形成，东学西渐对美国装饰艺术设计领域开始产生的直接影响。

第六部分为全书结论（图1.21）。

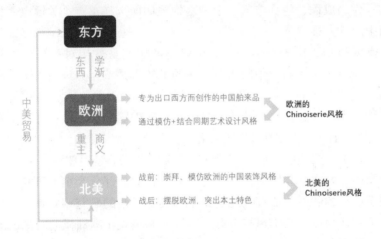

图1.21 东方与欧洲和北美的中国装饰风格之间的关系（作者自绘）

1.7 工作特点及难点

（一）工作特点

选题的研究从社会、文化、经济、政治等多角度入手。涉及的时空领域、行业领域等都相当广泛。例如，时空方面，从十七世纪中国装饰风格在欧洲的流传开来到十八世纪的进一步盛行，再发展到十九世纪之后的衰落，以及二十世纪的复兴，前后历经400余年。同时，选题的研究空间涉及欧洲、美洲、亚洲。行业方面，为使北美的中国装饰风格发展史的研究内容更为全面和丰满,选题基于广泛的艺术设计领域进行分析性研究,而不再有针对性地指向具体行业开展描述性研究。

研究广度的创新也是本研究的特点之一。在国际化传播时代,中国设计师并不明确了解西方人怎么看待东方文化,通过研究让设计师了解历史上西方人是如何看待中国文化,如何转化东方设计元素。由此,让中国设计师在现代接轨世界开展中国文化宣传和推广时,能够从西方人的角度审视中国传统文化,创作更易于让西方人接受的中国设计,引领他们更好地认知中国文化内涵,由此设计出契合东西方共同喜好的设计,推动中国文化和世界文化之间的融合发展。

(二)难点

选题的研究范围较大,因此,在研究当中要尽量地以点带面,既囊括选题的重点,又不至于因为范围太大而偏离选题研究方向。这对于论文最后的写作、成稿,将会造成一定的困扰,如何选择重点、关键点,将是写作当中的一大难点。

需要指出,国外有关中国装饰风格的研究虽然相对系统,但并不全面。因为外国学者对于中国历史文化的了解也并不充分,他们眼中的"中国风"是有偏差的,中国装饰风格是迎合了欧美文化特点和欧美人喜好的"伪中国风",甚至一些研究当中,对于中国装饰风格设计艺术有所贬低,例如Porter D认为中国装饰风格工艺设计俗丽。显然,这一认知是因为片面认知了中国艺术文化和中国传统审美而造成的错误理解。

国内外的中国装饰风格发展史研究中,欧洲部分为主流研究对象,并受到了广泛的关注,而有关北美的中国装饰风格的研究相对匮乏。究其原因,笔者认为中国装饰风格起源于欧洲,并最先于欧洲掀起时尚的潮流,等到流传至北美时,在欧洲的热度早已大不如前,而多数学者以为在欧洲"失宠"的中国装饰风格,就此退出了历史舞台,便忽视了后续的发展。并且由于欧洲殖民者对北美殖民地的贸易垄断,加之当时交通和信息传播都不发达,在中国装饰风格初抵北美大陆时,部分北美殖民地居民甚至不知道这种风格源自遥远的东方,以为是一种新鲜的欧洲风格。总之,较少的文献资料为本研究增加了一定的难度,但是也侧面凸显了本论题的意义和价值。同时,因为某些客观原因无法出国到访曾经出现过中国装饰风格的北美城市和实地参观现在收藏大量中国装饰风格藏品和书籍的欧美展览馆和博物馆,是研究过程中小小的遗憾。但是好在大部分博物馆、展览馆都在线开放馆藏资源,让参观者能不分地域和时间地参观和学习这些珍贵的资源,也算"因祸得福"。

第二章 欧美的中国装饰风格发展脉络

纵观历史，特别是在古代，地区、民族和国家之间的文化交流主要是通过战争和殖民化、商业和贸易以及宗教和朝圣的传播进行的。历史上，东西方之间的贸易和基督教的传播成为研究中国、研究东方和西方的重要载体。这一系列事件可以说是中国文化向西传播的主要媒介和前提条件，具有重要意义。而东学西渐的过程中，中国在艺术设计领域对欧美具有不小的影响力。虽然在十九世纪末期中国装饰风格在欧洲开始衰落，但在西方现代设计艺术中，中国设计思维和传统思想对西方设计风格仍存在一定影响。本部分主要从政治、经济、社会和文化四个方面描述了西方是怎样通过贸易和基督教的传播等一系列事件与东方接触的，以及中国装饰风格的诞生过程和变迁过程。重点讨论中国装饰风格在欧美的发展情况，使用横向性研究法来论述东学西渐的传播、模仿、变革、替代和重塑这五个发展阶段。结合中国装饰风格在发展的四个世纪中，同期发生的世界历史大事件和艺术运动，使用纵向性研究法对中国装饰风格在欧洲和北美的演化过程的横向性截面研究进行一个纵向性的串联。

2.1 传播阶段

2.1.1 欧洲势力扩展到东方

（一）最初的"东学西渐之路"

东学西渐的历史由来已久，早从奴隶时代就已经开始了。西方学者相信，在公元前七世纪，东方人和西方人之间的联系也许是相互隔绝的。直到公元前七世纪，斯基泰人西迁，东西方文化与知识的交流才得以开启。斯基泰人在中亚地区进行商贸和开采黄金。中国主动与西方的交往，约是在周穆王时代开始的。从公元八世纪末起，中国的瓷器开始开拓海外市场。在宋朝，各种类型的瓷器成为主要的出口商品。在穿越中亚、西亚和埃及的陆上丝绸之路上，以及在中国和阿拉伯的印度洋海路上，都有中国瓷器的印迹。通过海运将瓷器运往全球的"瓷器之路"始于中国的广州、泉州等地。在十二世纪，埃及统治者萨拉丁以其富有青瓷而闻名，一些欧美人正是通过他才认识了中国瓷器。由于这个原因，欧洲人将青瓷称为萨拉顿（Saladan）。[1]

1　李建华：《关于斯基泰历史研究的几个问题》[D]，桂林：广西师范大学，2008年。

公元1271年，忽必烈建立了元朝。威尼斯的两个信使（波罗兄弟）[1]受欧洲教宗的指派到北京探访忽必烈。忽必烈请他们担任他联系欧洲教皇的使者。他们于1275年和其中一位使者的小儿子，著名的马可·波罗（Marco Polo）重返中国。马可·波罗在元朝任职的十七年间几乎到访过中国的各个角落。

马可·波罗对东方的土地与民族游记，充满了神奇的、不可思议的东方神话，很快传遍了欧洲。这本游记是当时西方人最好的了解东方的途径之一[2]。游记充斥着梦幻般的，甚至是令人难以置信的东方传说，在欧洲各地迅速流传开来。[3]它给欧洲人展示的消息是，在远东，有一个文明的城市，其财富是威尼斯的数倍。人们生活在一个公平和高效的社会中。这引发了人们对遥远的异域民族的兴趣。一些欧洲人对游记中的异国文化以及东方文化产生了浓厚的兴趣。然而，欧洲对东方的迷恋不仅限于文化层面，也有一些人选择到东方去淘金。总的来说，马可·波罗带来了异国的信息，引起了欧洲的关注，并很快促使整个欧洲大陆产生了与中国的贸易的需求。欧洲人被东方的古老的知识和悠久的文化所吸引，他们还试图模仿和利用东方文化来彰显自己的魅力。[4]自然，马可·波罗的游记的影响是有限的，当时在欧洲仍有许多人不相信马可·波罗的描述。罗马教宗与元朝建立了良好的外交关系，元朝大量向欧洲出口中国丝绸、瓷器、金属制品等。当时的意大利商人从意大利最大商港和重要工业中心利古里亚海热那亚湾北岸等地涌向中国。他们最初的打算是做丝绸生意，但是中国大量丰富、新颖的产品，彻底激发了意大利人的经商野心，这也让意大利在十四世纪成为欧洲的海外贸易中心。

（二）大航海时代带来的东西方交流的改变

公元1368年，蒙古人被驱逐出中原。由于蒙古的衰弱，北方贸易路线只得关闭，东西方贸易的所有负担都集中在海路上，但走海路需要给穆斯林国家"纳税"。这些因素导致欧洲人开始寻求通往东方的新路线。

葡萄牙航海家达伽马（Vasco da Gama）带领一支来自欧洲的船队在1498年到达印度，成为首个通过海路到达印度的西方人，探索了一条欧洲

---

1 即尼古罗·波罗（Niccolo Polo）和马菲·波罗（Maffeo Polo）。

2 Marco Polo, Rustichello da Pisa. Devisement du monde (in Old French) [M], World Digital Library, from the National Library of Sweden, 1350.

3 Hugh Honour, Chinoiserie: The Vision of Cathay [M], London: John Murray Ltd, 1961, pp. 8-15.

4 Oleg Grabar, Edward Said, Bernard Lewis, Orientalism: An Exchange[M], New York: New York Review of Books, Vol. 29, No. 13, 1982.

通往亚洲的道路。[1]同年，哥伦布（Cristóbal Colón）在西班牙国王的命令下进行了第三次横跨大西洋的活动，这一次他发现了美洲的存在。[2]因此，十六世纪可以被视为世界历史发展的开始。

葡萄牙人麦哲伦（Ferdinand Magellan）于1519年踏上了环球航海之路，两年后到达菲律宾，并最终死在菲律宾原住民手中。在他死后的一年幸存船队在返回西班牙后结束了这场环球航海之旅。1510年，葡萄牙攻占印度的果阿，成为东方殖民地的发源地。同时也是葡萄牙海上贸易和天主教传教士的主要基地。欧洲殖民者向亚洲、东方扩张，欧亚大陆交流日益增多，世界也逐渐成为一个整体。[3]在十七世纪的开端，英国和荷兰建立了属于自己的东印度公司，逐渐开始了和中国及远东地区之间的贸易。这些公司拥有自己的商品基地，既能运输货物，又能在海上作战，并在孟买等地设立了商业基地，在广州购买中国产品，这是中国唯一允许进行外贸的沿海城市。英国东部印度公司主要收购中国的茶叶、瓷器等商品，允许国内员工与中国商人进行包括服装、墙纸、漆器在内的私人贸易。总的来说，随着欧洲殖民势力扩展到东方，中国商品逐渐通过英国和荷兰商人运输到欧洲，进一步销往欧洲其他国家。东印度公司在促成东西方贸易的同时，还引发了中国装饰风格物品在欧洲的普及和生产。[4]

2.1.2　商品向西输出

中国自古以来都是农业国家，因为国土面积大、人口稠密，农业及手工业比较发达，所以在生产力水平低、生活物资匮乏的条件下，不需要大量的进口，只需要进行内部贸易，就可以保证各个省份的生产生活。[5]明朝建立后，因日本沿海地区海盗的残害，朝廷严令海上贸易，致使业已兴盛的外贸遭到重创。郑和七下西洋是世界历史上空前的成就，加强了与所到地区和国家之间的友谊，但经济和贸易的收益甚微，仅以中国精美的手工艺品交换了香料和珠宝等物品。这是因为明朝皇帝的意图是宣扬国威，对于海外贸易的收获大小并不重视，这和为了寻找殖民地和拓展海外市场而

1　陆芸：《全球视野下的16—18世纪海上丝绸之路——以漳州月港为例》[C]，《中国中外关系史学会》，大连大学，2016年。

2　郭家堃：《哥伦布航海日记》[M]，上海：上海外语教育出版社，1987年。

3　许明龙：《欧洲18世纪中国热》[M]，太原：山西教育出版社，1999年。

4　孟宪凤，王军：《东印度公司与17世纪英国东印度贸易》[J]，《历史教学》（高校版），2016年第5期，第58—63页。

5　林甘泉：《中国经济通史:秦汉经济卷》[M]，北京：中国社会科学出版社，2007年。

开辟海航的葡萄牙等国家完全不同。[1]

十五世纪上半叶，横跨印度洋的东西方贸易路线大多掌握在穆斯林和中国人手中。明朝皇帝朱棣为了扩大中国的声望和对外贸易大力发展官商。朱棣组织了一支中国史无前例的庞大船队，并任命郑和带领船队，经过七次远航，最远抵达了非洲东部沿海。郑和的船队不但宣称中国拥有亚洲海域的主权，而且在航行途中还采购了许多珍稀货。马六甲是太平洋通往印度洋的重要门户，也是全球香料贸易的中心之一，也是当时东西方的贸易基地。[2]1509年，葡萄牙人在马六甲和中国商人开始了贸易往来。然而，葡萄牙人更希望垄断东方的香料贸易。1511年，葡萄牙人攻占了马六甲。从那时起，葡萄牙人便垄断了与中国的大部分香料等贸易。到十六世纪中期，欧洲的胡椒市场已经非常繁荣，香料贸易的利润非常高，里斯本快速成为欧洲的中心城市之一。

尽管英国工业革命是在十八世纪中叶发展起来的。法国的经济与中世纪并无多大差别，农业和手工业也比较落后，几乎没有产生大型手工业。尽管缺乏准确的信息，但可以猜测出，当时中国农业生产效率高于法国，中国有"上田夫食九人，下田夫食五人，可以益，不可以损。一人治之，十人食之"的说法，[3]而法国的国务秘书贝尔旦（Henri Bertin）则说："中国耕地的投入和产量约为1:15至1:20，而法国则是1:4.5。"[4]这说明，尽管十八世纪的中国还处于封建社会时期，但其经济水平，特别是农业领域，仍位于世界上的先进水平，或者至少比欧洲人更先进，这是吸引欧洲商人来华贸易的重要因素。

与中国政府的锁国政策不同，欧洲国家热衷于与中国进行贸易，但是能向中国大量出口的产品却寥寥无几。欧洲的主要出口商品——羊毛面料，在中国难以有销路。不过在上流社会里，像钟表这样的精密机器很流行，但是因为不是一般百姓的生活必需品，所以销售量也并不高。唯有棉花和棉织物是欧洲出口到中国的主要商品。欧洲商品不能在中国顺利销售的主要原因是在中国这种自给自足的经济体中，欧洲商品在实现机械生产之前并不比中国具有技术优势，在商品价格和质量上也相差无几。反之，

1 张彬村：《从经济发展的角度看郑和下西洋》[J]，《中国社会经济史研究》，2006年第2期，第24—29页。

2 万明：《郑和下西洋与亚洲国际贸易网的建构》[J]，《吉林大学社会科学学报》，2004年第6期，第68—74页。

3 夏纬英：《吕氏春秋上农等四篇校释》[M]，北京：中华书局，1957年。

4 许明龙：《欧洲十八世纪中国热》[M]，北京：外语教学与研究出版社，2007年，第5页。

中国却有许多欧洲国家需要的手工艺品等商品，欧洲商人不断地到中国东南沿海购买商品，如茶叶、丝绸、瓷器等。[1]中国瓷器早在十六世纪初期就已开始出口到欧洲，英法等国家也对中国瓷器趋之若鹜。在十七世纪中期，仅荷兰商船就将超过1000万件瓷器产品送往欧洲。[2]来自中国的茶叶也是主要出口产品之一。荷兰东印度公司首先开始少量向欧洲输送中国茶叶，接下来的几十年，中国茶叶的出口量平均为每年200余磅。伴随欧洲对茶叶需求的增加，中国茶叶出口份额逐渐增加，成为主要的出口商品之一。[3]

2.1.3 中国商品和游记对欧洲人的影响

在资本主义来临之前，由于山与海之间的阻隔，世界还未成为地球村，散居在世界各地的人们只与他们的近邻有交往，和远方的地区几乎没有联系。几百年来，仅有极少数的游客往来于欧洲与亚洲，他们为身处遥远地区的人们提供了宝贵的资讯，增进了他们之间的相互理解。但是，人们虽然可以从旅行者的亲身经历中了解很多东西，但与这些信息混杂在一起的还有无法考证的传闻等。由于缺乏或不精确的资料，两个洲的人们就不能真实地互相理解。马可·波罗在他的游记中，对中国的古老文明、人和物进行了详尽的解释，这让很多欧洲人都大吃一惊。但是，仍然有很多人觉得这都是经过了作者夸张的描述。[4]

从十六世纪开始，许多欧洲国家就开始了它们的殖民扩张活动，以实现资本的首次积累，美洲和亚洲成为它们的征服对象。欧洲各国在向外扩张的过程中，既有侵略性，又有掠夺性，使美洲及亚洲各国的利益受损，但同时也促进了东西方之间的商贸往来。举例来说，对于中国而言，与欧洲的真正联系，除了在古丝绸之路上进行的交易之外，是十六世纪之后欧洲人真正到达东方之后开始的。但是，中国在十六世纪后期对于西方人来说还只是一个朦胧的概念。不过一些西方人受马可·波夸张的旅行游记的熏染，以及自己想象力的影响，他们相信中国是繁荣、富饶、文明和道德的，因为对外来文化的缺乏批判性，这种中国桃花源似的田园生活在大多

1　郭卫东：《丝绸、茶叶、棉花：中国外贸商品的历史性易代——兼论丝绸之路衰落与变迁的内在原因》[J]，《北京大学学报》（哲学社会科学版），2014年第4期，第133—143页。

2　朱培初：《明清陶瓷和世界文化的交流》[M]，北京：轻工业出版社，1984年。

3　许明龙：《欧洲十八世纪中国热》[M]，北京：外语教学与研究出版社，2007年，第7页。

4　张博：《〈马可·波罗游记〉与元史研究》[D]，济南：山东大学，2010年。

数西方人的头脑中根深蒂固，自然兴起向往、追求东方的浪潮。[1]

2.2　模仿阶段

2.2.1　在华欧洲人的文化传递

早期来华的欧洲商人和传教士们，所搭建起来的中西间的交流桥梁，为中国装饰风格的发展起到了推动的作用。传教士是乘坐商船和兵船抵达中国的西方人。十六世纪中期，罗马天主教耶稣会负责人之一沙勿略（St. Francis Xavier）便来到珠江岸边，研究渗透中国的可能性和方法。三十多年后，耶稣会士正式进入中国，且到达了北京。在那里，他们与众多传教士一起，为了传教事业在中国停留了很长一段时间，成为最亲近中国的西方人。[2]

（一）利玛窦在中国的传教工作

基督教在十三世纪中叶与蒙古人接触，后在元朝曾有过一段辉煌时期，拥有众多教徒，但大多教徒不是汉人，因而在明朝建立后，它明显衰落。沉淀了近两个世纪后，基督教在明末清初的中国重新兴起。无论是从纯宗教的角度，还是从东西方互动的角度来看，这一时期的天主教对以后的历史都产生了重要的影响。

新航路的开辟不仅为西方殖民势力的向外延伸创造了条件，也刺激了天主教徒向东发展的热情。当时的海洋霸主葡萄牙和西班牙，也是强烈反对宗教改革的老牌天主教国家，因此他们在向东渗透时特别积极。第一个在中国立足的耶稣会士是罗明坚（Michele Ruggieri）。他是一名耶稣会传教士，于1579年抵达澳门。他在那里学习中文，为深入中国内地做筹备。在1583年，他终于得到了进入中国大陆的官方准许，并在肇庆市定居。由于他没有语言障碍，又是一个博学精深的人，很快地赢得了当地官员的尊重，被准许建立传教基地。从那一刻起，欧洲传教士便有了一个在中国大陆传播教义的平台。[3]意大利传教士利玛窦（Matteo Ricci），在1583年与他一起来到中国大陆，他们一起工作了近十年时间。在这段时间里，他学会了汉语口语和写作的基础知识，了解了中国文化、风俗等多方面的基础知识，这为他今后的传教活动打下了牢固的基础。他们刚到中国时，

1　蒋岱：《〈利玛窦中国札记〉与〈马可·波罗行记〉的跨文化想象的异同——两个意大利人的文本的中国形象的比较》[J]，《东方丛刊》，2006年第4期，第82—97页。

2　吴义雄：《商人、传教士与西方"中国学"的转变》[J]，《中山大学学报》（社会科学版），2005年。

3　古国龙：《早期耶稣会士罗明坚在广东的传教》[J]，《现代交际》，2015年第2期，第33页。

对中国社会不熟悉，认为传教士与佛教僧侣相似，为了接近中国人，他们剃掉了头发和胡须，以僧侣的形式出现，但最终导致自己和中国文人疏远了。1594年，利玛窦听从了儒家学者瞿太素的建议，蓄发留须，自称"西儒"，从而和文人阶层建立了平等的来往，并逐渐建立起了友谊。

利玛窦在罗明坚的领导下，开始了天主教在中国的传教工作，此后，他与庞迪我（Diego de Pantoja）等人持续努力，给天主教的中国传教工作奠定了牢实的基础。然而，利玛窦只是在中国获得了良好的名声，他的传教工作并没有取得显著的成就，因为他的宣传而信奉基督教的人很少。他的贡献有两个方面：首先，他建立了耶稣会在中国的基础传教策略，为传教士们指明了成功的道路。其次，他在中国和西方的文化交流方面做出了重要的贡献。跟随利玛窦并延续其传教策略的欧洲传教士都得到了中国官方和居民的欢迎，他们除了为宫廷和官府提供一系列服务外，还传播了基督教教义，促进了中国和欧洲的文化交流。[1]

（二）法国耶稣会士的传教工作

明末清初，法国在华传教士的数量远远少于葡萄牙等国的传教士，但随着法国国力的增长和海上霸权的变化，这种情况产生了变化，从十七世纪末开始，在接下来的一个世纪中，法国在中国的传教士人数迅速增长，并在传教活动中扮演着举足轻重的角色，这是别的欧洲国家传道者所不能及的。

到中国的传教士，一方面要为朝廷效力，另一方面还要宣扬天主教，他们的人员十分短缺。十七世纪末，比利时传教士南怀仁（Ferdinand Verbiest）在写给欧洲耶稣会的信函中，请求多派些传教士到中国去。这一消息在欧洲各地的牧师中引起了广泛的关注。法国的财政部长柯尔伯（Jean-Baptiste Colbert）即派出一支科学考察小组前往东部。[2]他提议将耶稣会士派往东方，这是因为他们一般都受过良好的教育，是传教和科学考察的合适人选。法国太阳王路易·迪厄多内·波旁（Louis-Dieudonne）为了扩大法国在东方的影响力，大力支持与东方进行贸易往来。1685年，洪若翰（Jean de Fontaney）等六个人从法国出发前往中国，其中一人滞留暹罗，其他五人于两年后抵达宁波。

不同于基督教传教士讨好皇帝、结识中国学者的传教模式，法国耶稣会士把主要精力集中在科学研究上，甚至可能要超过传教工作。他们比基督教传道者更加积极地把科学知识传授给中国人。由于大多数欧洲人，甚

1　马鑫博：《利玛窦时期基督教传教活动》[J]，《决策与信息旬刊》，2015年第11期，第56—57页。

2　佚名：《康熙的告欧罗巴人民书》[J]，《传奇故事：百家讲坛中旬》，2011年第8期，第1页。

至有许多著名的科学家和学者，都是在读了他们有关中国的书之后，才开始对中国感兴趣，并开始了他们的研究工作。[1]因此，十八世纪法国耶稣会在中西文化的交流中扮演着举足轻重的角色，同时也为欧洲的中国装饰风格的发展做出了贡献。

（三）传教士的主要活动

传教士的活动主要有四类：第一类是传教；第二类是为皇帝服务；第三类是把西方的知识传给中国人；第四类是让欧洲了解中国。而基督教传教士和法国耶稣会士的做法也不一样。利玛窦等人到中国之前，欧洲人对中国还不了解，后来看到的东西对他们来说是新奇的，对欧洲来说也是未知的内容。因此，利玛窦等人对中国的描述，包括地域、人口、历史、政治制度等信息，对欧洲人了解和认识中国非常有价值，并得到了欧洲人的欢迎。[2]他们虽然也研究了中国传统文化，但这些研究主要侧重于了解中国人的思维，并向他们灌输基督教教义，以刻意促进与中国人的来往，这些研究更为实用，具有功利性，缺乏深度。[3]

在华传教士的高素质人才不断增多，他们在为皇室服务的同时，也投入了大量的时间和精力，为他们的研究工作创造了良好的基础。汉学便是法国耶稣教会发展出的，一门专门对中国进行学习和研究的学科。该研究受到以下因素的启发：首先，得到了法国政府的大力支持；其次是欧洲社会对中国文化的好奇，包括历史、音乐、绘画等；最后是关于中国天主教的礼节问题。在自然科学层面，这些研究不再局限于天文学等学科，而是扩展到许多其他领域，包括农业、交通等。这种研究虽然没有完全脱离他们的传教工作，但在一定程度上具有独立性，逐渐变成一种正式的科学研究。[4]

（四）传教士们对欧洲中国研究的推动

直到十八世纪，欧洲公众还没有真正了解中国，包括大多数知识分子。当他们接收到来自中国的消息时，通常会感到好奇和喜悦。

法国作家蒙田（Michel de Montaigne）首次见到中国的书籍时，非常惊讶，写下了这样一段文字："我看到了一本很好的书，一本奇怪的中国书；纸的质量要比欧洲的纸细腻、透明得多，因为纸太薄，甚至不能单面

1　许明龙：《欧洲十八世纪中国热》[M]，北京：外语教学与研究出版社，2007年，第11—13页。

2　Louis J. Gallagher and Matteo Ricci, China in the Sixteenth Century: The Journals of Matthew Ricci, 1583—1610 [M], New York: Random House , 1953.

3　李孝德：《利玛窦笔下的中国形象》[D]，济南：山东大学，2011年。

4　许明龙：《欧洲十八世纪中国热》[M]，北京：外语教学与研究出版社，2007年，第13—15页。

印刷，因此被折成了两张。"[1]可以看出，欧洲人对中国是非常陌生的。由于这个原因，传教士关于中国的著作不仅普遍受到欧洲国家普通民众的欢迎，而且还引发了知识分子们对东方情调的好奇心和对未知领域的了解欲望。欧洲研究者也与在中国的传教士保持通信，持续研究他们的著述，以更好地了解中国。

（五）关于中国的专著

中国的文化通过商品大量流入欧洲，这使得中国在西方的名声更加响亮，出于对东方事物的渴望和好奇，西方人更加渴望去了解中国。但是在那个时候，几乎没有欧洲人有机会亲自到中国来，大部分欧洲人都是从书籍中的描述来认识中国。中国文学对欧洲的中国装饰风格的形成与发展起到了很大的促进作用。[2]从十六世纪晚期至十八世纪，欧洲有大量有关中国的文献，其中耶稣会的贡献是最大的，在此期间，出版过二百余本有关中国的专著。其中一些甚至成为经典，比如杜赫德（Jean Baptiste Du Halde）的《中华帝国全志》。[3]大多数传教士的作品都是纪实文学，而且这些书一般都是直接讲述作者本人在中国的见闻。虽然不同的人有不同的观点，有不同的好恶，但总的来说，这些材料是中国的真实反映，可以毫不夸张地说，它们是十七至十八世纪的欧洲研究中国最重要的资料来源，所有研究中国的欧洲学者都必须依靠这些著作。

十六世纪末期，欧洲人对中国的了解很少，关于中国的书籍也很少。《中华大帝国史》便是继《马可·波罗游记》以后第一部关于中国的重要书籍，因此具有广泛的知名度和重要影响力。1588年，这本书的英译本在英国得以广泛传播，成为英国人获取真实且详细中国文化的文献库，它对英国人中国印象的形成，对汉学知识的获取具有启蒙作用。[4]《利玛窦中国札记》的第一作者是利玛窦，在中国逗留期间，利玛窦用意大利语记叙了许多关于中国的情况和传教士在中国工作的故事，目的是记录耶稣会传教士在中国传教的经历。这本书是耶稣会士第一部包含了对中国的详细描述的作品，对于研究传教士活动的历史和中国与西方文化交流的历史都很重要。该书专门介绍了耶稣会士最初到达的几个中国城市，包括肇庆等。

1　蒙田：《蒙田意大利之旅》[M]，上海：上海书店出版社，2011年。

2　郑春苗：《中国文化西传与欧洲的"中国文化热"》[J]，《中国文化研究》，1994年第1期，第43—48页。

3　杜赫德：《〈中华帝国全志〉中的中国形象研究》[D]，胡艳红译，贵阳：贵州大学，2018年。

4　赵欣，计翔翔：《〈中华大帝国史〉与英国汉学》[J]，《外国问题研究》，2010年第2期，第56—61页。

书中描述了中国的地理概况、边界和商品，记叙了工业技术、士人、数学等。该书还介绍了人民的政治制度和习俗，如选举、政府机构、礼仪、习俗、食物以及一些迷信做法等。因为作者了解了中国各个阶层的人，结识了许多士人和朝廷官员，既得到了朋友们的真心款待，也被官方所刁难，所以向欧洲人直接展示了当时中国的真实面貌，为欧洲人研究中国提供了宝贵的信息。[1]

（六）在欧洲的中国侨民对文化交流的作用

在明清时期，中国官方实行闭关锁国政策，不仅严格限制外国商人在中国的贸易，而且还阻止人们出国旅行。然而，在福建、广东、江苏和浙江等省，仍有许多商人和船工从事对外贸易，许多穷人被迫离开故土到国外当劳工。然而，由于路程遥远，交通不便，在十九世纪之前，很少有中国人到达欧洲。少数去过欧洲的人主要是中国的传教士的助手、护卫或翻译，这些人前往欧洲，通常停留时间不长，一旦完成任务就会与外国神职人员一起返回中国。一些年轻的教徒被外国神职人员选为高级牧师，送到欧洲的神学院深造，获得神职后回到中国。高级神职人员的培养需要很多年，这些中国人还必须首先学习外语，所以他们在国外停留的时间更长。大多数中国学生在毕业后很快就回国了，但也有极少数去欧洲的中国教徒因为不可预见的原因在那里定居，并在异国他乡去世。在中国和欧洲相距甚远、彼此知之甚少的时候，这些去过欧洲的中国人，无论他们停留的时间是长是短，他们都给欧洲带来了关于中国的消息，从而有助于欧洲人更好地了解和认识中国。

在十八世纪到过欧洲的所有中国人中，黄嘉略对东西方文化交流的贡献最重要。他的真名是黄日升，嘉略是他的基督教名字的中文翻译。作为秘书，他陪同法国传教士梁弘仁（Artus de Lionne）于1702年初从厦门到罗马，对"礼仪之争"这一问题提出意见，10月抵达巴黎，在短暂停留后奔赴罗马。这项任务持续了三年，他们于1705年底回到了巴黎。十八世纪初，中国装饰风格仍在法国如火如荼地进行着，中国人的到来通常被视为一个重要的事件，黄嘉略在巴黎的逗留吸引了大量的关注。此后，他被聘为王室的中文翻译，并帮助皇家图书馆整理中文书籍。他向许多著名的法国学者提供了关于中国的信息，包括启蒙思想家孟德斯鸠（Charles Louis de Secondat）等。孟德斯鸠在1713年下半年之前经人介绍认识了黄嘉略，虽然他们的接触时间较为短暂，但他们的会面相当频繁，黄嘉略日记中至

1　邹雅艳：《〈利玛窦中国札记〉中的中国形象》[J]，《文学与文化》，2011年第4期，第128—130页。

少记录了十次，且对孟德斯鸠的影响相当大。孟德斯鸠是一位勤奋的作家，他对自己的阅读、旅行、思考和与他人的对话都做了记录。他还做了与黄嘉略的谈话记录，经仔细整理并多次抄写，包括留存于图书馆的一份20页的手稿，主题是和黄嘉略谈话的摘录。这一笔记涵盖了广泛的主题，包括中国的历史、宗教、民俗等，部分内容后来被孟德斯鸠纳入他的名著《论法的精神》。这能看出，黄嘉略提高了孟德斯鸠对于中国的兴趣。[1]

在十七和十八世纪，继黄嘉略之后，在欧洲留下最多文字资料的旅欧中国人是高类思和杨德望。当时，为顺利在中国传教，培训中国传教士的工作变得越来越紧迫。在中国的法国耶稣会率先采取行动，挑选年轻的中国传教士，给他们提供初步的神学和语言知识，并将他们送到欧洲接受进一步培训。然后他们回到中国，接受神职，承担起传教的工作。[2]1763年，二人在获得了返回中国传教士的资格后，不再需要留在法国。1764年初，他们提出申请，希望乘坐法国印度公司的船只返回中国，就考察情况提交了一份报告。这份报告是在他们离开巴黎踏上归途前几小时才完成的。报告里提及，法国的纸更粗更厚，质地明显不如中国，这可能与原材料有关。法国印染丝织品的技术也落后于中国。在法国，人们用铅和铜的合金来铸造字体，印刷质量优于中国的木版。同时，还提供了关于中法两国的产品在对方的市场的适销情况和相关建议。如，他们提出，法国的挂毯设计如果能得到中国人的认可，就应能得到中国皇家的欢迎。中国的瓷器以薄为佳，但对法国出口的瓷器，应更加注意强度和耐用性，可以增加一定厚度。这一报告详细比较了十八世纪中国和法国的技术和工艺水平，是研究现代世界经济史的宝贵资料。

东西方之间的交流媒介包括来自东方的货物和欧洲人以及到过西方的中国人。由于各种限制，很少有中国人去到欧洲，更多的是带着传教任务来到中国的罗马天主教的传道者，在东西方之间建立起了交流的渠道。[3]

2.2.2 东印度公司加速远东贸易发展

中国装饰风格的设计真正开始风靡欧洲大约是在十七世纪的中后期。十七世纪初，为抢占远东海外市场，1600年英国成立了东印度公司，1602

---

1 许明龙：《中法文化交流的先驱黄嘉略——一位被埋没二百多年的文化使者》[J]，《社会科学战线》，1986年第3期，第244—255页。

2 雅克·西尔韦斯特·德·萨西：《与北京的文学通信（至1793年）》[J]，郑德弟译，《国际汉学》，2003年第2期，第71—80页。

3 许明龙：《欧洲十八世纪中国热》[M]，北京：外语教学与研究出版社，2007年，第15—24页。

年丹麦成立了东印度联营公司。当时欧洲人普遍认为，来自东方的货物具有很大的价值，参加远东贸易会有很大的收益。欧洲人将意大利人、葡萄牙人作为范例，毫不犹豫地加入了这项商业冒险。荷兰人打破了葡萄牙人的商业垄断，他们积极寻求与本地人建立合作，并试图用武力赶走葡萄牙人。在十八世纪之前，他们主导了东方的贸易。[1]荷兰人在中国和欧洲之间的早期贸易中发挥了重要作用。他们将大量中国商品运往欧洲，并销售给其他欧洲国家。

早期中国出口欧洲的产品除了丝绸和茶叶之外，许多商品都是具有装饰和实用价值的工艺品。主要包括瓷器、漆器、青铜器等，流向欧洲的瓷器赢得了欧洲人的普遍喜爱，多数欧洲人以瓷器显示自己的富裕和高雅。因此，尽管这些进口产品的价格很高，但王公贵族和富商们仍热衷于购买。

2.2.3　早期欧洲的中国装饰风格的多样性

十七至十八世纪，英、法的艺术设计领域的风格是多样化的，即从巴洛克风格，发展到洛可可风格，再转向到新古典主义，而这些设计风格都具有中国装饰风格的元素。中国舶来品的艺术设计风格，并不能改变欧洲艺术的走向，但它以其独特的设计和异国风情为欧洲艺术家带来了灵感的源泉，并融入到欧洲的艺术设计之中，对西方装饰艺术产生了一定影响。在艺术史上，通常采取文化纪元分段论的方法，将十七世纪的欧洲艺术描述为"巴洛克"风格，将十八世纪的欧洲艺术描述为"洛可可"风格。

（一）巴洛克式中国装饰风格

（1）巴洛克式中国装饰风格简介

从文艺复兴时期开始，欧洲美学倾向于古典主义，古希腊和古罗马的风格被欧洲人认可和追捧，而不符合这些风格的作品被认为是低劣的。因此当"巴洛克"和"洛可可"这两个词出现时，它们或多或少具有一定贬义。例如，"巴洛克"一词最初是由欧洲珠宝商用来指不圆的珍珠。[2]因此，"巴洛克"这个词的意思是"不完美"。巴洛克法语单词的原意是"不工整、奇怪、反常"。在巴洛克之后出现的十八世纪新古典主义的艺术家们摒弃了前人的风格，将他们体现十七世纪欧洲的风尚的作品称为"巴洛克艺术"。

巴洛克风格产生于十七世纪到十八世纪初，涵盖了意大利、法国等国

1　孟宪凤，王军：《东印度公司与17世纪英国东印度贸易》[J]，《历史教学》（高校版），2016年第5期，第58—63页。

2　梁妍妍：《巴洛克绘画艺术风格研究》[J]，《中国包装工业》，2015年第11期，第61—62页。

家。在艺术领域方面，涉及了绘画、建筑和音乐等。它的特有风格，在艺术精神和表达方式上都与文艺复兴时期有很大不同。由于这个原因，一些学者认为，文艺复兴可被纳入古典主义的范畴，巴洛克则可以被纳入浪漫主义的范畴。在法国，以法兰西学院为中心，形成了"官方的"巴洛克风格，宏伟、辉煌、壮丽，但又千篇一律的创作手法。

中国装饰风格诞生于十七世纪初，但自1850年以来，它实际上已经与欧洲艺术的巴洛克风格重叠。

巴洛克艺术的前身是古典风格，它的华丽装饰、昂贵的材料、豪华的气氛等诸多因素，都与当时中国在西方人心中的形象相吻合。中国瓷器丰富的装饰，光彩夺目的中国漆器家具，华丽的中国丝绣，都与欧洲这个时期追求冒险和极致的奢华的整体精神相吻合，这也是为什么这个时期的中国装饰风格设计在欧洲被称为巴洛克中国装饰风格。[1]

（2）巴洛克式中国装饰风设计的风格特征

巴洛克风格的一个重要特征是宏伟壮丽。这一风格表现在绘画方面，其特点是大型、复杂的构图和绚丽的色彩，表现宫廷的华美和教堂的壮丽。与文艺复兴时期古典主义的庄重高雅风格相比，这种风格侧重于表现情感的自然流露，以明显的明暗对比来体现绘画效果。构图中使用对角线、曲线等来体现动感，构图具有强烈的动态倾向和张扬的倾向。这一风格在绘画领域的代表有法国的朴桑等。这一风格表现在建筑领域，主要体现在摒弃了僵硬的古典学说，追求自由的形式、动态的线条、强烈的色彩和绚丽的装饰，表达世俗情趣。其建筑结构的特点是充分使用弯曲的平面、椭圆的空间和造型繁复的浮雕等。这一风格的典型代表有巴黎的卢浮宫、罗马的耶稣会教堂等。虽然巴洛克一词最初具有不完美和古怪的含义，但它很快就成为了一种独特的风格，后来在艺术设计领域几乎成了宏伟和壮丽的代名词。[2]

1692年，有两部关于中国的舞台剧在西方上演。在英国演出的剧目名为《美丽的皇后（La regina delle fate/The Fairy-Queen）》，取材于莎士比亚的名剧《仲夏夜之梦（Midsummer Night's Dream）》改编。[3]为了适应时尚，该节目以中国歌舞为特色，并在中国花园中进行。这出戏的中国装饰风格的舞台设计是由英国知名设计师罗伯特·鲁宾逊（Robert Robinson）所创作，他特别精通于东方景观设计。《美丽皇后》的成

1　袁宣萍：《17—18世纪欧洲的中国风设计》[D]，苏州：苏州大学，2005年。

2　冯赫阳，李一平：《浅析巴洛克建筑风格》[J]，《艺术科技》，2017年第5期。

3　袁宣萍：《17—18世纪欧洲的中国风设计》[D]，苏州：苏州大学，2005年，第68页。

图2.1 麦克·马萨恩地（Michael Mazarind）：挂毯，1690年，234cm×392cm，现存于伦敦的维多利亚和阿尔伯特博物馆

图2.2 十七世纪晚期法国中国装饰风格刺绣挂毯，221cm×133cm，源自：1st DIBS线上精品网站商品

功，主要是由于其优美、富有异域风情的主题风格。位于伦敦的维多利亚和阿尔伯特博物馆内有一幅创作于十七世纪的挂毯（图2.1、图2.2），展现的是中国装饰风格内容，但体现了类似于鲁宾逊的风格。挂毯展示了穿着怪异服装的人物、中式建筑和异国情调的鸟类和植物等。这幅壁画的异国风情和神秘的气氛，与世纪末的巴洛克中国装饰风格有类似之处。

这一时期的丝绸织物上也盛行点缀奇异纹样。1695年至1715年，丝绸织物上体现了中国装饰风格的图案，以中国纺织品和植物图案为主题。法国作为欧洲丝绸行业的领导者，设计和制造了一系列具有奇异纹样的锦缎面料。

（二）洛可可式中国装饰风格风

（1）洛可可式中国装饰风格简介

洛可可，是指十七、十八世纪流行于法国的一种艺术风格，它超越了文艺复兴时期形成的规则，采用了东方艺术中鲜活、欢快、自由的手法和不对称的设计，放弃了传统的流畅且自然的风格，更注重使用流畅自然的线条，放弃了过去对鲜艳明亮色彩的追求，转而使用灰色，将不同的色彩自然地融合在一起，追求细腻、梦幻的风格。[1]

在十八世纪以后，法国引导欧洲的大部分国家进行着艺术领域的改革。新的趋势反映了新旧时代的变化。路易十四被民众尊称为"太阳王（le Roi Soleil）"，而路易十五则被尊称为"受爱戴者"。[2]路易十五继位后，王室和贵族们的生活中心开始从凡尔赛转移到了巴黎。贵族的住所需要大批的精美家具、各类装饰品和家庭画像。新兴的中产阶级也开始追随新的流行趋势，洛可可的艺术脱颖而出。（洛可可Roo源自法语，原意为"贝壳"，后来被解释为用小石头和贝壳作装饰图案的一种装饰风格。）[3]

在十八世纪，自然科学在欧洲发展起来，自由平等的观念开始普及，人们的生活越来越放松、愉快、舒适，奢华的潮流和专制、威严的思想遭到了排斥，细致的、高雅的、具有活力的事物体现在了衣物、语言等生活的方方面面。洛可可艺术就体现出这个时代宫廷贵族的生活方式。

大约在这个时候，沙龙聚会开始在巴黎蓬勃发展。沙龙通常由有地位和财富的贵族妇女主持，她们邀请社会名流和上层社会成员到她们的客厅，为其提供精致的酒食。[4]在这种环境中，社交礼仪更为人们所重视，谈话几乎成为了一种艺术。艺术家和科学家在这一时期已经不再是卑微的工匠和文人，而是能进入沙龙的上流人士，他们与王子和贵族平等地交流。而这样的场合，为洛可可式中国装饰风格的发展和流行提供了便利的渠道。

十八世纪产生的洛可可风格，是以十七世纪的巴洛克风格为基调发展起来的。此时流行于普通人中间的小品画，逐渐被皇室和贵族认可，开始成为一种艺术主流。当时，欧洲人将洛可可称为"现代艺术"。形容洛可可的词"Rocaille"出现在1734年左右，并成为这一艺术风格的专用名词。[5]

大量的中国外销艺术品，传教士传回的著作，还有伏尔泰（François Marie Arouet）等学者不断地传播和推广中国的文化，中国不再是神秘的了。尽管学术界对于中国的争论颇多，褒贬不一，但是在公众的心中，中国仍然是一个美好、精致、舒适的地方，与洛可可的艺术风格相吻合。人们为中国瓷器那柔和迷人的色彩所着迷，被穿着丝绣长袍的传奇人物所吸

1　崔超华：《法国洛可可绘画中东方元素的艺术表现》[D]，西安：陕西师范大学，2019年。

2　刘海翔：《欧洲大地的"中国风"》[M]，深圳：海天出版社，2005年，第68页。

3　李萌：《浅谈巴洛克与洛可可的艺术风格》[J]，《光盘技术》，2006年第6期，第27—28页。

4　刘海翔：《欧洲大地的"中国风"》[M]，深圳：海天出版社，2005年，第67—68页。

5　刘海翔：《欧洲大地的"中国风"》[M]，深圳：海天出版社，2005年，第68—69页。

引，为中国生活的奢侈安逸而欣喜。在本世纪欧洲上流阶层的想象中，中国并不神秘威严，而是欢快奢华的。

（2）洛可可式中国装饰风格设计的风格特征

洛可可艺术承袭了巴洛克的优雅和贵族特色，相较之下，巴洛克风格是大型的、雄伟的、富丽堂皇的，而洛可可风格是小型的、精致的、细腻的、轻盈的，且主要用于室内装饰方面。洛可可画风更为简单朴素，没有巴洛克那种夸张的厚重感，其用色也偏向于轻盈、宁静、甜蜜和女性化，象牙白和金色是洛可可的主要用色。[1]同时，洛可可风格设计的明暗之间的对比较弱，展示出一种平面感。在洛可可绘画中，不使用巴洛克的张扬、深刻的线条，而使用柔和的曲线，将人物描绘得纤巧精致。[2]法国路易十四在位时期的凡尔赛宫等宫殿的装饰便是洛可可风格的最佳范例。

例如，在英格兰的伍斯特郡，有一座豪宅至今仍然存在。由英国的乔治·威廉伯爵（George William, 6th Earl of Coventry）在1760年开始建造，其内部装饰体现了洛可可风格的巅峰时期的意趣：墙壁上铺着淡红色的锦缎，在一面墙中心的椭圆形的画框中，有一幅复刻布歇作品的图画，还有一个来自于法国的贴有铜饰、镶嵌着中式的花卉图样的柜子。这是比较典型的洛可可式室内装饰的设计。[3]同时，洛可可风格的建筑设计能在屋内描绘出特有的图案，营造出特别的氛围，让建筑显得豪华雅致。如维尔茨堡大主教（Würzburger Dom）府内的天顶画（图2.3），便充分体现了这一风格。

图2.3 提埃波罗：《行星与大陆星的寓言》，1750—1753年，维尔茨堡大主教府内的天顶画

图2.4 瓦尔南瑟、莫诺耶和佛特埃（Guy Louis Vernansal，Jean Baptiste Monnoyer 和 Jean Baptiste Belin Du Fontenay）：《La Collation》，约1700—1729年，路易十四的中国装饰风格挂毯，源自法国私人收藏

1　余盈莹：《学术探微与洛可可风格的室内装饰设计思考》[J]，《美苑》，2010年。

2　李萌：《浅谈巴洛克与洛可可的艺术风格》[J]，《光盘技术》，2006年第6期，第27—28页。

3　戴竹君：《试论"中国风"对乔治王时期英国装饰设计风格的影响——以"乔治王时代：1714—1830年的英国社会"展览为例》[J]，《常州工学院学报》（社会科学版），2020年第6期，第5页。

十八世纪六十年代，当洛可可风格达到顶峰时，法国设计师将洛可可艺术的精致和柔和特点与欧洲人对中国的想象相结合，设计生产出许多中国装饰风格的丝绸面料。[1]例如，十九世纪六十年代在法国制作的中国装饰风格挂毯（图2.4）。挂毯的左上半部分展示了一个具有檐角上翘的东方亭子作为挂毯的远景图案，近景是穿着极富东方风格服饰的西方贵族和侍从，并且画面中还能发现大量中国瓷器。

正是在这一时代，迈森（Meissen Porcelain）和其他瓷器制造商开始采用洛可可生动而热闹的装饰风格。瓷器的可塑性使它有可能为奢侈的装饰性幻想赋予物理形式。中国装饰风格图案的异国情调对含蓄高雅的上层阶级来说非常契合，他们已经厌倦了文艺复兴的死板和巴洛克装饰的浮夸。[2]1737年，布鲁尔伯爵（Count Heinrich von Bruhl）委托制作一套带有天鹅图案的洛可可式餐具组，以显示他作为一个重要的朝臣的财富。这套餐具组共3000件，皆用彩绘进行了装饰，一些较大的盘子刻意制成鸟类、花朵和贝壳的形状。[3]1739年，迈森瓷厂为萨克森尼选帝侯奥古斯都三世（August III Sas）之女玛利亚·约瑟法（Princess Maria Josepha of Saxony）制作的雪球花咖啡具组，体现了奢华的洛可可风格，其古怪的装饰灵感来自日本的雪球树。[4]那不勒斯和西西里的国王查理四世（Charles IV），在1738年与奥古斯都二世（Augustus II）的女儿阿玛利亚公主（Maria Amalia Josepha Johann）结婚，新娘的嫁妆里有十七套迈森餐器组。查理希望体现出一名国王应有的气度，便在那不勒斯周围建立卡波迪蒙特瓷厂（Capodimonte），工人都来自迈森。[5]1759年，他登上西班牙王位马上将整个工厂打包，并将其装上三艘船运往西部。之后在马德里附近的布恩雷蒂罗宫的花园里重建，还建了一座独特的"水晶宫"——布恩雷蒂罗宫（Parque del Buen Retiro）：一个华丽的透明房间，玻璃墙壁贴着以蓝色

1　宫秋姗：《18世纪中法丝绸文化比较——以里昂和苏州丝绸博物馆藏品为例》[D]，北京：北京服装学院，2012年。

2　罗伯特·芬雷（Finlay Robert）：《青花瓷的故事：中国瓷的时代》[M]，郑明萱译，海口：海南出版社，2015年，第320页。

3　罗伯特·芬雷（Finlay Robert）：《青花瓷的故事：中国瓷的时代》[M]，郑明萱译，海口：海南出版社，2015年，第320页。

4　陆琼：《迈森瓷及其他德国名瓷》[J]，《中国书画》，2004年第12期，第186—188页。

5　顾年茂：《"东物西渐"：中国瓷器在德国——以18世纪初期德国迈森瓷器为中心》[J]，《岭南文史》，2019年第3期，第23—33页。

为主的彩色瓷器片，窗户上有洛可可式的装饰。[1]1763年，英国文学家和政治家沃波尔（Horace Walpole）观看了国王乔治三世和夏洛特女王（Sophie Charlotte）为他的叔叔订购的一套瓷器。"昨日瞻仰了王后伉俪致赠梅克伦堡公爵的一套切尔西瓷器，壮观至极。无以计数的盘碟、餐桌中央用来放置花和水果的饰架、烛台、盐瓶、酱汁碗、茶器和咖啡杯具等等，应有尽有，无一不缺。"[2]

　　洛可可风格的特点之一是大量使用贝壳状图案、卷幅似的图像、盛开的花朵和波浪状的装饰带，以创造一种舒缓和轻盈的感觉。此艺术风格的理念与当时欧洲人看到的中国艺术有很多共同之处，都是极其精致、优雅和细致的。

图2.5　桑斯尼（Sinceny）工厂：瓷盘，十八世纪，收藏于德塞夫勒博物馆（Musee de Sevres）

　　十八世纪的中国装饰风格设计，往往描绘出户外休闲、田园诗般的劳动、悠闲的浪漫、愉悦的和谐景象，同时有一种繁华易逝的感怀。它在绘画、挂毯、瓷器、家具和纺织品中都有体现，所体现出的意境是洛可可艺术真正令人着迷、令人喜爱的地方。钓鱼、划船、喝茶、玩鸟是常见的题材。如1750年法国北部桑斯尼（Sinceny）工厂的一只釉陶制品，展示了人们在放风筝和划船的场景，周围奇特的植物和石头，搭配柔和的色彩，营造出一种放松的感觉（图2.5）。[3]

　　洛可可风格看起来漫不经心的、柔和、精致的风格，是淡雅考究的中国艺术品，尤其是瓷器、墙纸等装饰艺术中所展现的特点。这一艺术风格

1　罗伯特·芬雷（Finlay Robert）：《青花瓷的故事:中国瓷的时代》[M]，郑明萱译，海口：海南出版社，2015年，第321—322页。

2　罗伯特·芬雷（Finlay Robert）：《青花瓷的故事:中国瓷的时代》[M]，郑明萱译，海口：海南出版社，2015年，第304页。

3　袁宣萍：《17—18世纪欧洲的中国风设计》[D]，苏州：苏州大学，2005年。

中经常使用的"不对称"图案也与中国艺术的审美一致。[1]

洛可可风格的审美意趣是中式风格在欧洲植根的基础，中式风格的引入又影响了洛可可风格。如果没有洛可可风格，中国装饰风格就不会广泛流行，或者只有少数人欣赏。总体而言，巴洛克与洛可可风格在西方艺术史上具有某种相似性，但两者在内容与形式上都追求精致、追求完美。但是，由于产生的地点、时间、文化背景等因素，两者之间存在着巨大的差别。巴洛克的起源是十六至十七世纪，而洛可可是十八世纪开始流行的。巴洛克诞生在意大利，洛可可诞生在法国。巴洛克多使用扭曲和漩涡状的装饰，体现出华丽、神秘、有张力的风格，而洛可可多使用不对称、花草叶和白色、金色的装饰，体现出精致、闲逸、细腻的风格。这两种艺术风格都是在一定的历史条件下诞生的，象征着人类文明发展到一定的高度，对后来出现的各种艺术流派产生了很大的影响。

2.2.4 "伪中国风格"风靡欧洲

十八世纪中期的欧洲被一种自创的神秘而遥远的东方景象所吸引，这种景象在一种被称为中国装饰风格的新装饰艺术风格中得到了充分体现。西方人重视中国装饰风格的自由气氛，一种流动的、无限的空间感。这种对东方的热衷和向往在十八世纪并不是一种突如其来的潮流。中国装饰风格是基于旅行者和探险家故事中的异国情调而逐渐发展起来的。但中国装饰风格繁荣的催化剂是英国东印度公司等海外公司的建立。[2]从亚洲进口的纺织品、漆器和瓷器在欧洲市场上非常受欢迎，来自欧洲的英国艺术家、工匠开始通过模仿亚洲的瓷器和采用伪亚洲的图案来表达他们对东方的想象。西方的中国装饰风格图案总是试图将透视的规律性强加给中国的构图，背叛了异国场景的朦胧的自由性，并将其重新纳入西方设计原则的管辖范围。这一现象表明，尽管西方对东方充满热情，但将自己想象和理解的中国元素进行利用，强调夸张式审美，最后创造出虚无的中国装饰风格形态。[3]对于这种异国情调的热衷事实上是一种再创造。（图2.6，见下页）

欧洲的中国装饰风格本身就是基于从东方进口商品的设计。在模仿真正的中国风格的时候，欧洲人通常采用自身所理解的中国传统图案，结合

1　刘海翔：《欧洲大地的"中国风"》[M]，深圳：海天出版社，2005年，第64—66页。

2　Carol Cains, "Chinoiserie in Europe," Treasure Ships: Art in the Age of Spices [M], Adelaide: Art Gallery of South Australia, 2015, p.239.

3　蒋茜：《1700—1840年英国的中国风格壁纸设计》[J]，《创意与设计》，2017年第4期，第72—77页。

图2.6 1886年加拿大安大略省科堡举行的以中国服饰为主题的化装舞会

强调和夸大的审美，形成了富有想象力的中国装饰风格形式。这种对亚洲物质文化的幻想，可能和整个欧洲对东方的看法相契合，将东方视为一片遥远而迷人的土地，居住着神秘而奇特的人们。

十七世纪初，数以百万计的瓷器、丝绸和手工艺品抵达欧洲。这些工艺品的形状和图案吸引了知识精英，他们不再被文艺复兴时期的古典风格所诱惑，转而被时尚的古怪的装饰所吸引。欧洲中心城市的港口和商店充斥着引人注目的瓷器、丝绸和漆器，进一步强化了东方作为富饶之地的印象，并加强了西方本已丰富的想象力。[1]因为东方商品供不应求，一些欧洲工匠开始模仿中国产品生产欧洲版的明代青花瓷、漆器和织物。在欧洲，这种对中国装饰风格的热衷一开始与十七世纪的巴洛克风格共存，然后与活泼、华丽、反古典的洛可可风格共同发展。中国图案和主题更契合高雅的上层阶级。1683年，坦普尔爵士（Sir William Temple）在一本园林设计著作中使用了一个词语——"sharawadgi"，这个词可能源于中国的"散"和"疏"字，意思是优雅的凌乱，体现了中国艺术的不对称性。他写道，中国装饰风格的特点是：为了设计的需要，美必须是醒目

---

1 Young, H, Manufacturing Outside the Capital: The British Porcelain Factories, Their Sales Networks and Their Artists, 1745-1795[J], Journal of Design History, 1999, 12(3), pp. 257-269.

的，但不能有第一眼就很容易识别的秩序或结构。虽说我们对这种美知之甚少，但却有一个特别的词来形容它。如果他们对一种中国装饰风格设计一见钟情，就可能赞美说"sharawadgi感"极佳，令人赞美等等。那些看过东印度群岛最好的服饰、东方最好的屏风和瓷器图片的人都会认识到这种类型的美。即没有秩序之美。后来，沃波尔便将在瓷器、墙纸、漆器和家具中发现的令人愉快的不规则图案称为"sharawadgi感"。在西方的专著中，已经提出了数百幅说明中国装饰风格的版画。专业艺术家和业余爱好者都随意复制或借鉴，以装饰瓷器、墙纸、银器、纺织品和家具，或作为花园、亭子和宝塔的模型。其中最重要的两部作品，一是纽霍夫（Joan Nieuhof）1665年出版的《荷属东印度公司出使中国皇帝报告书》，一是1688年斯托尔克（John Stalker）与帕克（George Parker）二氏合著的《论日本涂漆和亮光漆技术》。1760年皮耶芒（Jean Pillement）的《女士休闲（Ladies Amusement）》，便借鉴这些著作指示读者：设计中国装饰风格作品时，可以自由发挥，因为一般都是展示一种明亮和多彩的风格。[1]总体而言，中国装饰风格在十八世纪初发展于法国，直到十八世纪中期才传入英国，中国装饰风格很快就成为一种被大多数人接受的装饰艺术。

英国最早于十七世纪五十年代开始接触到来自中国的独特"饮料"——茶叶。在1667年左右才开始买卖，并很快成为许多欧洲国家的重要进口产品。在十八世纪初期，茶已经是被公认为英国人的必备饮品。[2]英国的饮茶习俗产生了两种后果：第一，加速了与中国的贸易往来，让欧洲收获了更多的品类更丰富的中国商品。第二，随着中国商品的增加，英国人对中国的兴趣和认识也在逐渐加深。在十八世纪的英国，饮茶的时尚给英国社会生活带了非常重要的变化，如茶具、茶壶、桌椅等，以及英国园林里的中式亭阁建筑以及室内设置的中式茶室。目前在许多庄园室内大厅或卧室中还能够看到用中国茶罐制成的各类灯具陈设。

（一）瓷器

中国瓷器是最早在欧洲流行开的中国装饰风格用品。一开始在欧洲出现，就赢得了欧洲人的广泛喜爱。瓷器和中国共享着相同的英文名称"China/china"，就足以见得在西方人心中，代表中国的文化符号中，瓷器必然占据着重要的地位。很多西方人都用瓷器来显示自己的财富和优雅

1 罗伯特·芬利：《青花瓷的故事：中国瓷的时代（The pilgrim art cultures of porcelain in world history）》[M]，郑明萱译，海口：海南出版社，2015年，第321页。

2 Sterling and Francine Clark Art Institute, Sterling and Francine Clark Art Institute (Williamstown, Mass.), Beth Carver Wees, English, Irish, & Scottish Silver at the Sterling and Francine Clark Art Institute[M], New Jersey: Hudson Hills, 1997.

品味。因此，尽管这些进口商品价格高昂，但贵族、巨贾和富翁们还是争相购买，收藏瓷器在一时间成为欧洲社会的风尚。而瓷器上所绘的盛放的花朵、茂密的树木、鸟类、昆虫以及村庄等装饰性场景，与欧洲人所渴求的浪漫化的自然情怀一致。画面所展现的中国人的透视习惯、绘画技法等也让欧洲人感到惊讶而引发诸多联想，欧洲人因喜爱中国瓷器，而爱屋及乌地喜爱上瓷器上的绘画和图样。龙、凤等预示着吉祥的动物，牡丹、莲花等示意着富贵吉祥的图案，被欧洲人认为是具备中国情趣的吉祥图案，仕女、嬉戏的孩童、身着官服的中国官吏，以及中国特有的情境，如在湖边与妻妾品酒的贵族，在水上撒网或坐在河边捕鱼的渔民，出售陶器和鸟类的贩子，正在表演的杂技人等，都是这些出口瓷器上常见的图画。[1]这些瓷器上的图案与西方传统的写实绘画和图案的装饰截然不同，它不仅为人们提供了一种异域的审美，而且加深了他们对"天堂"般的中国的渴望。从十六世纪末到十七世纪中叶，西方精英阶层可以说是复制了中国文人和宋代贵族的经验，都从贵金属器皿转向精美的瓷器。可以说，从跨国商人将中国瓷器进口到英国的那一刻起，英国就出现了中国装饰风格的最初迹象。

1609年，第一家瓷器商店在伦敦开业。为了增加销量，店家会直接向景德镇专门定制绘有家族标志或经典画作的瓷器来满足欧洲消费者的需求，这种瓷器供不应求，于是欧洲工匠开始试图仿效中国瓷器。1575年，意大利佛罗伦萨首次尝试烧制瓷器。[2]十七世纪初，荷兰和德国的汉堡都有自己的工厂，他们开始研究和仿制中国的瓷器。荷兰的工场戴尔伏特（Delft）在1660年就开始有能力独立制造高质量的瓷器。在此后的100多年里，这个作坊成了欧洲生产瓷器的领头羊，它对中国瓷器的仿制非常地道，以至于其他国家生产的瓷器都以它为名。

德国的中国瓷器的仿制品起初做得并不是很好，硬瓷也是一直到十八世纪才在德累斯顿地区被制造出来。其实，法国人从十七世纪晚期就开始对中国瓷器进行仿制，但是苦于没有好的原材料，最初生产出来的瓷器都很脆弱，后来，波尔多地区的优质原料被发现，制作出来的瓷器制品品质也有所提高。赛弗尔因其瓷器而闻名整个欧洲，对中国瓷器的仿制和荷兰戴尔伏特作坊的产品处于同等地位。同时，切尔西等瓷器产区在整个欧洲

---

1 Harold Osborne, The Oxford Companion to the Decorative Arts[M], Oxford University Press. 1975, p.194.

2 雨晨：《迈森——欧洲独占鳌头的瓷器》[J]，《今日上海》，2007年第9期，第56—57页。

都很有名。[1]

对中国瓷器的喜爱让欧洲人同时喜欢上了中国瓷器上的图样。欧洲的仿造品不仅模仿了形状，还模仿了图样。龙、凤、孩童和经典的中国场景，如在花园中玩耍的猴子、撑伞的贵族等都是常见的图样。这些仿制品或因为模仿水平低，或缺乏对中国的真正了解，或者由于消费者不喜爱地道的中国风情，欧洲瓷器上的中国图样通常不是中国的，但也不是西方的。例如，背景中经常出现热带地区才有的树木和花朵，人物的面部有深邃的眼睛和高挺的鼻子，天空中还有天使。此外，典型的中国图像往往因为被传统的对称花饰所包围而失去了中国风味。但是并不真正了解中国的欧洲人却认为这是地道的中国风格，所以不觉得别扭。[2]

当时，景德镇贸易瓷的风格产生了很大的变化，就瓷盘来说，花口、长方形、菱形等形状都有所增加，以适应西方的饮食习惯。雍正、乾隆以后生产的瓷器中，有山水、亭台主题的青花瓷盘在欧洲得到了广泛欢迎。这类独特的出口瓷器一方面以中国装饰风格纹饰为基础，在东方式浪漫中又结合了欧洲人对装饰图案的需求。[3]

由于欧洲市场的高销量，中国商人们为满足欧洲人的需求，争相生产被叫作"洋彩"的出口瓷器，这种瓷器是参考西方瓷器的形状和设计的基础，在中国制造的一种特殊瓷器，并以西方绘画或西化的中国绘画形式绘制。西方瓷器是对中国瓷器的模仿，而"洋彩"瓷器则是对西方瓷器的模仿。欧洲人却误以为这才是真正的中国艺术与设计。尽管这一类型的设计并非完全地属于东方或西方，但是之后还在欧洲与建筑装饰相结合，并成为当时中西文化交流的一个典型结果。[4]这时，欧洲当地正在大量生产瓷器，而东印度公司从国外进口了无数的瓷器，这自然使瓷器的价格下降，使其在形式和质量上都更加便宜，让各个阶级的人们都可以使用。

尽管欧洲具有在当地制作装饰精美的瓷器的传统，但西方人并不了解制作和装饰瓷器所需的神秘材料和技术。而在中国，至少从九世纪开始就产生了瓷器的制造。事实上，在当时瓷器的物理性质是西方无法把控的，这导致直到十七世纪左右，西方人还认为它具有神奇的治疗能力。十八世

1 许明龙：《欧洲十八世纪中国热》[M]，北京：外语教学与研究出版社，2007年，第89—92页。

2 Oliver Impey，梁晓艳：《欧洲艺术和装饰中的"中国风格"》[J]，《东方博物》，2004年第1期，第112—117页。

3 吴自立：《19世纪美国"中国风"——中国瓷的文化影响》[J]，《世界美术》，2009年第2期，第95—101页。

4 张文婧：《中西文化交流视域下清代"洋彩瓷"美学研究》[D]，江西：景德镇陶瓷学院，2014年。

纪，瓷器的秘密才被最终揭开。硬质白瓷是从1710年左右开始，在迈森工厂开始生产，主要目标客户群体是贵族和资产阶级。[1]然而，直到艺术家约翰·格雷戈里乌斯·霍尔特（Johann Gregorius Horoldt）使用了丰富多彩的珐琅彩调色板，欧洲关于中国装饰风格的幻想才在瓷器上充分体现。[2]

图2.7 迈森瓷器工厂：茶壶，1722年制造和1722—1725年装饰，硬质瓷，存于伦敦的维多利亚和阿尔伯特博物馆

霍尔德的才华在一个1722年制造和装饰的茶壶上得到了彰显。这只球状的细瓷茶壶上装饰着衣着奇特的戴帽子的中国人，其中一个人坐在一匹长着浅紫色和红色羽毛的欧洲马上。这种中国人物在田园风光中悠闲自在的场景，在中国装饰风格中非常常见（图2.7）。彩绘的中国装饰风格镶嵌着金色的卷轴，闪烁着铁红色和粉红色的框架，壶嘴上绘有印度花和其他植物装饰，以及植物装饰，并有一个弯曲的手柄和一个高大的圆顶盖，类似于寺庙或印度清真寺的形状。丰富的装饰暗示着想象中的中国的富有，人物的外观体现了欧洲人对亚洲人的想象，但最重要的是，这些装饰是欧洲人的创造。正如温特伯顿所指出的，在十九世纪之前，欧洲和中国之间几乎没有接触，因此中国被归类为一个幻想和享乐的国度。[3]实际上，即使在十八世纪对东方的了解有所增加，欧洲仍然坚决反对文化现实，并继续刻意将创造的中国装饰风格与中国联系起来。

虽然道恩·雅各布森（Arne Jacobsen）承认，欧洲大陆和英国之间存在着思想和风格上的交流，但英国人的品位"并没有跟随欧洲的步伐，中国装饰风格呈现出独特的英国特色；模仿时不那么虔诚。"十八世纪中叶，瓷器制造的秘密最终从迈森传播到其他欧洲宫廷和瓷器工厂（图2.8-图2.10）。然而，与欧洲大陆不同的是，英国大多数已有的瓷厂都倾向于生产多孔的、易于处理的软瓷，而不是更加漂亮的硬瓷。[4]软瓷的材料更便宜，而且适合当时英国的文化和社会氛围，因为当时英国正在建立自己的

1 Martin M, Meissen porcelain factory[J], World of Antiques & Art, 2008, p.158.

2 Clare Le Corbeiller, German Porcelain of the Eighteenth Century[M], New York: Metropolitan Museum of Art Bulletin, v.47, 1990, p.17.

3 Matthew Winterbottom, Chinoiserie in Britain: Brighton[J], The Burlington Magazine, 2008, p.704.

4 Owen J V, The Geochemistry of Worcester Porcelain from Dr. Wall to Royal Worcester: 150 Years of Innovation[J]. Historical Archaeology, 2003, 37(4), pp.84-96.

图2.8 《奥地利咖啡壶》，1720年左右，纽约大都会艺术博物馆收藏　　图2.9 迈森瓷器厂：《凉亭里的一对中国夫妇》约1755—1760年　　图2.10 中国装饰风格牛奶壶，1772年，曾于加拿大嘉丁纳博物馆展览

民主国家，并与欧洲大陆的保皇派对抗。鉴于英国的政治和宗教倾向，以及与法国的持续冲突，中国装饰风格在英国装饰艺术中的体现与法国不同就不足为奇了。法国已经产生了中国装饰风格和洛可可风格的融合。而正如雅各布森所指出的，"在英国，中国装饰风格是一种独立的元素，是对其母体风格的狂野和轻浮的改变。它的怪异和缺乏严肃性可能是由于英国装饰传统中对中国的漫不经心的态度。"[1]

路易十五的情妇蓬巴杜夫人（Madame de Pompadour）创建了塞夫勒瓷厂（Sèvres），并亲自监督瓷器的生产[2]，精心选择瓷器的设计，引进了大量的中国设计，最终形成了独立的风格。伴随时间的推移，瓷器的纹样设计变得越来越巧妙，一些作品脱离了纯粹的模仿，开始创造自己印象中的"中国风格"，所以，在部分瓷器制品上出现了中西结合的中国场景。例如，背景上可能出现在热带地域的棕榈树和菠萝，人物面部具有深目高鼻的特点，或者在画面周围，也会采用欧洲风格的对称的花朵作为装饰。（图2.11，见下页）

十八世纪初，荷兰和英国的东印度公司开始大量进口瓷器餐具，迈森也在同一时间开始大规模生产，以此作为回应。当时一套标准的餐具大约

1 Kirstie Morey, Oriental Fantasies in Seventeenth and Eighteenth Century Europe: The Origin and Application of Chinoiserie Porcelain, 2016, https://collageadelaide.com/2016/04/18/oriental-fantasies-in-seventeenth-and-eighteenth-century-europe-the-origin-and-application-of-chinoiserie-porcelain/, 10 Jun 2021.

2 Jacques Raymond de Fossa, Le château historique de Vincennes à travers les âges Edt[M]. Paris: Dragon, 1908.

图2.11 蓬巴杜夫人1756—1862年委托瓷厂制作的一对瓷器花瓶，瓶身图案由弗朗索瓦·布歇绘成，现收藏于沃尔特斯艺术博物馆

有130件。在十八世纪，一些英国家庭将花费十倍的价格购买装饰有家族徽章的餐具套装。中国装饰风格餐具的影响在今天仍然很显著，在欧洲依旧可以感受到中国餐具的影响。当然，在成套餐器的概念诞生之前，西方人也受到了青花瓷的强烈影响。因此，后来欧洲使用的有着扁平的表面，边缘有装饰和中央的人物或纹章图案的盘子设计，多多少少都是受到了明朝的瓷器的影响。到十八世纪末，中国瓷器及其仿制品（尤其是Wedgwood出品）占领了西方人的餐桌，代替了凹槽盘、陶器、银器的地位。

这把十八世纪中期由英国皇家伍斯特厂（Royal Worcester）制作的彩色软瓷茶壶，体现了英国对洛可可风格和中国装饰风格的借鉴和应用。茶壶身上描绘的是一位身穿长袍、留着精致小胡子的中国人在田园风光中微笑的情景。正如所有的中国装饰风格一

图2.12 皇家伍斯特：茶壶，约1755年，软瓷，现收藏于伦敦维多利亚和阿尔伯特博物馆

样，这里的景观与中国的瓷器风格非常相似。然而，相较中国本土的瓷器，这把壶身上使用的色彩更为艳丽，而显得这把茶壶格外独特。（图2.12）[1]然而，尽管英国瓷器的设计很简单，但英国瓷器仍然被称为中国装饰风格的重要组成部分，中国装饰风格的艺术设计品是源于欧洲的，但具

1 John R. Haddad, Imagined Journeys to Distant Cathay: Constructing China with Ceramics, 1780-1920[J], Winterthur Portfolio, 2007, p.57.

有坚持创造性的创作。[1]

　　与欧洲大陆形成鲜明对比的是，英国与大陆同行相比，其中国装饰风格呈现出更质朴的气息。即使是伦敦市的鲍式瓷器厂（Bow Factory，1744—1776）也有明显的英式简约风格。令人眼花缭乱、充满童趣的色彩和图案与中国传统装饰的反古典主义、梦幻的性质完美契合。

　　英国对东方的矛盾态度也体现在十八世纪中期的一幅瓷器的画上（图2.13）。它是由鲍氏瓷器厂制作的，装饰着中国的牡丹花。盘子上描绘的是一个充满幻想的世界，盘子中心有两名女子，她们站在一棵柳树下，旁边是一只形似麒麟或者鹿的动物。这个色彩斑斓中国风格场景被粉色、蓝色和乳黄色的花饰所包围。虽然场景很美，但这些图像也有一种具有魅力的、略阴沉的气质。对中国景象的这种略带压抑的描绘可能是故意试图把中国，从一个强大而复杂的国家变成一个人为塑造的，一目了然的，怪异的实体。另一方面，英国的瓷器生产在不断提醒人们，东方丰富而悠久的传统和技术优势，正在与传统的欧洲绘画相融合，从而欧洲能够将陌生的"他者"纳入自己熟悉的世界，从而掌控世界的变化。中国装饰风格揭示了欧洲人对中国装饰图案的迷恋，而不是对中国信仰和哲学的迷恋，可能体现了欧洲人的野心和理想，而不是对中国文化的理解和向往。

　　英国切尔西茶壶（图2.14）也是一个经典的例子，它的造型取自中国传统的布袋和尚，壶嘴上描绘了一条张着嘴的蛇，以一种特别别扭的方式将两个不相关的形象嫁接在一起。就像切尔西茶壶一样，西方制作者和十八世纪中期的制作者对东方设计和欧洲风格都很着

图2.13　鲍氏瓷器厂：瓷盘，约1755年，软瓷，22.9cm×22.9cm，现存于纽约大都会艺术博物馆

图2.14　切尔西茶壶，1745—1749年，现存于大英博物馆

1　John R. Haddad, Imagined Journeys to Distant Cathay: Constructing China with Ceramics, 1780—1920[J], Winterthur Portfolio, 2007, p.57.

迷，而这两种风格也开始融合共存。[1]

（二）漆器

产于中国漆树上的漆，被用来装饰光滑的材料（如木材）的表面。东印度公司在十七世纪早期开始向欧洲出售中国漆器，主要包括家具、器皿和装饰品。

图2.15　琼·格尔曼斯（Jean Goermans）：羽管键琴改装的漆器钢琴，1754年，荷兰

十八世纪，法国商人从中国进口了整整一艘商船的漆器运到了欧洲，此举也使法国后来成了欧洲最大的漆器生产国[2]，因为可以制作中国装饰风格的家具，法国手工艺人马丁兄弟（Martin）在欧洲享有盛誉。1730年左右，法国的漆器不但可以与中国本土的生产技术相媲美，甚至还有超越中国的趋势。也因为法国这股漆器潮流，中国装饰风格的漆器迅速地在英国、荷兰等欧洲国家流行起来（图2.15）。[3]德国皇帝弗里德里希（Friedrich）雇用马丁之子前往德国，为其皇宫制作精美的漆器用具。比利时斯帕就是十七世纪末到十八世纪末欧洲著名的漆器制造中心，从小型鼻烟盒到大型橱柜都有生产。

（三）壁纸

具有中国装饰风格印花的墙纸也是一种极为受欢迎的英国和法国进口产品。欧洲使用墙纸的传统可追溯到古罗马时代。一开始是通过布覆盖墙面，以达到保暖的目的。[4]后来，中国墙纸因其精湛的工艺、亮丽的色彩和装饰性而深受欧洲贵族的喜爱。

欧洲的壁纸生产以英国最为著名，现存的中国装饰风格的壁纸大多是英国的，它受到了出口壁纸和印度印花棉纺织品的影响。然而，中国墙纸刚一进入英国，就超过了大多数欧洲墙纸。到了十七世纪，随着欧洲商船驶向东方，茶叶、瓷器、漆器和丝绸都受到追捧，壁纸虽不是主要的交易

1　蒋茜：《浅析1700—1840年间英国的中国风格设计》[J]，《南京艺术学院学报》（美术与设计），2018年。

2　许明龙：《欧洲十八世纪中国热》[M]，北京：外语教学与研究出版社，2007年，第93页。

3　方婷婷：《17—18世纪西欧与中日漆器贸易研究》[D]，浙江省金华市：浙江师范大学，2011年。

4　蒋茜：《1700—1840年英国的中国风格壁纸设计》[J]，《创意与设计》，2017年第4期，第72—77页。

物品，但也被大量供应给欧洲。一位法国耶稣会教士指出，中国的富人用丝绸装饰墙壁，平民则以白垩粉墙或采用糊墙纸。[1]到十七世纪末，中国墙纸在英国已经非常流行，许多英国墙纸制造商开始从中国购买定制彩色木刻，然后在英国生产壁纸。中国商品在整个英国都很抢手，特别是在室内装饰方面，许多妇女的房间都用中国的墙纸、漆器和挂毯来装饰。[2]

　　这类壁纸实际上是一种中西结合的混搭风格。十七世纪晚期，进口墙纸成本太高，迫使英国和法国仿制中国壁纸。英国仿造的中国壁纸大部分是以进口的中国原作为基础，根据自己对中国的理解和想象，在其中加入英国人想象中的中国元素。在早期的西方的中国装饰风的壁纸中，有许多花鸟图案，这与来自中国的出口墙纸和丝织品上的图案基本相同。在创作手法方面，对线条的强调和对植物的刻意放大，与传统中国画的意境截然不同。许多壁纸描绘了笔直的树枝、大花、高鼻大眼的人物，以及形状怪异的假山，看起来就是中西结合的仿品。十八世纪中叶起，中国墙纸和欧洲洛可可风的流行相得益彰，中国壁纸成为达官贵人炫耀的资本。此时在欧洲流行的壁纸分为两种，一是中国出口墙纸，一是英法仿制的"伪中国装饰风格"壁纸。最常见的出口壁纸的题材以花、鸟和中国人物、风景为主题，与奇彭代尔的家具相结合，使室内充满了古典的中国气息。（图2.16）

图2.16　弗吉尼亚州殖民地威廉斯堡（Colonial Williamsburg）内的中国装饰风格彩绘墙纸，约十八世纪

　　中国壁纸在色彩、风格和构图方面对英国墙纸有很大影响。最初的英国壁纸主要是木刻的，颜色很少。而中国壁纸是手绘的，所以颜色更丰富，更明亮。英国人对中国墙纸的热情在十八世纪达到了顶峰。

　　中国画具有很好的装饰效果，在英国北安普顿郡地区密尔顿厅的墙壁上就贴有精美的壁纸。"但如果这些画被视为中国艺术的代表，也只能原谅英国人对东方绘画的过低评价"。[3]这些墙纸中有些是英国对中国墙纸和

第二章　欧美的中国装饰风格发展脉络

63

1　蒋茜：《1700—1840年英国的中国风格壁纸设计》[J]，《创意与设计》，2017年第4期，第72—77页。

2　王镛主编：《中外美术交流史》[M]，长沙：湖南教育出版社，1998年，第200页。

3　袁宣萍：《盛极一时的中国外销壁纸》[J]，《包装世界》，2005年第3期，第79—83页。

绘画的复制，但也有可能是中国广州的工匠在制作墙纸的时候，采用了西方的绘画风格，为了适应商业需要，绘制了中西结合的图案，而英国人误以为是中国传统图案而进行学习使用。这样的中国装饰风格很常见，但其艺术影响力有限，主要用于装饰。这类制品大部分是洛可可风格的。[1]

图2.17　格里姆斯特霍普城堡（Grimsthorpe Castle）的鸟笼屋，1760—1769年

欧洲的中国装饰风格墙纸中经常产生夸张的花、树和鸟的主题。这种题材通常不出现人物，画面呈现出春天中国园林中的花、竹和鸟的形象，但仔细观察就会发现，花和树之间的关系并不是植物学领域的生长关系，而是随便搭配的。英国格里姆斯特霍普城堡的"鸟笼屋（Birdcage Room）（图2.17）"便是其中的代表作，房间采用了传统的哥特式圆顶结构，并在设计中结合了中国装饰风格和哥特式元素。[2]

以花、树和鸟为题材的出口壁纸一般给人一种清新自然、有活力的感觉。这些花草树木不是写实的，与传统的中国画不同，花

图2.18　黑尔伍德屋的中国装饰风格墙纸，1765—1771年

1　苏立文：《东西方美术的交流》[M]，南京：江苏美术出版社，1998年。
2　袁宣萍：《盛极一时的中国外销壁纸》[J]，《包装世界》，2005年第3期，第79—83页。

草树木是随机匹配的，有时还配有院落、山丘、盆景等，给人一种特别的味道。以人物为主题的壁纸主要描绘的是庭院里的人物场景：其中包括品茗赏花、旅游、遛鸟等，着重展现中国人轻松的生活方式。其中，山和塔是最常见的，在欧洲人眼中，这是最典型的中国景观。中国壁纸具有烘托室内环境气氛的作用。约克郡的黑尔伍德屋（Harewood House）里的更衣室就装饰了手绘的中国墙纸（图2.18）。

英国人对中国装饰风格墙纸的热情在十八世纪达到了顶峰。1775年抵达伦敦的一艘东印度公司的商船，便为英国运送了两千余件壁纸。[1]因为中国墙纸多由纯手工的毛笔绘制而成，所以制作出来的花草树木、山水、房屋、人物、生活场景等非常清晰跃然纸上，就像欧洲人喜爱的传统的屏风画一样，色彩明丽，画风细腻，是其他墙纸无法比拟的。在它的影响下，从十八世纪中叶开始，伴随着当时的洛可可风潮的盛行，中国壁纸在欧洲的流行达到了顶峰，贵族以家中使用中国壁纸为显示财富和权力的资本[2]。对于地域的理解不是很清楚，部分地区将中国壁纸称为"印度纸"或"日本纸"，这种中国风情的壁纸分为两类，其一是中国出口的壁纸，其二是英法等国仿造的壁纸。出口壁纸的图案多为花树鸟以及中国人物风景，结合奇彭代尔家具，打造出古典的中国装饰风格室内环境。英国约克郡诺斯特尔修道院的卧室，即是以常见的花树鸟类为主题的壁纸布置，画作比较清新自然。这些花与树并不是传统的写实性的中国传统绘画，花、树、鸟是随机的搭配，有时配上园林、山石、盆景等，给人一种特别的感觉。人物风景主题的中国出口的壁纸多半是庭院人物情景，如传统庭园、品茶，出游等，着重表现中国人的悠闲生活，体现了欧洲人对中国闲适生活的想象。其中，山和佛塔时常出现，是欧洲人眼中最经典的中国风景。此时，英国开始采用先印刷再绘制的方法展开创作，色彩逐渐变得丰富。欧洲壁纸也产生了许多以风景、人物为题材的主题，这或多或少受到了中国壁纸的影响。

十八世纪中期，英国建筑师钱伯斯（Sir William Chambers）也提出：中国的墙纸多是白纸，少数是彩色的，但并非全景式构图。[3]换句话说，墙纸在中国并不是传统的日常用品，即使在皇宫中有使用，那也是少数皇

---

1 Zhang G G, Chinoiserie and Rococo of the Age of Enlightenment[J], Journal of Tsinghua University (Philosophy and Social ences), 2005.

2 Zhang G G, Chinoiserie and Rococo of the Age of Enlightenment[J], Journal of Tsinghua University (Philosophy and Social ences), 2005.

3 Zhang G G, Chinoiserie and Rococo of the Age of Enlightenment[J], Journal of Tsinghua University (Philosophy and Social ences), 2005.

室成员的专属特权，但它一直是英国人最喜欢的室内装饰。这些壁纸明显是中国依据外国人的需求而定制生产的。

图2.19　中国装饰风格墙纸装饰的客厅，1769年，费城，宾夕法尼亚州。后来被安装在纽约大都会艺术博物馆

十九世纪，随着化学颜料的出现和机器印刷的广泛使用，英国壁纸的颜色变得更加丰富。二十世纪亨利·弗朗西斯·杜邦（Henry Francis DuPont）在法国购入了手绘的中国装饰风格墙纸（图2.19）。从他在特拉华州改建的博物馆中可以发现美国人从欧洲购回的中国装饰风格墙纸的流行风格，其图案往往是展现的古老的田园风光和充满异域风情的中国人。[1]由于当时还没有一个美国人曾经去过中国，所以美国人所了解的中国风景和人物全部来自墙纸中的描绘。

1700年至1840年期间生产的壁纸上的许多古怪和幻想的图案、设计和肖像确实源自中国，但英国人创造性地制作了许多衍生品，为这种跨文化的设计生产重新制造出了中国式壁纸。随着中国出口的艺术品在欧洲流行，出口的手绘壁纸经历了从被欣赏到仿制设计的进程，此时的西方人开始学习、仿制壁纸上的造型和画面，然后在中国作坊定制这类壁纸。当时国内的商家，为了契合西方人的欣赏标准，刻意渲染，壁纸中具有明显的西方绘画风格，这便是具有中国装饰风格的中国外销壁纸，即使在今天，十八世纪的中国装饰风格手绘壁纸在欧美仍能寻觅到踪迹[2]。

（四）服饰

十八世纪，中国装饰风格图案被广泛地应用于欧洲女装中。这应缘于法国国王路易十五宠爱的蓬巴杜夫人的引导。中国的花鸟、宝塔、龙等图案不但被用于服装，还被用作挂毯、帷幔、扇子的背景。在服装面料中，具有中国装饰风格的纺织品是美国人将欧洲时尚融入日常生活的最简洁、最实用的方式之一。[3]约翰·辛格尔顿·科普利（John Singleton Copley）

1　Ida McCall, Asian Inspired[J], Winterthur Magazine, 2008, pp.36-39.

2　王琴，《中国风壁纸艺术的传承与创新》[D]，杭州：浙江工业大学，2013年。

3　Florence M. Montgomery, Printed Textiles: English and American Cottons and Linens, 1700-1850[M], New York: Viking Press, 1970, pp.265-266.

为伊丽莎白·沃森画的肖像画（图2.20），通过展示进口高级丝绸，显示出了沃森夫人丈夫的高贵地位和财富。沃森夫人拿着的瓷瓶也是一种身份的象征，说明她的丈夫有能力购买昂贵的进口商品。[1]即是说，丝绸缝制的服装显示穿着者或者其家人的地位、品位和财富。

图2.20　约翰·辛格尔顿·科普利，《乔治·沃森夫人》，1765年，布面油画，现收藏于史密森尼美国艺术博物馆

十九世纪中期到二十世纪，有许多的欧美服饰设计在图案造型层面上大量提取和选用了中国图案。[2]美国博物馆中众多的藏品显示，这些中国传统图案的使用主要包括三方面：第一，中国传统纹样花卉纹、龙凤纹的应用。第二，中国人物、景物等图案的织物印花，这也属于非常流行的图案设计。第三，一些服饰使用了和中国传统服饰非常相似的样式，即形制相同，并使用中国图案，但实质上并非是中国传统服饰，而属于中西结合的独立设计[3]。

（五）建筑

中国的园林和建筑艺术博大精深，这对欧洲的园林建筑设计产生了重要影响。十三世纪末，《马可·波罗游记》出版之后，十九世纪的利玛窦和十八世纪的马国贤等的著作进一步揭示了中国土地的秘密。但是，他们对中国园林和亭台楼阁的描述不够完整，而是较为夸张或充满魔幻色彩。在大多数的描述中，亭子的作用被误解为玩耍的场所。十七至十八世纪，因为欧洲人对中国风情的迷恋，使中国园林中的亭台楼阁作为中国式的艺术建筑出现在欧洲。英国和法国的亭子多是以神奇、古怪、休闲、多彩的形式建造的，成为欧洲人幻想中的中国装饰风格。

园林中的亭台是由路亭、渡亭等生活中的休憩设施衍生出来的，它的

1　Isabel Breskin, "On the Periphery of a Greater World": John Singleton Copley's "Turquerie" Portraits[J], Winterthur Portfolio, no. 2/3, 2001, pp. 99.

2　王业宏，姜岩：《19世纪末20世纪初美式"中国风"服饰现象浅析——以美国康奈尔大学纺织服饰博物馆收藏为例》[J]，《艺术设计研究》，2020年第1期，第36—43页。

3　王业宏，姜岩：《19世纪末20世纪初美式"中国风"服饰现象浅析——以美国康奈尔大学纺织服饰博物馆收藏为例》[J]，《艺术设计研究》，2020年第1期，第36—43页。

历史可以追溯到战国时期[1]，从那时开始，亭子及其布局就与重视自然、亲近自然的哲学观产生了联系。亭子的基本特征包括：小型、对称、单层、起翘的屋顶，四面开阔。

传教士们早就意识到了中国建筑的独特之处，并在信件中经常谈到它，基尔歇的《中国图说》等书籍提供了许多中国建筑的插图，吸引了欧洲人，特别是上层社会的注意。[2]欧洲建筑历史悠久，但到了十七世纪，欧洲传统的刻板的古典风格已经变得让人乏味，此时出现了精致优雅的中国园林设计艺术，让欧洲人群起效仿。最早模仿中国风格的是凡尔赛的特里亚农宫。它是根据荷兰人纽霍夫对南京报恩寺的素描设计的，由法国路易十四在1670年至1671年为其情人蒙特庞夫人（Madame de Montespan）而建。报恩寺是明朝皇帝朱棣为纪念他的母亲而建。寺内有一座宏伟的九层琉璃塔，高33丈，顶部有100多个风铃。当时的西方人无法区分琉璃与瓷器，因为他们称该寺院为"瓷宫"，因此，以该寺院为蓝本建造的宫殿也被称为"瓷宫"。[3]它是一座单层建筑，共有五组房屋，主屋在中央，两侧各有一组侧屋，主楼前有两间小屋作为通往宫殿的通道，都坐落在花园的中间。大特里亚农宫（Grand Trianon）的外观并不完全是中国装饰风格的，但内部的装饰却是中国式的。檐下装饰着青白二色的兽形饰物，外墙贴着瓷砖，正门前的几个台阶将人们引向前厅，客厅的墙壁上铺着白色大理石，上面装饰着蓝色的图案，地板和底板上铺着瓷片，建筑师大量使用大理石和珐琅，使其具有瓷片的效果。其室内装饰和陈设也尽量体现中国装饰风格，不但使用中国式家具，还使用漆成青白二色的桌椅来体现中国青花瓷的风味。不幸的是，宫殿中使用的瓷砖无法防寒，在建造后不久就开始剥落了。此后，路易十四不再宠爱蒙特庞夫人，这座著名的建筑只持续了十七年，就在1687年被拆除了。但这座宫殿建成后，贵族们纷纷效仿他的做法，很快在法国各地出现了许多相似的宫殿和别墅。

尽管如此，站在研究和推广中国建筑和园林艺术设计前沿的不是法国，而是英国。在1685年发表的一篇文献中，英国人坦帕尔爵士（Sir William Temple）阐述了中国人对建筑和园林之美的观点，批评了欧洲园林的统一性和缺乏变化，并主张引进中国的园艺艺术。大约十年后，著名散文家艾迪生（Joseph Addison）等人延续了坦帕尔的思想，主张普及中国

1 苏珊·斯科特，陈晓彤，杨鸿勋：《"中国（艺术）风格"与中国园亭之西渐》[J]，《中国园林》，2008年。

2 何辉：《基歇尔〈中国图说〉中的中国》[J]，《国际公关》，2018年第4期，第78—79页。

3 那颜：《"漂洋过海"的欧洲"中国宫"》[J]，《海洋世界》，2014年第12期，第58—63页。

园林，并按照中国的方法进行园林布置。

但是，与真正的中国园林相比，英国的园林只是将西方人幻想中的东方世界模拟出来的造型，实际上它是一个具有中国特色的西方花园，在西方园林中添加一些中国式的元素，拱桥、亭子、宝塔等，并没有体现中国园林艺术的精髓。此后，这种风气传递到德国等多个国家。[1] 1719年，巴伐利亚选帝侯马科斯·马纽埃尔（Maximilian II）回到慕尼黑，在宁芬堡（Schloss Nymphenburg）建造了一座带有几座中国式宝塔的夏宫，他称其为"塔园（Pagoda Castle）"。[2]

欧洲人对中国园林的追捧的高潮产生在十八世纪下半叶，这和法国传教士王致诚（Jean Denis Attiret）有密切关系。1749年，他描述圆明园的信被公开发表，在欧洲激起了强烈的反响，并很快被翻译成多种文字，许多重要的欧洲出版物都转载了这篇文章。在北京皇宫长期为皇室作画的艺术家王致诚，他写道："与欧洲的笔直的平路不同，连接山和空阔地带的是一条蜿蜒的小路。桥的两侧或装饰着木质牌坊，或装饰着汉白玉牌坊，建筑精美，与欧洲的建筑风格全然不同。"他还从理论层面评论了中西园林建筑的异同，认为每个国家都具有特殊的情趣和习惯。欧洲人喜欢规则性和对称性，中国人也喜欢对称、有序和有规律的布局，圆明园正体现了这种美学，但中国人在建造花园时刻意体现无序和不对称。这是因为他们基于以下原则：要修建的并非契合对称原则的殿堂，而是自然和简单的，远离喧嚣的场所。虽然他的介绍和评论使欧洲人能够真正欣赏到中国园林建筑的美丽，同时颠覆了欧洲人的审美情趣，[3]但也在某种程度上歪曲了英国人对中国园林的第一印象。圆明园建于十八世纪三十年代，王致诚在书信中认为它是"主要用作声色消遣的，令人愉悦的亭子"，王致诚还补充说，这里有时会进行下棋、吟诵诗词等智力游戏。然而，这种理解其实是西方式的观念。在王致诚的观点中，明显缺少的是对中国园林亭子设计初衷的解释，即对大自然的思考。因此，这些文字解释无助于揭示中国园林亭子的真正精神内涵和形态，相反，它们强化了"欧洲人想象的中国式风格"，把中式亭子看成是一种满足享乐的场所。

1757年威廉·钱伯斯爵士（Sir William Chambers）出版了一本名为《中国建筑、家具、服装、机械和器具设计》的书籍，并在其中引用了两

1　萧默：《中国传统建筑研究之我见》[C]，《中国文物学会传统建筑园林委员会第十一届学术研讨会论文集》，1998年。

2　许明龙：《欧洲十八世纪中国热》[M]，北京：外语教学与研究出版社，2007年，第95页。

3　许明龙：《欧洲十八世纪中国热》[M]，北京：外语教学与研究出版社，2007年，第95页。

个中国住宅为例。当钱伯斯的作品出版时，中国的艺术风格在英国已经得到了广泛推广。人们认为，中国建筑的风格是明快、轻盈、美丽、多彩的，甚至错误地以为，有中国式浮雕、圆锥形屋顶、悬挂风铃、起翘的屋檐的建筑就是中国装饰风格。而这正是许多欧洲中国装饰风格亭台的典型特征。正如托马斯·罗宾斯（Thomas Robins）的水彩画（图2.21）中的伯克郡的亭子，装饰着涡卷形装饰、风铃。它们为"新奇而古怪"的外观提供了诠释。

图2.21　托马斯·罗宾斯：《霍宁顿厅观景花园及长水景观（Prospect of the Ornamental Garden and Long Water at Honington Hall）》，1759年，水彩画

钱伯斯也曾在《论东方园林》一书中说："中国人对园艺的重视程度超过了欧洲人，他们相信漂亮的花园是人类智慧的结晶。他们认为，园艺可以陶冶人们的情感。他们的园林专家不仅精通植物，而且还是艺术家和哲学家。"[1]这些看法不仅指导了其园林建筑实践，还对欧洲人了解中国园林设计艺术有指引作用。

1762年，他完成了肯特公爵的中式园林的建设，这是一座坐落在伦敦郊区的园林，还有一座较高的九层砖塔，每层都有中国式的屋檐。这一园林展现了洛可可风格的典型特征，成为其他欧洲国家的典范，法国人所谓的"中英合璧式花园（Anglo-Chinese garden）"即源于它，后来法国和荷兰建造的这些花园大多以它为典范。腓特烈·威廉二世（Friedrich

1　桂强：《英国园林中的"中国风"》[J]，《农业考古》，2008年。

WilhelmⅡ）于1773年在波茨坦附近建造的"中国村"也参考了钱伯斯的建筑。但是，钱伯斯在广州只停留了几个月，从未见过北京的皇宫和长江以南的花园，他只是东方的业余爱好者，所以他对中国建筑的了解只是肤浅的，他的建筑作品也是中西合璧的风格。

欧洲人在看到圆明园的画之前，只能参考法国传教士阿蒂赫特（F·Attiret）1743年写给朋友的信件中关于圆明园的建筑设计、结构布局，以及中国瓷器、漆器等装饰品上的图样，并依靠他们的想象力来创造中国园林。他们通常只是在西式的花园中增添宝塔等中国元素的建筑。因此，欧洲人的中国

图2.22　《中国客厅，爱德华三世的塔楼》，1931年，《Country Life》拍摄于温莎城堡，Royal Collection Trust / © Her Majesty Queen Elizabeth II 2022

式园林常常种植着榉树和月桂树，而不是松树、柏树，显得不够地道。唯一有能力模仿中国园林的欧洲人只有上层社会。上层阶级在他们的宫殿和别墅中，从室内外都尽力仿造中国建筑。他们在地板上铺设中国地毯，在墙上粘上中国壁纸，或是悬挂中国画。除了摆设中国家具，他们还尽量多摆设中国的装饰品。（图2.22）

中国建筑和园艺设计艺术对欧洲的影响，除了展现在中西合璧的中国园林的建造方面，还在一定程度上改变了欧洲人的审美意识。然而，欧洲人并没有认识到中国园艺艺术的真正含义，他们从中获得的唯一灵感是拒绝法国古典主义的勇气，其主要体现是以不对称代替对称，以无序取代规则。然而，中式园林追求的是在有限的空间里对无限自然的表达，除了对自然的模仿，还要将所有美好事物集中展现在围墙内。移步换景等典型中式园林艺术的原则，虽然引起了欧洲人的惊叹，但没有被欧洲人采用。1897年，爱德华·哈德逊（Edward Hudson）的杂志《乡村生活（Country Life magazine）》向公众展示了以前只属于贵族的私人庄园。照片展示了中国出口的屏风和工艺品的原状摆放。总的来说，十八世纪时，庄园的主要建筑以巴洛克和帕拉第奥风格（Palladian architecture）为主。

园亭是和多层宝塔这种建筑形式同时进入西方的，多层宝塔起源于佛教，被用作纪念，和亭子的文化意义全然不同。如在约翰·纽尔霍夫·雷

图2.23 雷顿和莫伊尔斯，1665年，版画中出现了3层的中式建筑物，收藏于法国装饰艺术博物馆图书室

顿（Johan Nieuhoff Leiden）和雅各布·莫伊尔斯（Jacob de Meurs）的版画中出现的三层建筑物，它既非亭子也非宝塔，而是二者的混合体（图2.23）。这种设计在十九世纪被视为有代表性的中国装饰风格的范例。

如1842年内森·邓恩（Nathan Dunn）为费城中国物品展设计的入口亭子。所有的展品都被运到英国，在海德公园角的圣乔治宫展出，由此看出，这种风格是非常流行的（图2.24）。1878年，中国应法国之邀参加巴黎国际博览会（World Exhibition or Exposition）。中国馆被设计成"左右两辕门、飞檐正厅三间，园中设有小亭"的具有地道中国式风格的样子。1883年和1884年，在英国举办的渔业和卫生博览会上（London International Fisheries Exhibition），中国展馆附近修建了中式凉亭和茶室，设有小桥回廊。如此浓郁的中国元素，当然吸引了不少参观者的目光。[1]

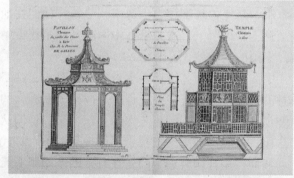

图2.24 内森·邓恩为费城中国物品展设计的入口亭子，1842年，现藏于哈佛大学威德纳图书馆

图2.25 乔治·拉·鲁热：《Jardins Anglo-Chinois》中的欧洲中式庭院中的亭子插图，1775—1779年

但对于中国亭台的视觉形象的理解，在欧洲文献中一直存在着误解。十八世纪晚期乔治·拉·鲁热（George Louis Le Rouge）出版的作品采用的是英国人对中国亭台的理解。在版画和绘画作品中，有许多屋檐起翘的，装饰着龙、异国鸟类、花卉和风铃等的亭子。如书中的插图（图

1 孙建伟：《早期世博会上的中国味道》[J]，《档案春秋》，2010年第2期，第40—43页。

2.25），展示了欧洲中式庭院中的一座亭子，亭子的屋檐上装饰着一只飞鸟。建于1799年，波兰维拉努夫宫（Wilanow Palace Garden）中英式花园中的亭子（图2.26），它可能是根据拉鲁兹的设计而建造的。

在十九世纪，伴随自然博物馆和东部贸易的扩大，英国庄园更像是一个微型的世界公园。多元文化景观体现了英国人新的世界观，中式园林景观也从小型单

图2.26　波兰维拉努夫宫中英式花园中的亭子，1799年

体建筑成为一种群落式景观。因此，欧洲人对中国园亭形式的解读，很大程度上是出于好奇心的驱使，和被中国士人阶层数百年来所理解和运用的哲学与道家思想的原意相悖。中国园林亭子丰富的哲学意义，在经过了西方装饰设计师和造园师的改造后，中国园亭内在的哲学含义不存在了。这种混合了欧美时尚所形成的欧洲式的中国装饰风格，源于欧洲人对神秘国度的幻想，是基于对中国装饰风格的片面、浪漫的理解而再造出来的风格。

总的来说，在中国的艺术传入英国时，他们并没有充分认识到其深厚的文化内涵。因此，这类艺术设计风格的形成，可以视为欧洲对中国文化的某种反应，是对欧洲人想象中的中国文化加以模仿、创造的成果。

2.3　变革阶段

清朝时期，中国与其他国家的贸易变得非常有限，只留存了与葡萄牙的商贸关系。随着欧洲战争对荷兰人地位的削弱，他们在东方贸易的主导权也渐渐转交给英国。到十七世纪中叶，英国完成了资产阶级革命，到十八世纪末期，英国已经开始使用机器。到十九世纪初期，工业得到了很大发展，英国成为世界纺织中心和制造业中心。英国工业的迅速发展引发了对货物出口和资源进口的迫切需求，英国也将注意力转向了远东市场。可以说，欧洲在东方的贸易是一种长距离的、利润率高的海上贸易，欧洲人只需将货物从港口顺利运输到其他港口，实现低买高卖，就可以在贸易中获利。[1]

1　陈伟：《东方美学对西方的影响》[M]，《学林出版社》，1999年，第42—54页。

中国装饰风格诞生于十七世纪初，在十八世纪中叶达到高潮，然后在十八世纪末期至十九世纪进入衰落时期。[1]在兴盛时期，整个欧洲，从贵族到普通民众，都被卷入了中国装饰风格的潮流中，许多人都成为了中国装饰风格设计的创作者或消费者。从建筑、室内装饰到纺织品，许多领域都受到中国装饰风格的影响。中国装饰风格设计几乎遍布大半个欧洲，包括德国、英国等大国。在欧洲历史上，没有任何一种异国风格能像中国装饰风格那样持久、强大和广泛地存在。但总的来说，从1760年开始，欧洲的中国装饰风格失去了动力。罗布森（D. Robson）认为，欧洲人对中国装饰风格的热情在1767年开始走向衰落。乔治·安森（George Anson）在1742年出版的《环球航行记》揭示了中国军事力量的弱点，从那时起，许多欧洲人对中国的看法产生了一定改变。[2]卢梭（Jean Jacques Rousseau）等著名学者也将这本书中的内容作为贬低中国的依据。从十八世纪中期开始，欧洲文学家们平息了他们最初的惊讶，感性的赞美逐渐被理性的思考替代，以前在英国和法国盛行的对中国的片面而热情的赞美逐渐消失了，关于中国的评论变成了赞美和批评的混合。这显示，对中国装饰风格的热情逐渐退却。马戛尔尼使团在访华后的描述改变了欧洲人想象中的中国形象。[3]在鸦片战争前夕，欧洲人对中国装饰风格的追捧几乎消失殆尽。中国装饰风格的衰落是有原因的，主要涉及中国本身和欧洲各国。这两个方面的任何变化都会对中国装饰风格在欧洲的地位产生影响。中国装饰风格的衰落正是这两方面共同作用的结果。本节主要讨论中国装饰风格的衰落及其原因。

2.3.1　欧洲社会对中国装饰风格的热情退去

十八世纪末，欧洲对中国装饰风格的热情开始减退，对时尚的兴趣也开始改变，尽管在一些领域仍有相当数量的中国装饰风格作品出现。中国装饰风格设计和洛可可艺术密切相关，但随着欧洲资产阶级的兴起，洛可可艺术作为贵族奢华的代表逐渐衰落，中国装饰风格在欧洲的全盛时代也随之完结。

在路易十六时期，路易十四时期的奢华仪式让很多人产生了审美疲劳，人们更喜欢追求简洁生活。室内装饰和家具设计一如既往地奢华，还

1　袁宣萍：《17—18世纪欧洲的中国风设计》[D]，苏州：苏州大学，2005年，第152页。

2　袁宣萍：《17—18世纪欧洲的中国风设计》[D]，苏州：苏州大学，2005年，第155页。

3　叶向阳：《西方中国形象成因的复杂性初探——以17, 18世纪英国旅华游记为例》[J]，《国际汉学》，2012年第2期，第380—399页。

经常使用东方漆板，但装饰风格有所收敛，曲线被直线取代，不规则性被对称性取代，色彩变得更加单一，具有古典风味的装饰元素，如花叶、十字架花纹等，出现得更加频繁。在欧洲各地的瓷窑生产中，如德国和法国的大型瓷厂，中国装饰风格产品的设计比例大大降低。这体现了曾经流行的中国式设计正在消亡。

十九世纪初，英国摄政王（Prince Regent）在布莱顿皇宫（Royal Pavilion）的室内装饰中采用了中国装饰风格。当它建成后，一部分人被它的富丽堂皇所震惊，例如，约翰·埃文斯（John Evans）欣赏它的"美丽"和"宏伟"[1]，对王子的想象力表示钦佩，但一部分人掀起了对该建筑的攻击和嘲讽的浪潮。据欧洲艺术评论家的看法，这座奢华的童话般的宫殿没有给艺术界带来任何灵感。《新布莱顿指南》（New Brighton Guide）称其为"品位低劣的杰作"，而博瓦尼伯爵夫人（Comtesse de Boigne）则称其为"疯人院（mad house）"。[2]

维多利亚女王时代，皇室立即放弃了中国装饰风格设计。因为女王不喜欢奢华的布莱顿宫，1846年议会决定将其出售，以筹集资金修葺白金汉宫。布莱顿宫的珍宝被运走，钟表、瓷器等被送往白金汉宫等地。1850

图2.27 "王子的宝藏——皇家收藏"展览现场，Royal Collection Trust / © Her Majesty Queen Elizabeth II. Picture by Jim Holden

1　John Evans, Recreation for the Young and the Old. An Excursion to Brighton, with an Account of the Royal Pavilion[M], Chiswick: Whittingham, 1821.

2　Anthony Pasquin, The New Brighton Guide, 6th Edition, 1796 and Comtesse de Boigne, Memoirs of the Comtesse de Boigne, ed. [M], London: H.D. Symonds and T. Bellamy, 1907.

年，这座空荡荡的建筑以5万英镑的价格卖给了布莱顿地方议会。1851年，由女王的丈夫主持的伦敦著名的水晶宫博物馆展示了英国工业革命的成就，但尽管展示品的风格各异，却很少有中国装饰风格设计。[1]然而到了2019年英国皇家收藏信托基金（Royal Collection Trust）举办了一场名为"王子的宝藏——皇家收藏（A Prince's Treasure – The Royal Collection returns to Brighton）"的展览，在布莱顿皇宫展出了大量乔治四世（George IV）时期的中国装饰风格的藏品，从中（图2.27）可以看出曾经皇室对中国装饰风格的热爱，以及它曾有的辉煌程度。

2.3.2 对神秘的中国产生质疑

（一）欧洲人在中国传教工作的减少

欧洲的中国装饰风格的兴起和中国形象的形成，和在中国的传教士尤其是耶稣会士向欧洲传达、描述的关于中国的信息分不开。[2]传教士们要接收和传递信息，首先要被中国所接纳。利玛窦等人采用了尊重中国风俗的方式，适应并遵守中国的习俗，学习中国的文化，用他们的理念、知识为朝廷服务，最后他们不仅被中国所接纳，而且还赢得了朝廷和各领域人士的认可。他们不仅开展了出色的传教工作，而且还修建了数百座教堂，让大量新教徒接受了洗礼。他们为文化的传播做出了巨大贡献，除了持续向欧洲传递中国的消息之外，还向中国人普及西方教育。[3]在持续近一个世纪的"礼仪之争"中，利玛窦等人为赢得罗马教廷的支持和欧洲民众的支持，以海量的文献资料向欧洲介绍了中国在政治、社会、文化等多方面的历史和状态，使欧洲人进一步认识了中国，引发了中国装饰风格的兴起。然而，欧洲不同国家的传教士存在利益矛盾，而不同修会之间也存在长久的争斗。在学术辩论的幌子下，传教士们互相争夺权力和利益，这极大地阻碍了他们在中国传教工作中的团结。传教士们的争斗非但没有让他们顺利在中国传播天主教，反而导致了罗马教廷和中国朝廷的反感，为中国传教活动的衰落埋下了隐患。[4]从罗马教廷的角度来看，教皇对中国的情况并

1　袁宣萍：《17—18世纪欧洲的中国风设计》[D]，苏州：苏州大学，2005年，第154页。

2　张国刚：《明清传教士的当代中国史——以16～18世纪在华耶稣会士作品为中心的考察》[J]，《社会科学战线》，2004年第2期，第131—139页。

3　徐晓鸿：《基督教中国化的历史之鉴（二）——从中国基督教史看其适应主流文化的本质》[J]，《天风》，2020年第7期，第26—30页。

4　杨慧玲：《〈耶稣会士中国书简集〉——十七世纪末至十八世纪中期中国基督教史研究的珍贵资料》[J]，《世界宗教研究》，2003年第4期，第146—150页。

不了解，在"礼仪之争"开始时，他们只是根据争端双方提交的报告做出了推测性的决定，有时支持一方，有时支持另一方，使中国的传教士不知所措。后来为了维持基督教教义的纯洁性，教皇采用了"宁左勿右"的政策，谴责耶稣会士的传教工作。教皇多次派遣特使到中国，试图将罗马教廷的决定强加给所有在中国的传教士和中国政府，而没有想到要尊重中国政府和人民，也没有仔细了解中国的现实，听取各领域的意见。因此，基督教内部的传教争议发展成为教皇和中国朝廷之间的冲突。就中国朝廷而言，康熙皇帝一直以友好的方式对待传教士，允许他们在不威胁国家安全的情况下进行正常的传教工作，并对那些在其领域有专长的人给予一定特权，使他们能够充分发挥自己的能力。康熙对在华传教士在"礼仪之争"中的相互竞争感到反感，并试图调和他们之间的矛盾和冲突，但没有取得成功。他最终被罗马教廷在解决争议中的偏见，以及教皇特使的僵硬态度所激怒。随后，康熙下令禁止教会的发展，除了直接为清廷服务的西方人外，传教士在中国的地位开始恶化。耶稣会作为全球性的组织，在法国的耶稣会深陷法国内政，树敌太多。在多种因素的协同作用下，1762年巴黎高等法庭解散了耶稣会，1764年耶稣会被正式取缔。1778年，教皇颁布的法令传到中国，除了留在中国的少数耶稣会士外，耶稣会在中国的活动结束。[1]耶稣会的解散和在华传教活动的缩减并没有直接导致欧洲中国装饰风格的衰落，但它们发生在十八世纪中期中国装饰风格的衰落时代，应对这一事件有一定的促进作用。

（二）欧洲公众兴趣的变化

海上航路被发现后，西班牙、英国等国家相继渡海，获取东方和美洲的巨大财富。这给欧洲人带来了丰硕的物质财富。印度的香料、中国的瓷器等货物被认为是有利可图的，海外贸易成了一种快速致富的方式。由于海上旅行有很大风险，海上贸易成为少数有足够资本和勇气的冒险家的生意。同时，来自远方的传闻引起了欧洲人的好奇心，购买外国商品、阅读各种游记、寻找异国情调成为一种时尚。十七世纪中期到十八世纪中期，异国情调在法国极为流行，在十八世纪之前，因为地缘政治的原因，土耳其与欧洲持续交往和碰撞，土耳其对欧洲而言是一个"他者"，进而促进了欧洲身份与认同的建设。可以说，在这一时期，欧洲人的关注点是土耳其。[2]此后，中国装饰风格被人们所追捧，在中国装饰风格降温后，人们开

---

1 吕颖：《从传教士的来往书信看耶稣会被取缔后的北京法国传教团》[J]，《清史研究》，2016年第2期，第87—98页。

2 梁钦：《16世纪欧洲人眼中的土耳其形象研究》[D]，西安：陕西师范大学，2018年。

始追求卢梭所说的"道德上的野蛮人"。[1]因此，在中国装饰风格兴起之前和之后，欧洲人对异国情调的渴望是多方面的，他们对来自陌生国家的物品和奇珍异宝感兴趣。不过，东方对他们的吸引力最大。但对当时的欧洲人来说，"东方"的含义非常广泛，不仅包括中国、印度和日本，还包括埃及、波斯等国。这一时期法国发行的东方游记数量逐渐增加，这种情况在其他欧洲国家几乎相同。游记所描述的国家和地区多种多样，如波斯、埃及和叙利亚等。1684年暹罗特使抵达法国时，巴黎的人们不约而同聚集在街头观看他们的入城仪式。在这种氛围下，《一千零一夜》故事的法译本成了广受欢迎的作品。当时正流行书信集，孟德斯鸠（Montesquieu）的《波斯人信札》一书也在同一年出版了好几次。[2]

　　欧洲人对中国装饰风格追捧的持续时间非常长，这可以归结为两个主要因素：媒体对中国的高度报道，以及中国本身的高度吸引力。对中国装饰风格兴趣下降的原因自然也与这两个主要因素密切相关。第一，耶稣会关于中国的报告数量在减少，人们不能持续收到关于中国的新的信息。第二，在商人的描述和旅行者的游记中，中国失去了以前的魅力，中国的形象逐渐变得越来越丑陋。一些学者提出，耶稣会士在欧洲的行为非常令人反感，以至于影响了他们在中国的会友，而耶稣会士在欧洲的声誉非常糟糕，以至于在中国的耶稣会士的报告被认为是虚假的，不可信。

　　不仅是普通民众，文化界人士也逐渐改变了对中国的看法，部分人对中国失去了兴趣。部分人对中国体现出了一种居高临下的态度。如达尔让（Boyer d'Argens）的《中国人信札》提出中国有"闭关自守"等缺陷。[3]较为欣赏中国的启蒙思想家伏尔泰，虽然一直对中国怀有热情，但在他的晚年，更热衷于对印度的探索。十八世纪中叶开始，当欧洲人发现意大利庞贝古城出土的遗物属于早在公元前六世纪就已存在的庞贝城时，他们开始对古罗马产生了新的兴趣，而对中国的兴趣则被转移。很明显，欧洲人并不是持续被中国所吸引的。

（三）欧洲思潮发展

　　在西方历史中，十八世纪被称为"启蒙时代"。在这一百年中，人类的思想得到了前所未有的解放，人们勇敢地探索，并取得了卓越的成就，在几乎全部知识领域都取得了前所未有的进步。科学和技术在以往的基础

1　许明龙：《欧洲十八世纪中国热》[M]，北京：外语教学与研究出版社，2007年，第220页。

2　许明龙：《欧洲十八世纪中国热》[M]，北京：外语教学与研究出版社，2007年，第220页。

3　曹文刚：《法国启蒙作家阿尔让斯与中国文化》[J]，《齐齐哈尔大学学报》（哲学社会科学版），2015年第4期，第21—23页。

上得到了飞跃式的发展，数学、力学等学科取得了巨大成就，实用技术、哲学、心理学等也得到了突飞猛进的发展。[1]人们思想的更新推进了科学的发展，而科学的发展又反过来促进了人们思想的更新。欧美人逐渐了解到，中国一直停滞不前，数百年来几乎没有明显的进步。赫尔德（Herder, Johann Gottfried von）在其著作中写道：当人们审视中国的历史进程，一定会感到震惊，因为他们在许多方面一无所获……这个国家的内部循环像冬眠的动物一样停止了。[2]

　　从十八世纪中期开始，欧洲人对一个国家的科技进步越来越感兴趣。虽然人们对中国的总体评价既有积极的一面，也有消极的一面，但很少有人对中国的科学技术远远落后于欧洲提出异议。欧洲著名学者，如狄德罗（Denis Diderot）、康德（Immanuel Kant）等都指出了中国科技的落后。莱布尼茨（Gottfried Wilhelm Leibniz）提到，中国人总是满足于经验性的知识，而我们的大师们一般都掌握了这种知识。而他们的军事科学也比我们差。[3]伏尔泰也多次毫不犹豫地指出了这一点。他在其著作《风俗论》中提及，中国人并没有在科学方面取得迅速的进步，他们在物理学方面非常薄弱。[4]对中国较为推崇的伏尔泰也提出了这种观点，其他欧洲人的想法便不言而喻了。

　　伴随欧洲科学的快速发展和进步思想的推广，欧洲人开始以科学水平和社会进步程度来判断一个国家的好坏，以前不被重视的中国科学的落后的情况，也开始被人们所关注。因此，人们对中国的羡慕之情大大下降。根据一些专家的说法，任何不了解自然规律的人在哲学上或政治上都是不正确的。用著名哲学家孔多塞（Marie Jean Antoine Nicolas de Caritat, marquis de Condorcet）的话来说就是全部的政治和道德错误都是源于哲学的错误，而这些错误本身又是源于物理学上的错误。任何超自然的荒谬行为都是建立在对自然规律的愚蠢无知之上的。[5]孔多塞的观点体现了欧美人尊重科学的观念。欧洲人正是通过中国科学的落后看到了中国发展的停滞。例如中国人虽然发明了指南针，但它并没有用来帮助导航，而是被风水师们用作建造房屋和坟墓时避免厄运的工具。亚当·斯密（Adam

1　黄冬敏：《理性主义史学浅论——以十八世纪的法国为中心》[D]，上海：复旦大学，2008年。

2　柳卸林：《世界名人论中国文化》[M]，武汉：湖北人民出版社，1991年。

3　Leibniz, Gottfried Wilhelm, Freiherr von：《中国近事：为了照亮我们这个时代的历史》[M]，梅谦立、杨保筠译，郑州：大象出版社，2005年，第69页。

4　伏尔泰：《风俗论（上册）》[M]，梁守锵译，北京：商务印书馆，1995年，第76页。

5　张国刚：《18世纪晚期欧洲对于中国的认识——欧洲进步观念的确立与中国形象的逆转》[J]，《天津社会科学》，2005年第3期，第125—132页。

Smith）认为："中国虽然是一个土地肥沃、人民勤劳的国家，但在很长一段时间内，一切似乎都静止了。最近的旅行者关于中国的耕种状况、勤劳程度和人口密度的报告与500年前游览中国的马可·波罗的记录几乎没有什么不同。"[1]

中国缺乏进步甚至停滞几乎成为了欧洲人的共识。1793年马戛尔尼使团被派往中国后，一个落后的国家形象替代了上个世纪的完美形象。在西方舆论中，中国不仅变得落后，而且变得软弱，令人无法容忍。在欧洲人眼中，中国不仅落后而且弱小。这一观点被大多数欧洲人所接受。当优秀美好的印象变成了愚昧落后的印象，中国装饰风格自然就衰落了。

（四）中国印象的改变

十八世纪末之前，中国的形象已在欧洲确立。在大部分欧洲人眼里，这是一个拥有数千年历史的国家，领土广阔，人口众多，政治开明，道德高尚。耶稣会士、其他传教士、外交官和商人对此贡献很大。因为在当时的教廷内部和各传教会中，一直有反对去中国传教的意见。耶稣会为了持续贯彻传教方针，便出版了许多刊物为自己的做法辩护，其中自然有不少美化中国的描写。[2]商人们的描述虽然有褒有贬，但没有去过中国的欧洲人依然非常热衷于中国装饰风格的物品，尊崇中国悠久的发展历史、环境的安宁和人民生活的富裕，并以羡慕和向往的心情仰望中国时，他们通常自觉或不自觉地对中国的缺点和丑陋视而不见。英国在十八世纪早期才成为天主教国家，在整个十八世纪都没有向中国派遣过传教士，因此英国对中国的了解大多源于欧洲大陆，特别是法国。然而，到中国经商的英国人较多，他们在与中国朝廷和中国商人来往时经常遇到负面的事件，导致他们对中国的印象很差。长期以来，英国文人中一直存在着对中国怀疑、讥讽的风气，歌颂中国似乎是一件不体面的事情。《鲁滨逊漂流记》中便描述了对中国的负面印象。在小说的第二卷中，鲁滨逊离开他的无人岛，前往远东从事贸易，进入中国，经过南京，然后向北到达北京，在那里停留了几个月，沿途获得了许多货物。在鲁滨逊的眼里，中国除了长城和瓷器一无可取。他认为，中国人的生活比美洲土人还糟糕，他还提出：当我回国后，我很惊讶地听到人们谈论中国有多少美好的东西，如财富、庄严等。我所看到和了解到的是，一群卑鄙的牧羊人和无知的、唯利是图的奴隶，

1 柳卸林：《世界名人论中国文化》[M]，武汉：湖北人民出版社，1991年，第371页。
2 康凯：《18世纪欧洲人眼中的中国》[J]，《大众文艺（理论）》，2008年第9期，第120—121页。

生活在一个适合管理这种人的政府之下。[1]

乔治·安逊（George Anson）的《安逊环球航海记》于1748年出版，并于次年被翻译成法文。这本书是一本游记，其中涉及中国的部分记述了作者航至中国东南沿海时的见闻，对中国社会现实生活和当时的科技文化水平进行了否定。[2]部分不看好中国的作家，如卢梭（JeanJacques Rousseau）等，把安逊在中国的遭遇和经历作为论据，支持他们认为中国不值得羡慕的观点。狄德罗也读了这本书，并得出了中国"被几个掠夺者控制"的结论。[3]这本书吸引了诸多知名人士，可能正体现了一种思想趋向，即欧洲人期望听到和耶稣会的意见相反的声音，或者人们对耶稣会对中国的描述持怀疑或不信任的态度。这可能是出于以下几个原因：首先，耶稣会夸大其词地夸赞中国，不仅没有让人相信，还产生了反作用。其次，一些事实使人对耶稣会的说法产生怀疑。例如，如果明朝是一个强盛的朝代，那么为何会被快速推翻。再次，鉴于耶稣会士在欧洲政治中备受争议，许多人厌恶和憎恨耶稣会士，因此耶稣会士关于中国的报告不受一些人欢迎是可以理解的。同时，孟德斯鸠（harles Louis de Secondat, Baron de La Brède et de Montesquieu）的《论法的精神》也在十八世纪中期出版，书中对中国的批评在当时对中国的赞誉中显得非常引人注意。孟德斯鸠是一位著名的学者，他的话比一个传教士或商人的话有分量得多，这是不言而喻的。这本书的出版，让关于中国的两种看法显得尤为清晰，并成为对中国持怀疑和不信任态度的言论的旗帜。[4]在他重印的《法律的精神》中，孟德斯鸠也引用了安逊的观点作为他的论点的证人。以上两本书的出版都不是欧洲追捧中国装饰风格的转折点，它们对十八世纪后期欧洲对中国印象的逐步改变也应产生了一定影响。

在十八世纪中后期，耶稣会士关于中国的报道减少了，而对中国的怀疑和贬低的言论也多了起来。英国人钱伯斯关于中国装饰艺术的书籍于1757年出版，[5]书中对中国建筑和园林的赞美在本国和欧洲产生了很大影响，但他在序言中写道，自己并不希望和高估中国的人成为同伴，我提及

1　张国刚：《〈鲁滨逊漂流记〉里的中国形象》[J]，《名作欣赏：中学阅读》，2009年第5期，第30—33页。

2　赵欣：《〈安逊环球航海记〉与英国人的中国观》[J]，《外国问题研究》，2011年，第3期，第54—58页。

3　许明龙：《欧洲十八世纪中国热》[M]，北京：外语教学与研究出版社，2007年，第224页。

4　万宁：《从〈论法的精神〉看孟德斯鸠对中国的解读》[J]，《法制与社会》，2010年第20期，第289页。

5　即《中国建筑、家具和服饰设计》。

中国人的伟大和智慧，只是与他们的近邻相比，并没有将他们与我们自己的古代和现代人相比。这种委婉的说法正体现了他的观点：中国的建筑非常经典，然而中国不值得称颂。亚当·斯密（Adam Smith）提及：中国底层社会的贫困程度远超过了欧洲底层社会的贫困程度。在广州附近有许多家庭，他们在陆地上没有家，而只能在河面的船上休息。由于食物短缺，这些人经常为肮脏的食物而争斗。[1]这段描述可能源于一个去过中国广州的商人。但亚当·斯密并未去过中国，无从判断其真实性，他只是凭借对这位商人的信任而写下这段文字。

    部分学者提出，马戛尔尼使团访华是改变中国在欧洲形象的一个转折点。法国政治家阿兰·佩雷菲特提及，他们所发现的是一个与理想化的中国截然不同的中国，他们尽最大努力破坏这一神话，谴责天主教传教士的消息是一种欺骗。从那时起，中国的形象便受到了严重影响。[2]这种观点似乎将一个复杂的历史现象简单化了，一个世纪以来逐渐形成的形象不可能在瞬间被完全摧毁，中国在欧洲的形象变化是一个漫长的过程。笔者认为，马戛尔尼使团的访华标志着中国装饰风格在欧洲的衰落。[3]

    当时中国的室内器具设计也对欧洲产生了一定影响。巴黎博览会于1878年正式举办。中国馆在开幕时异常火爆。展馆内有：瓷器、茶叶、雕刻品、青铜器等。1883年和1884年，英国相继举办渔业和卫生（食品）博览会，中国提供的展品有九江的花园凉凳、粤式藤椅、灯笼和书画。[4]不过，在欧洲文坛的影响下，中国产品在欧洲的境况每况愈下。夏尔·皮埃尔·波德莱尔（Charles Pierre Baudelaire）生活在十九世纪的巴黎，此时工业文明席卷了欧洲，给底层人民带来了贫穷，人类被物质、金钱所征服。波德莱尔作为一个"发达资本主义时代的抒情诗人"，用诗歌来表达自己对于社会改变的不满，批评现代文明对人性的压迫，开始从肉体的欲望、死亡和腐烂的尸体中寻觅艺术表现对象。[5]他选取怪异、野性和丑陋的意象入诗，打破古典美的从容优雅和以往的审美心理，形成一种新的审美特性。并且，波德莱尔拒绝崇高，在他的诗歌中，上帝被践踏，邪恶的代言人撒旦登上宝座，被冠以"最博学、最优秀的天使"的称号。他用颓废之

1 亚当·斯密：《国民财富的性质和原因的研究·上卷》[M]，郭大力，王亚南译，北京：商务印书馆，2011年，第65页。

2 阿兰·佩雷菲特：《停滞的帝国：两个世界的撞击》[M]，王国卿，毛凤之等译，生活·读书·新知三联书店，2013年，第120页。

3 郑立敏：《阿兰·佩雷菲特笔下的中国形象及其中国观初探》[D]，南京：南京师范大学，2012年。

4 孙建伟：《早期世博会上的中国味道》[J]，《档案春秋》，2010年第2期，第40—43页。

5 瓦尔特·本雅明：《发达资本主义时代的抒情诗人》[M]，张旭东，魏文生译，三联书店，1989年。

美的怪诞形象来表达"邪恶内在之美"，揭示社会中丑陋的现实，创建邪恶的世界以寻找精神救赎，从而开创了一种无神论的新的审美转向。[1]波德莱尔颓废美学的影响下，欧洲生产的许多小型中式器具体现了十九世纪对波德莱尔"怪异风格"的喜好：微笑的中国人像造型的茶壶和芥末瓶，人像脑后的辫子变为把手，以及中国女性小脚形状的鼻烟壶。这类物品曾在世博会上展出。

　　1904年美国圣路易斯博览会是中国第一次自己组织并参加的世博会（World's Fair）（图2.28）。这一次，参加中国交易会的主要是清政府的官员。代表团团长是亲王溥伦。[2]展品主要分为两个层次：一是高端的，如代表团团长沙龙中的摆设；二是面向大众的中式摆设（图2.29）。展览结束后，关于高档展品的争议并不多，但面向大众的展品却引来了很多批评。这是因为参展的物品除了体现中国优秀传统文化的文玩艺术品之外，还有裹脚女性和面黄肌瘦的中国男性的雕像，馆内还展出各种刑具造型的物品，体现了中国文化的负面印象，自然引起了公愤。

图2.28　1904年世界博览会上的中国馆外观，图片源自：美国密苏里州历史博物馆（Missouri History Museum）

图2.29　1904年世界博览会上的中国馆内部，图片源自：美国密苏里州历史博物馆（Missouri History Museum）

　　在西方人心目中，即使一些西方人在中国已经生活了很多年，但是这类商品依然被认为是真实的中国文化、中国特色。由于种族的多样性也会导致人们对彼此的观点的不确定性，而且有时候还会包含一些感情上的因素，以及惯有的鉴赏习惯。西方人和中国人以截然不同的方式定义美，并且没有充分的理由。即使在今日我们也能明显地体会到这种现象，这种对新事物的欣赏和喜好甚至模仿，并不是能根据某一理论或政治观点来统一解释的。

1　宋维平：《论波德莱尔颓废美学的价值构成》[J]，《作家》，2009年第12期。

2　孙建伟：《早期世博会上的中国味道》[J]，《档案春秋》，2010年第2期，第40—43页。

但这些物件的确在某种程度上向世界暴露了中国的缺陷。因此，对这次博览会的评价多是愤慨的："只暴露中国文化负面的展品，都是中国的羞耻，足以使人耻笑。"[1]

欧洲人热衷于中国怪异的物品表明，虽然欧洲对中国装饰风格商品仍有需求，但不同于曾经流行时期，人们对带有中国特色物品怀有无限的敬畏和崇尚。这一时期欧洲人对中国的蔑视和不屑在中国装饰风格作品中展露无遗。

当然，怪异即美的风格并不为所有欧洲人所推崇，世博会上也有许多产品模仿甚至是复制了十八世纪中国装饰风格。1851年世博会上，谢菲尔德的约翰·哈里逊（John Harrison）的展览展出了包括"中国装饰风格和路易十四风格的茶具、咖啡具、餐具等"。

（五）鸦片战争的影响

鸦片战争时期，中国国际地位进一步下降。这一时期西方人进一步破除了中国形象的神秘感，他们发现以前中国的形象只存在于想象中；再加上部分西方学者还描述了中国的负面形象，认为中国较为贫穷、落后、停滞不前，且许多中国人喜爱吸食鸦片，中国装饰风格在西方的地位也随之下降。

并且，中国传统艺术品向西方传播的方式也发生了变化。鸦片战争前，大部分传播到西方的传统艺术品都是通过购买的方式流传到欧美。然而，鸦片战争后，此情况发生了巨大的变化。美国历史学家泰勒·丹尼特（Tyler Dennett）提及，1850年后到中国的美国海员具有"恶行"。事实上，不仅是鸦片战争后前往中国的美国水手具有"恶行"，包括欧美的外交官、博物馆工作人员等都具有"恶行"。[2]这指的是对传统艺术品的掠夺和非法攫取。此时，传统艺术品主要以下列方式流入西方：第一，外交官趁火打劫。1860年，美国驻北京公使馆秘书卫三畏盗走了藏在清宫的50多件瓷器，这些瓷器现在还在美国康涅狄格州耶鲁大学美术馆展出。第二，传教士的偷盗和出售。如1903年至1908年期间，美国长老会驻山东潍县的传教士和英国传教士合作，秘密收集并购买中国甲骨。他们将来自河南的甲骨转卖给欧美的多个博物馆。[3]

欧美列强在鸦片战争时期看到了当时中国的真实情况，这与他们设想的梦幻般的理想国度大相径庭，导致他们对中国装饰风格的热情迅速降

1　孙建伟：《早期世博会上的中国味道》[J]，《档案春秋》，2010年第2期，第40—43页。

2　胡光华：《中国古典艺术在欧美的传播和收藏研究》[J]，《中国书画》，2004年第5期，第71—75页。

3　胡光华：《中国古典艺术在欧美的传播和收藏研究》[J]，《中国书画》，2004年第5期，第71—75页。

温；同时，中国传统艺术品流向欧美的方式从赠送和售卖变成了掠夺，也降低了人们对这类艺术品的尊重程度，以上因素都导致中国风在欧美逐渐失去了优越感。

在十九世纪初将法国书籍装帧和插图艺术提升到新高度的艺术家格兰维尔（J. J. Grandville），也使用了异国情调的图案来充实其绘画语言。他为《另一个世界》创作了石版画，在画"法国鬼怪"的时候，将中国装饰风格的元素加入了其作品中，增添了作品的荒诞性，让人印象深刻。在法国"七月王朝"，即十九世纪中期，一群法国艺术家厌倦了新时代的工业生活，去中东（如土耳其）寻找灵感，以逃避现实生活。这批艺术家包括亚历山大·德康（Alexandre-Gabriel Decamps）等。他们的作品体现了土耳其等中东国家的辉煌、神秘甚至阴暗面，被称为"东方主义"。这一系列的作品中体现出明显的逃避现实的倾向，与中国装饰风格作品具有相似之处。[1]

2.3.3　新古典主义影响下的中国装饰风格

中国装饰风格设计的式微也与新古典主义的崛起直接相关。十八世纪六十年代，随着法国大革命的爆发，洛可可风格的衰落，出现了一种新的美学，它摒弃了洛可可风格的过分华丽和矫揉造作，力求回归古典主义。在路易十六（1774—1792年）统治时期，洛可可设计融合了新的元素，朝着更加学术化和朴素的新古典主义发展。它主要表现在建筑、装饰艺术等方面，随着时间的推移，欧洲进入了新古典主义时期。

欧洲，尤其是法国的审美情趣开始转向。同时，在十八世纪末期，蒸汽机的产生和推广改变了英国和欧洲，工业革命带来了席卷整个社会的变革。历史虽然进入了下一阶段，但中国装饰风格仍然在小范围内延续。在路易十六统治时期，法国著名的家具设计师卡林（Martin Carlin）设计的家具，依然经常带有中国漆画的装饰。十八世纪许多从印度进口到欧洲的印花棉布都采用的是欧洲艺术家的设计，包括中国装饰风格的设计。[2]

西方装饰艺术设计界对中国装饰风格的偏好一直持续到十九世纪上半叶，在奥地利象征主义画家克里姆特（Gustav Klimt）的《弗雷德里克·马丽娅·比尔肖像》等作品中，中国民间年画的装饰性元素及技法还很明显。到了十九世纪中期，中国装饰风格的设计在欧洲日渐衰落。

新古典主义的出现，主要是对洛可可风格快速发展的反扑，也源于

1　刘海翔：《欧洲大地的"中国风"》[M]，深圳：海天出版社，2005年。

2　刘海翔：《欧洲大地的"中国风"》[M]，深圳：海天出版社，2005年，第182页。

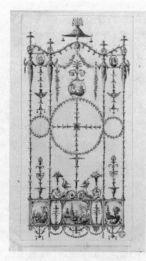

图2.30 罗伯特·亚当（Robert
Adam）：新古典主义中国装饰风格镜
面设计，1769年，钢笔、铅笔和彩色颜
料。伦敦约翰·索恩爵士博物馆收藏

赫库兰尼姆和庞贝这两个被维苏威火山爆发摧毁的古罗马城市的发掘引发了巨大的社会反响，同时，启蒙运动和卢梭等一些学者对自然美德的呼吁也具有一定作用。这一时期随着洛可可风格的结束，对东方艺术的实证态度悄然出现。新古典主义在取代洛可可式中国装饰风格的艺术的同时，也出现了将含蓄和奢华结合起来的设计风格（图2.30）。

新古典主义是一场以欧洲为中心的艺术运动。希腊神庙的庄严再次唤起了人们对古代文化的兴趣，温克尔曼（Johann Joachim Winckelmann）致力于倡导古典艺术。并且，意大利的古迹引起了人们的兴趣，特别是对埋在火山灰中的庞贝古城的挖掘，以及其内部装饰和壁画的出现，使公众大开眼界，并引发了艺术界的关注（图2.31）。古典主义作为一种艺术风格被复兴，其对称性、简单性及和谐性被人们称作神圣的艺术范例。这种意识形态与启蒙运动的影响密切相关，用古雅的古典艺术来取代奢靡的贵族艺术，代表了人们对民主制的追求。与之相比，洛可可中国装饰风格设计成了反面例子。

十八世纪的艺术批评通常将美学与其他各种因素结合起来，如民族性和道德。那时候的欧洲人并不欣赏纯粹的中国艺术，如国画和书法，也无法懂得中国人对看似漫不经心的笔触的迷恋，但他们却喜欢以瓷器等为代

图2.31 庞贝古城图

表的中国装饰艺术，但十八世纪中期，中国装饰风格甚至成为了颓废和奢靡的代表。对中国装饰风格的贬斥始于十八世纪中期，数十年后中国装饰风格开始衰落。1755年《鉴赏家》（The Connoisseur）杂志的一位撰稿人写道："中国装饰风格已经被带到了我们的花园、建筑和家具中，用龙、钟、塔来装饰我们的教堂。"[1]欧洲部分人认为，点缀在花园里的中国式建筑和人们对中国装饰风格的喜好是对他们自己传统的侵犯，而新古典主义的兴起将中国装饰风格设计挤出了装饰艺术界。[2]

欧洲的洛可可艺术只是采用了中国设计艺术的某个方面，欧洲人并不了解中国设计艺术的全部内容。不过，中国园林艺术确实对欧洲产生了深远的影响，有人认为，新古典主义将无序视为美的观点是受到这一艺术的启发。[3]

虽然室内装饰风格因地域、主人的地位和层次不同而有所差异，但在类型、功能和空间分布的组合上有共性。贵族住宅的装饰和陈设也有一些共同特征，中国装饰风格的瓷器、壁纸与漆器家具是不可缺少的。中国装饰风格的椅子是十八世纪英国常见的家具。现存的中国装饰风格的椅子有两种：其一是采用中式建筑的元素制成的靠背的红木椅；其二是软包起来的、上面有中国装饰风格图案的装饰。在当时，有中国壁纸、软包中式椅的客厅可以说是非常时尚，往往会成为最顶级卧室或者女性客厅的首选装饰方案。例如阿盖尔公爵（Duke of Argyll）的惠顿庄园的起居室里贴着中式壁纸，椅子上裹着彩绘塔夫绸。有的庄园主直接在广州定制具有家族徽章的中式红木家具，虽与英国做的中式椅子大相径庭，但也体现出英国人对红木家具的爱好。客厅和卧室的雕花壁炉常被用来摆放中国瓷器，而最具特点的中式家具是茶几，这类家具和茶桌是十八世纪上层社会生活和社交的产物，也是源于中国装饰风格影响的衍生家具。一些学者提出，在十七世纪末期，许多荷兰家具的设计都受到中国明朝所制作家具的影响，最为明显的是中国家具"三弯腿"样式的仿造（图2.32，见下页）。[4]十八世纪的乡村庄园中，鎏金镜、漆器家具和满壁的中国装饰风格壁纸是英国乡村庄园中国房间的主要装饰特点，带有中国装饰风格特色的银质茶具与

---

1 塔妮娅·M·布克瑞·珀斯（Tania M. Buckrell Pos）：《茶味英伦：视觉艺术中的饮茶文化与社会生活》[M]，张弛，李天琪译，北京：北京大学出版社，2021年。

2 袁宣萍：《17—18世纪欧洲的中国风设计》[D]，苏州：苏州大学，2005年，第157页。

3 王敏：《试析中国艺术对法国洛可可风格的影响》[D]，太原：山西大学，2013年。

4 程庸：《中国艺术品影响欧洲三百年之"中国风"与中国家具》[J]，《家具》，2010年第6期，第52—57页。

图2.32　安妮女王镀金和红漆的中国装饰风格桌子和椅子，十八世纪

洗漱用品则展现出英国人在追求异国情调的同时对本地文化传统的维护。

路易十五曾命令法国舰队在出国旅行时收集异国的花草来装饰凡尔赛的大特里亚农宫（Grand Trianon）。虽然大特里亚农宫被拆除了，但路易十六的王后玛丽·安东奈特（Marie Antoinette）受到启发，在凡尔赛宫建造了一座"草屋"，据说其灵感也来自圆明园。尽管欧洲的中国装饰风格到十八世纪八十年代已经开始消退，但中国园林在法国的时尚仍在继续增长。巴黎附近的尚蒂伊，建起了一座中国建筑，四周挂着大红灯笼，四面墙壁上都有带香炉的壁龛，椅子前摆着几张大理石桌子，墙上挂着描绘中国节日的绘画和浮雕。天花板上画着蓝色的天空和自由飞翔的鸟儿。这种类型的中国建筑在法国盛行了十多年，直到法国大革命开始。[1]

与其他通过出口艺术品和书籍插图来诠释中国的设计师不同，钱伯斯

1　张卉，金晓雯：《探寻法国古典主义园林的理性之美——以凡尔赛宫为例》[J]，《美术教育研究》，2019年第4期，第54—55页。

在青年时期作为东印度公司的押运员前往东方，并在广州待了一段时间。对建筑艺术感兴趣的钱伯斯对当地的寺庙和佛塔进行了写生。几年后，他在巴黎和罗马接受了建筑培训教育。1757年，他开始在伦敦从事建筑设计工作，随后出版了一本名为《中国建筑、家具和服装的设计》的书。在该书的前言中，钱伯斯明确表示，他不希望看到劣质的中国装饰风格的作品。他告诉人们，他不是盲目推崇中国的粉丝，不是那些试图通过夸大中国艺术的优越性来为自己扬名的人，他认为中国是充满智慧和仁爱的。对钱伯斯而言，中国是远东地理上一个现实存在的国家，其建筑技术值得尊重，在本质方面与欧洲建筑相似，但并不比欧洲建筑更优越。中国的建筑，由于其气候、地理和文化特点，具有与欧洲建筑不同的风格特点。因此，没有必要将两者进行比较，更没有必要为了时尚的异国情调而歪曲或夸大中国建筑。

钱伯斯的《中国建筑、家具和服装的设计》以及他在1757年出版的《中式建筑设计图式》和丘园的中国宝塔，在中国装饰风格装饰设计史上具有重要意义。钱伯斯爵士曾访问广州。之后，他受英王乔治三世的母亲的委托，在伦敦皇家植物园的"丘园"创建了一个中式鸟园，以及一幢"孔子屋"。然而，他最著名的作品是始建于1761年的丘园中国塔，其灵感来自南京瓷塔的形象（图2.33）。他还有其他一些声称是基于中国设计的建筑，其中最

图2.33 英国皇家植物园，丘园宝塔，1761—1762年

成功的建筑是德安农瓷宫。然而，在当时欧洲各地建立的所有中国建筑中，只有丘园宝塔是对中国风格最精确的再现。因此从普鲁士到俄罗斯，这座宝塔引发了许多仿制。而且，与南京的原始瓷塔不同，伦敦的丘园宝塔至今仍在。[1]它体现着欧洲对东方艺术的新态度，即希望自由但相对精确的创造，拒绝轻浮的态度和夸张可笑的模仿。总的来说，钱伯斯的著作和建筑对十八世纪末的中国装饰风格设计产生了重大影响。丘园宝塔已经成为伦敦郊区的一个地标，衍生了许多体现宝塔造型的绘画作品，并成为印在棉布上的图样。[2]

十九世纪英国著名建筑——西德纳姆水晶宫（The Crystal Palace）的设计师欧文·琼斯（Owen Jones），1865年出版著作《装饰的语法（The Grammar of Ornament）》[3]（图2.34）。《装饰的语法》是他在旅行途中对许多文化风格进行记录的汇编。其中包括埃及、波斯、罗马、土耳其和中

图2.34 欧文·琼斯：《装饰的语法（The Grammar of Ornament）》，书中中国纹样细节，1865年

图2.35 欧文·琼斯：《中国装饰案例（Example of Chinese Ornament）》内页，1867年

---

1 罗伯特·芬利：《青花瓷的故事：中国瓷的时代：The pilgrim art cultures of porcelain in world history》[M]，郑明萱译，海口：海南出版社，2015年，第321页。

2 袁宣萍：《17—18世纪欧洲的中国风设计》[D]，苏州：苏州大学，2005年，第88页。

3 Owen Jones, The Grammar of Ornament: A Visual Reference of Form and Colour in Architecture and the Decorative Arts[M], New Jersey: Princeton University Press.

国等地的艺术品纹样记载，书中有大量充满活力和激动人心的装饰图像，其中能看到大量十分精细的中国传统纹样，包括：万字纹、如意纹、牡丹花、龙等，总的来说这本书也是对维多利亚时代历史装饰品味的记录。两年后，又出版了《中国装饰案例（Example of Chinese Ornament）》[1]（图2.35），书中记录了一百幅出自中国明清时期中国艺术品上的经典纹样，在这本书中推翻了其在《装饰的语法》中表达中国人没有处理传统装饰形式的能力的观点，琼斯认为"中国人的装饰配色方案有他们自己的特点，作品中没有任何粗糙的元素，形式和色彩平衡和谐。"[2]

从十九世纪六十年代起，当异国情调的中国装饰风格盛行时，钱伯斯、琼斯等设计师提醒人们真正的中国是不同的，而社会主流其他人则以轻蔑和厌恶的态度批评中国艺术。随着欧洲人了解到更多关于中国的负面信息，曾经笼罩在中国身上的神秘美丽的光环正在消退。然而，他们并不了解中国艺术的精髓，他们把清末出口的华丽精致的广彩瓷与广式家具等同于中国装饰风格，也把欧洲人创造的绚丽多姿的中国式建筑和异国风情物品等同于中国装饰风格，也就是钱伯斯所批判的过于华丽的中国式洛可可风格等同于中国装饰风格。

在十九世纪末二十世纪初，新古典主义的崛起标志着人们对古老的欧洲传统设计的兴趣复苏。就艺术发展趋势而言，它也是对洛可可后期风格的过度繁琐浮夸的一种逆转。洛可可艺术家们利用曲线、自然形态和不对称的设计，使他们的作品具有一种活力，但在这种风格发展到顶端时，欧洲人便会恢复对希腊神庙的宁静、简单、肃穆与和谐的怀念。就这样，洛可可风格走到了尽头，而洛可可式中国装饰风格的设计也同时被摒弃。

虽然在古典主义的设计下，中国装饰风格并不适合发展，但在十八世纪下半叶，仍出现了一种新的装饰类型，它采取了符合新古典主义时尚的手法表现中国场景。因此，中国的人物变得更加庄重和矜持，装饰内容变得更加保守，构图以对称原则为基础，整体感觉更加安详。这种风格被称为"新古典主义中国装饰风格"，与洛可可艺术更加融合，但仍与新古典主义有关。在法国，新古典主义让位于更加内敛、优雅和奢华的风格，在室内物品和家具的腿部和边缘使用直线，对色彩的使用也比较克制，这被称为"路易十六风格"。在意大利，与生俱来的古典主义传统使艺术家们能够自然地将中国风和古典主义融合起来。在英国，类似的设计倾向可以在十八世纪末的中国装饰风格作品中看到。

1　Owen Edwards, Example of Chinese Ornament [M], S. & T. Gilbert, 1867.

2　Owen Edwards, Example of Chinese Ornament [M], S. & T. Gilbert, 1867, p.8.

十八世纪，法国里昂的丝绸设计生产受到了欧洲古典主义的强烈影响（图2.36）。随着新古典主义的传播。下图显示的是1745年在法国里昂设计的含有三种金属丝的布料，整体构图对称，上面织绣着不同的花卉图案，以蓝色、红色和黄色为主调。这种风格的图案也受到外国宫廷的青睐。例如，叶卡捷琳娜二世就从法国里昂为她的宫廷订购了许多类似的丝织品，西班牙国王查理三世和四世也从里昂的丝绸商人那里订购丝织品，以满足宫廷对法国丝织品的需求。[1]（图2.37）

图2.36 里昂丝绸，1745—1760年，维多利亚和阿尔伯特博物馆

图2.37 法国设计师菲利普·德·拉尔（Philippe de Lasalle）：《鹧鸪（Les Perdrix）》，1771年，用于装饰叶卡捷琳娜二世的住宅。现存于纽约大都会艺术博物馆

图2.38 路易十五女儿的漆柜，2014年在佳士得进行拍卖

法国漆器家具展示了路易十六时期最优雅的中国装饰风格。以出现在卢浮宫中的漆器柜为例（图2.38），这只漆柜原属于路易十五的女儿维克多夫人。在新的美学思想下，飞扬的曲线被温和宁静的直线代替，颜色以黑色和金色为主，美丽的东方漆器上优雅地装饰着鎏金花环和吊坠，表现出一种低调的理性美。它是当时著名艺术家马丁·卡林（Martin Carlin）的作品。[2]

1　宫秋姗：《18世纪中法丝绸文化比较——以里昂和苏州丝绸博物馆藏品为例》[D]，北京：北京服装学院，2012年，第23页。

2　袁宣萍：《17—18世纪欧洲的中国风设计》[D]，苏州：苏州大学，2005年。

十九世纪七十年代在英国生产的一个银茶叶罐（图2.39）也反映了新古典主义中国装饰风格。其简单的立体造型，边缘的几何凹槽装饰，侧面的中式人物造型雕刻，是和中国图案的巧妙结合。尤其是立方体的形状，其灵感可能来自于运载茶叶的商船的装载箱。[1]

图2.39　中国装饰风格银制茶叶罐，约1776年，图片源自：Pushkin Antiques

青花瓷在欧洲引发了对中国装饰风格设计的热情，但到了十八世纪中叶，这种氛围便逐渐消失了，陶工们又开始回归西方的古典风格。具有讽刺意味的是，新古典主义在瓷器领域的兴起是由于最后一位伟大的中国装饰风格爱好者，即那不勒斯和西西里岛的国王查理四世。查理四世于1748年开始热衷考古活动，这是贵族们最新流行的爱好，他挖掘了赫库兰尼姆的古罗马遗迹。公元79年，维苏威火山爆发，一举摧毁了该地，同时也摧毁了庞贝古城。[2]出土的陶器被查理四世误认为是古代伊特鲁里亚人制作的，这迅速成为欧洲的话题。那不勒斯也成为了古董收藏家的聚集地，奥古斯都三世甚至委托艺术界的权威温克尔曼（Johann Joachim Winckelmann）向他撰写报告。这位德国学者提出的希腊罗马绘画雕刻理论，成为新古典主义的理论基础之一。温克尔曼在他的书中提出："今天的大多数瓷器已经成为荒唐的瓷娃娃，充满了儿童的味道，我们应该模仿经典的古典艺术作品来取代它。"他谴责取自意大利风格的即兴喜剧的小丑和傻瓜形状的小瓷人，并鼓励制造古董雕像的瓷器袖珍版。[3]

1764年，汉密尔顿（William Hamilton）被派往那不勒斯，他一到新岗位就致力于收集古董瓷器。他收藏的古物辑成四大卷图录并出版，配有彩色插图，该书籍成为十八世纪的重要出版物之一，并成为整个欧洲新古典主义瓷器的装饰和形式不可或缺的指南。1772年，英国议会决定以8400英镑的价格购买汉密尔顿的收藏，这本书籍在其中也产生了一定作用。此后成立的大英博物馆，便以这些瓷器为中心。[4]

随着赫库兰尼姆考古发现的消息传开，洛可可风格很快从陶器和其他

1　袁宣萍：《17—18世纪欧洲的中国风设计》[D]，苏州：苏州大学，2005年。

2　刘少才：《与庞贝古城同时毁灭的赫库兰尼姆古城》[J]，《文史月刊》，2012年第4期，第67—69页。

3　袁宣萍：《17—18世纪欧洲的中国风设计》[D]，苏州：苏州大学，2005年。

4　罗伯特·芬利：《青花瓷的故事：中国瓷的时代：The pilgrim art cultures of porcelain in world history》[M]，郑明萱译，海口：海南出版社，2015年，第304页。

艺术品中消失了。这一时期欧洲接连不断的战争也对其产生了影响：曾以洛可可风格和中国装饰风格称霸世界的迈森产品，在奥地利王位继承战争中遭遇了重大失败。普鲁士国腓特烈二世入侵萨克森尼，从迈森瓷器厂（Meissen）拿走了宝贵的材料。十多年后七年战争爆发，腓特烈再次占领了迈森，让瓷器生产停滞七年，并打算将整个工厂迁往柏林。为了庆祝他的军事成功，他将整个工厂连同最后剩下的瓷器库存搬走。[1]当迈森终于重新开张时，它不得不从头开始培训陶工和画师。初学者们在古代雕像的石膏模型上练习，工厂经理则派画工到巴黎学习最新的设计。然而，消费市场不再被洛可可风格所吸引，为了恢复自己的地位，迈森只能转向模仿塞夫勒工厂的新古典主义作品。

　　当迈森的瓷器在十七世纪中期陷入困境时，塞夫勒（Manufacture nationale de Sèvres）成为了欧洲瓷器的主要力量；这座瓷器工厂开始制作伊特鲁里亚风格。[2]十九世纪七十年代末，塞夫勒为凯瑟琳大帝（Екатерина II Алексеевна）生产的一套共计797件新古典主义浮雕花装饰的餐具，总成本为331,317利弗金币[3]。1783年，国王路易十六委托塞弗勒制作一套价值更高的餐具。共计约800件，有1000多种不同的装饰，每件碟子的成本为480利弗。塞夫勒的官员认为，这需要二十三年的时间才能完成整套作品。[4]随着装饰有浮雕的餐具的流行，1783年，塞夫勒受路易十六的委托，制作了一套基于古典神话和罗马历史的御用物品。此后，玛丽·安托瓦内特（Marie Antoinette）又为她在凡尔赛的乳牛场设计制造了一套餐具，塞夫勒工厂按照汉密尔顿目录中的古董物品的风格烧制了这套器具。随着新古典主义的兴起，迈森设计烦琐的瓷器小雕像逐渐被废弃。它最初是意大利文艺复兴时期的遗产，也是洛可可时期最具创新性的瓷器，现在被驱逐出节日餐桌并被归入橱柜架子的装饰性小玩意的类别，直到二十世纪才以小瓷像的形式重新受到欢迎。[5]

1　金玉丽：《腓特烈大帝的"开明"文化专制与柏林科学院的兴衰（1740—1766）》[D]，武汉：华中师范大学，2017年。

2　周光真：《洛可可艺术、蓬巴杜夫人与塞夫勒瓷器》[J]，《收藏投资导刊》，2014年第12期，第66—71页。

3　古代法国货币单位。

4　罗伯特·芬利：《青花瓷的故事：中国瓷的时代（The pilgrim art cultures of porcelain in world history）》[M]，郑明萱译，海口：海南出版社，2015年，第304页。

5　罗伯特·芬利：《青花瓷的故事：中国瓷的时代（The pilgrim art cultures of porcelain in world history）》[M]，郑明萱译，海口：海南出版社，2015年，第322—323页。

2.4 替代阶段

2.4.1 西方进入中国的大门彻底开启

在1760年左右，欧洲尤其是法国的审美情趣偏离了轻巧奢华的洛可可风格，开始倾向庄重肃穆的新古典主义风格。在1760年到1800年之间，英国贵族开始专注于收购古希腊和罗马文物。从大理石半身像到精美彩绘的花瓶，这些古物被收藏在英国各地的乡间别墅和图书馆中。这体现出新古典主义风格的复兴。[1]并且，十八世纪后期蒸汽机的发明和使用转变了欧洲社会，工业革命昭示着欧洲将迎来一场新的变革。历史虽然进入了新的阶段，但中国装饰风格还在小范围内延续。

1842年中英签署《南京条约》，中国将几乎无人居住的香港割让给英国，数百年来第一次开放四个港口准许外国人进行商业贸易。外国人被允许通过这些港口在短时间内访问大陆，虽然仍不被准许进入重要城市。经过一系列战乱，北京被西方列强占领，紫禁城被毁坏，西方进入中国的大门彻底洞开。再加上第一次鸦片战争之后，中国又体现出了防御不力、愚昧无知和清政府的腐败无能。清朝一统天下的主张，又一次被证明是妄自尊大的言论。这两大事件导致的结果是许多欧洲人进入开放的港口。他们的许多行动展示了西方列强的野蛮行径。自然其中也有许多体面可敬的人。如苏格兰植物学家罗伯特·福琼（Robert Fortune）在伦敦园艺学会的安排下，到中国采集植物样本，他将许多最常见的中国植物引进到欧洲园林中。他还发表了4本游记，生动描写了1840年至1850年的中国。[2]他读过许多中国游记，但他对中国的第一印象仍是失落。正如许多旅行者一样，他发掘自己面对着现实而不是虚构中的中国。他在中国生活的时间很长，说得一口流利的中文。他笔下的中国，和其他十九世纪的旅行者所描写的一样，风景秀丽，国民无知，但不乏魅力。在他1859年出版的最后一本书中可以看出，他对中国人的蔑视已随着他对中国的了解而减少了。自然，他对中国的描写不是为了激起人们对中国的想象。当时的欧洲人即便已经不再认为中国是伟大的，但他们的兴趣仍在继续。中国产品的进口量还在增加，并进入平民家庭。一些欧洲商人依然在制造中式器具。[3]

---

1 Coltman V, Fabricating the Antique: Neoclassicism in Britain, 1760-1800[J], Journal of the History of Collections, 2009, 14(4), pp.57-58.

2 休·昂纳：《中国风：遗失在西方800年的中国元素》[M]，刘爱英，秦红译，北京：北京大学出版社，2017年，第248—250页。

3 休·昂纳：《中国风：遗失在西方800年的中国元素》[M]，刘爱英，秦红译，北京：北京大学出版社，2017年，第256页。

2.4.2　中国装饰风格传入北美殖民地

意大利探险家克里斯托弗·哥伦布（Christopher Columbus）对充满异国情调的东方非常着迷，同时受渴望与东方建立贸易的驱使，1492年，他从西班牙启航，试图寻找可以直接从欧洲向西到达印度群岛的路线。他在巴哈马群岛登陆美洲海岸时发现了新的土地，立即宣布自己发现了东方新大陆，并给这片土地上的土著居民命名为"印第安人"。而他传奇般的发现并没有带来贸易，而是导致了大规模的殖民。为了开发美洲丰富的自然资源，欧洲国家在美洲各地建立了种植园。而早期定居在北美的欧洲人并没有寻求融合美洲原住民的文化，而是试图继承欧洲人，尤其是英国人的文化传统。这其中就包括英国人对中国装饰风格产品的兴趣。中国装饰风格的产品作为一种奢侈品被进口到欧美后，令无数欧洲人追捧。同样地，北美的民众也对这种风格的产品产生了强烈的热情和渴望。这时，传到北美洲的中国装饰风格更多的是出于欧洲人幻想中的东方的浪漫，而不是准确地代表了中国风格。北美殖民地流行的具有中国文化符号的设计，事实上大多是由欧洲人生产的。但这类家具、工艺美术品等领域的设计得到广泛应用，并在欧美广泛传播。

十九世纪前，北美殖民地居民未真正地将中国装饰风格应用于整体的建筑。到了十九世纪初期，中国建筑的新时尚开始出现在美国。十九世纪首批中式建筑都以欧洲同类建筑为典范，1827年费城公园中仿造了钱伯斯的"广东塔"。1848年由亨利·奥斯汀（Henry Austin）设计的纽黑文（New Haven）火车站融合了中国、印度和意大利风格，同年，美国著名艺人巴纳姆（Phineas Taylor Barnum）在布里奇港附近修建了"伊朗斯坦（Iranistan）"，这座别墅的灵感来源于英国布莱顿的皇家馆（图2.40）。在这一时期还出现了几座带有印度或中国装饰风格的别墅。[1]

图2.40 巴纳姆：《伊朗斯坦》，1848年

1 休·昂纳：《中国风：遗失在西方800年的中国元素》[M]，刘爱英，秦红译，北京：北京大学出版社，2017年，第252页。

2.4.3 日式风格在西方对中国装饰风格的取代

值得注意的是，鸦片战争后，中国的对外贸易壁垒不再存在，欧美进入中国，在近距离的接触中，开始意识到中国落后的一面，对中国装饰风格的热情急剧冷却。在十九世纪六十年代，日式风格短暂地取代了中国装饰风格，成为了欧美人关于东方想象的替代品。许多十八世纪的爱好者都被日式风格所吸引。日式风格于1856年首次出现，1878年达到顶峰，三十年后消失。虽然流行的时间很短，但它的影响却很广泛，影响了英国和法国的装饰艺术领域。[1]日式风格开始于许多人支持波德莱尔"怪异即美"这一观念的时期，它满足了对外国情调的新鲜感，让人能够逃离几乎没落的古典主义学说。欧洲艺术家们在瓷器、家具等领域中，吸取和借鉴了具有日式风格的图案。如在十八世纪中期，画家莫奈（Oscar-Claude Monet）和艺术评论家龚古尔兄弟（Edmond de Goncourt）等，都对日本艺术表现出极大的兴趣，对日本茶道、园艺、仕女等表示赞美，或在自己的作品中进行借鉴和表达。在他们看来，这些都是具有东方韵味的事物。[2]

从1854年起，美国人被允许在日本的两个城市居住，长崎港也向外国人开放，最终日美两国在1858年达成了《日美通商修好条约》。随后，日本与俄国、荷兰和英国也签署了贸易条约。到1866年，大多数欧洲城市都出现了戴着圆顶礼帽和穿着西装的日本外交官。此后，日本的西化和西方的日本化开始了。几年后，日本家居用品充斥着欧洲市场，包括漆盒、扇子、瓷器、刺绣花边等，以及最经典的木版画。浮世绘画的线条明快，颜色简单，被先锋艺术家所注意，并成为印象派和后印象派画家的创作来源。[3]

1862年，德苏耶（Madam Desoye）夫人和先生在德·里沃利大街（de-Rivoli）开设了一家商店经营东方艺术品，这引发了"日本热"。十九世纪六十年代，日式风格在巴黎盛行。关于日本的旅游书籍杂志大量出版，设计师开发了迎合市场时尚的日式风格服装。1867年万国博览会上，日本提供的一众展品收获了一大批崇拜者。[4]如杜尔（Théodore

---

1 休·昂纳：《中国风：遗失在西方800年的中国元素》[M]，刘爱英，秦红译，北京：北京大学出版社，2017年，第255页。

2 刘海翔：《欧洲大地的"中国风"》[M]，深圳：海天出版社，2005年，第186—187页。

3 休·昂纳：《中国风：遗失在西方800年的中国元素》[M]，刘爱英，秦红译，北京：北京大学出版社，2017年，第260页。

4 休·昂纳：《中国风：遗失在西方800年的中国元素》[M]，刘爱英，秦红译，北京：北京大学出版社，2017年，第259页。

Duret）作为法国记者、作家、艺术评论家，也是印象派绘画风格最早的倡导者之一，专注于寻找在1867年万国博览会上时看过的日本画册和印刷品，并尝试研究地道的"日本艺术"。回到法国之后，杜尔仍专注于印象派画家和日本浮世绘作品间关系的探究。[1]这推动了日式风格在法国地位的确立。

日本版画在十九世纪中期对巴黎艺术造成了重要的影响。日本版画展示了一种陌生而生动的艺术，新鲜、大胆的色彩和别致的设计布局，为人们提供了一种对现实的新认识。在这一时期，凡·高、莫奈、德加等知名艺术家都深受日本绘画的影响。

在英国，日式风格最早出现在十九世纪六十年代。日本扇子、瓷质屏风，以及华而不实的小摆设，成为了英国家居设计中常见的物品。在1862年的第二届世界博览会上，首次举办了在欧洲已经很普遍的日本艺术展。1862年，第二届万国博览会首次举办日本艺术展，此时日本艺术品在欧洲已随处可见。[2]

装饰艺术层面，1867年万国博览会结束之后，日式风格对欧美的影响越来越显著。日式风格的最主要的推行者是埃米尔·奥古斯特·雷比埃。但是他的作品长期以来一直被经销商和收藏家所忽视，以至于它们比早期生产的"稀有"作品更难找到。此时的法国生产的酒杯、灯具、钟表等，以青铜制成，加上镀金、镀银或明亮的珐琅，并融入了日本漆器和景泰蓝图案。一开始的目的是模仿日本本土的创作风格，但这些作品是为西方市场制作的，不可避免地具有西方的味道。纽约的蒂芙尼公司开始雇用日本工匠制作铜、金和银制品，这些作品被送到欧洲和美国的家庭作为装饰品。

受日本产品影响最大的艺术家之一是"哥特式"建筑师威廉·伯吉斯（William Burges），伯吉斯的木版画和日本花卉图案成为绝大多数装饰设计的基本元素。爱德华·W·葛德文（Edward William Godwin）也非常喜欢这种设计风格，他开始采用日式风格装饰自己的房间——地板上不铺地毯，在地板上铺上小方块地毯，在白墙上贴上日本版画，甚至给妻子穿上和服。1876年，惠斯勒（James Abbott McNeill Whistler）亲自重新设计莱兰（Frederick Leyland）住宅的楼梯，使用了"仿沙金黑漆波果，并以日式

1　张育晴：《十九世纪末法国日本艺术收藏史初探——以Théodore Duret为例》[J]，《议艺份子》，2018年第31期，第119—140页。

2　休·昂纳：《中国风：遗失在西方800年的中国元素》[M]，刘爱英，秦红译，北京：北京大学出版社，2017年，第267页。

风格的白色花朵装饰"。[1]

葛德文在设计的家具中引导了健康生活领域，也即是他所说的"日式风格"的潮流：简洁美观的家具表面、有细腿和优雅简洁的线条、仿乌木风格的咖啡桌和橱柜，线条优雅大气。设计师克里斯托弗·德雷瑟（Christopher Dresser）也采用了日本风格。作为功能主义的先驱，他访问了日本，写了一本相关著作，并设计了一些具有"英国日本风格"的家具。此后，出现了更多被利益驱动的设计师，以满足欧美人对日本家具的大量需求。许多日式家具涌入市场，多为不对称结构，具有华丽的风格。1862年之后，埃尔金顿工厂（Elkington factory）生产了一系列日本风格的景泰蓝花瓶、餐具，但其做工比日本制作的器皿要好。形状和装饰借鉴了日本和中国的器皿。它们在二十世纪八十年代开始流行，到了九十年代，被新艺术等其他设计风格所取代。[2]

总体来说，十五世纪后到达欧洲的中国和日本产品都得到本地人的重新设计以吸引西方收藏家对东方艺术的想象，此类产品体现的是欧洲幻想中的东方艺术。十九世纪晚期，明朝之前的瓷器绘画和塑像进入欧洲，一开始引发了人们的困惑和惊讶。伴随这类艺术品在欧洲的普及，赢得了多数人的欣赏。这一时期，几乎所有中国装饰风格都被取代。后来，随着第二次世界大战的爆发和美国与日本之间关系的恶化，欧洲的日本艺术风尚便退出了历史舞台。

2.5 重塑阶段

2.5.1 北美革命情绪与中国装饰风格的民主观念

导致美国宣布独立的革命情绪在十八世纪后半期开始升级，北美与英国的冲突及殖民地对自治和经济自治的渴望日益增长。中国装饰风格的设计虽然继续受到北美的欢迎，但设计不再是单纯地通过进口和模仿欧洲生产的中国装饰风格，而是融合本土设计元素，美式中国装饰风格应运而生。殖民地时期的北美居民努力地通过学习和使用中国装饰风格来追赶英国的时尚；独立战争后，许多学者将新古典主义设计和美国的民主理想联系起来，新古典主义中国装饰风格也让部分美国人联想到对中国理想化的

1　休·昂纳：《中国风:遗失在西方800年的中国元素》[M]，刘爱英，秦红译，北京：北京大学出版社，2017年，第268页。

2　休·昂纳：《中国风:遗失在西方800年的中国元素》[M]，刘爱英，秦红译，北京：北京大学出版社，2017年，第269—270页。

民主观念，这推动了他们更加积极地创造属于自己的中国装饰风格设计，在战后向欧洲社会展示独立的决心。

十八世纪欧洲人获得了制瓷的技术，欧洲大陆快速出现了一批工厂。英国窑厂一度在十九世纪海量仿造中国装饰风格瓷器。这类欧洲仿造的瓷器在北美殖民地也受到广泛欢迎[1]，当时在北美殖民地居住的富人才能买得起欧洲工厂生产的中国装饰风格瓷器。

由于欧洲垄断了中国商品直接进入北美的贸易之路。为克服对英国进口商品的依赖，同时出于对中国商品的喜爱，在独立之后美国开始引进了一些中国的生产技术。例如，部分美国领导人将瓷器制造业视为国家经济自主的必要条件。[2]中国瓷器曾是殖民时期的主要进口商品。本杰明·拉什（Benjamin Rush）是最早主张在北美建立瓷厂以克服殖民地对英国进口商品的依赖的人之一，他认为建造这样一个工厂的努力远远超出了瓷器本身，他表明了殖民地人民独立的决心。[3]位于费城的美国瓷器制造工厂（American China Manufactory）以质量好著称，它还打破了英国对产品的垄断，间接为美国独立斗争做出了贡献。

美国的工艺美术运动在十九世纪末到二十世纪上半叶达到鼎盛时期，多个致力于建立装饰艺术的新的审美标准的团体和协会相继创设。工艺美术派美国代表建筑师弗兰克·劳埃德·莱特（Frank Lloyd Wright），从中国的家具结构和装饰设计中汲取了很多的创作灵感。受到莱特的影响亨利·M·格林（Henry Mather Greene）和查尔斯·S·格林（Charles Sumner Green）兄弟，开发出了适合有机建筑风格的手工制作家具。[4]

十八世纪独立战争后，面对英国的贸易制裁，美国政治领导人开始努力与中国建立直接的贸易联系。同时，还通过中国的发明来促进殖民地的社会和经济发展，并将中国植物的种子引入北美。中国在丝绸生产、瓷器、制造、航海、运河建设等领域的创新，甚至中国长城的建设，都通过

---

1 Elizabeth Halsey, R.T.H. Halsey and Elizabeth Tower, The Homes of our Ancestors as Shown in the American Wing of the Metropolitan Museum of Art from the Beginnings of New England through the Early Days of the Republic [M], New York: Doubleday, 1925, p.130.

2 S.D. Smith, The Market for Manufactures in the thirteen continental colonies, 1698-1776[J], The Economic History Review, 1998 Vol.51(4), pp.676-708.

3 Morrison H. Heckscher, Leslie Greene Bowman. American Rococo 1750-1775: Elegance in Ornament. [M], Washington: Rowman & Littlefield, 1992, p.234.

4 可可：《现代建筑大师——法兰克·洛伊·莱特（Frank Lloyd Wright）》[J]，《家具与环境》，2002年第5期，第17—25页。

欧洲进入北美,因为美国人意识到这些技术可以用来促进社会经济发展。[1]
在第一次美中商业贸易成功之后,乔治·华盛顿(George Washington)对
美中贸易更加感兴趣。华盛顿认为,从事中国贸易的个人获得的利润非常
可观,以至于吸引更多的人继续从事这项工作。[2]中美贸易不仅让美国有利
可图,而且有助于美国的国际地位的提高。上述举措也让更多中国商品传
播到美国,中国的技术和中美贸易在美国的崛起中发挥了作用,起到了促
进经济增长的作用。

2.5.2　中国文化持续在欧美传播

十九世纪三十年代,十八世纪的艺术风格在英法两国再次流行,十八
世纪风格的中式器物也成为了新时尚。虽然大多数欧洲人对近代中国没什
么兴趣,但由于伏尔泰在书中的描述和许多画家在瓷器上描绘的精彩作
品,中国再次发挥了它的魅力。泰奥菲尔·戈蒂耶(Pierre Jules Théophile
Gautier)说:"我如今正迷恋着中国"。[3]但是,从他的诗《中国之恋》中
可以看出,他所向往的并不是清政府统治的中国,而是布歇画中描绘的中
国幻境。

此时出现了家具仿造者、装饰艺术专家发表的设计图集,推动了模仿
之路。与此同时,装饰艺术博物馆在巴黎成立,为人们提供十七、十八世
纪装饰风格的模板。这种复古风格已经在1878年的世界博览会上展现出
来,在那里展出的所有法式家具都以特定时代和地区的风格为蓝本,包
括十八世纪的中国装饰风格。事实上所有路易十五、路易十六风格的全
黑漆器和中国小饰物都有人模仿。当时人们还模仿皮耶芒(Jean Baptiste
Pillement)风格的中式丝绸,采用的浅淡颜色和十八世纪的锦缎相同。[4]

(一)室内装饰

由于市场的需求,也为追求更丰富的画面,英国出现了将花、树、鸟
与人物等风景相结合的壁纸。最受欢迎的壁纸,主要展现出中国春日园林
的景象,各种鲜花、绿植、鸟类穿插其中,非常漂亮,但仔细观察就会发

1　Dave Xueliang Wang, China and the Founding of the United States: The Influence of
Traditional Chinese Civilization[M]. Lanham, Maryland: Rowman & Littlefield, 2021.

2　W.W. Abbot, The Papers of Grotge Washington, Confederation Series[J], University Press
of Virginia, 1995, Vol.4, pp.147-149.

3　休·昂纳:《中国风:遗失在西方800年的中国元素》[M],刘爱英,秦红译,北京:北京大学出版
社,2017年,第253页。

4　休·昂纳:《中国风:遗失在西方800年的中国元素》[M],刘爱英,秦红译,北京:北京大学出版
社,2017年,第254—255页。

现，花和树的关系是随机的，并没有植物学领域中的生长关系。例如，1820年赫特伏特小姐（Lady Isabella Hertford）悬挂在纽塞姆宫殿（Temple Newsam）的"中国画室"中的壁纸（图2.41，图2.42），这张壁纸是威尔士王子（Prince of Wales）送给她的礼物，此后被她用剪裁下的鸟进行装饰，这只鸟的形象来自琼·詹姆斯·奥杜邦（John James Audubon）的《美洲的鸟》一书。

图2.41　纽塞姆宫殿的壁纸，1827年

图2.42　中国客厅墙纸的细节，从奥杜邦的书中剪下的鸟，1827年，©leeds.gov.uk

英国的收藏家最早主要着迷于十八世纪的法国家具，十九世纪六十年代爱德华·戈德温（Edward William Godwin）热衷收藏十八世纪早期家具，1872年约翰·詹姆斯·史蒂文森（John James Stevenson）首创"安妮女王"风格，一种结合了十八世纪早期英国和十七世纪荷兰的建筑风格，之后随着诺曼·萧（Norman Shaw）的推荐，这种风格很快受到人们的欢迎。[1]安妮女王的家具很早就开始使用中国的装饰元素。这种风格家具的主要特征部位有三部分，分别是卡布里奥腿、兽爪脚、花瓶形背板。大多数安妮女王风格的椅子都有各种蹄形脚的形状，以其简单的形状和装饰、平衡的比例和完美的曲线而闻名。很明显它们都受了中国家具设计的影响。中国漆饰家具时常出现的蹄爪形状的形式在大多数安妮式家具中也都有出现。其中最经典的样式大概是爪抓球式样（通常是凤爪或鹰爪），但是对这种形式产生实际影响的主要是中国的瓷器、布艺或漆器上出现的大量的飞龙形象。东方的龙戏珠图案中，龙其实是没有抓到珠的。这种爪抓球样式的形成可能是作为那个时代欧洲人追求流行的东方新鲜事物的一种体

1　柏晓芸：《浅析乔治式室内家具风格》[J]，《美术教育研究》，2018年第1期，第74—75页。

现，球被巧妙地用作家具的结构部件以支撑精致的爪。无论是受中国漆器家具还是东方装饰图案的影响，爪抓球的风格都是受到东方文化的影响才产生的。

　　云纹雕刻是一种传统的中国装饰设计手法，在安妮女王风格中也经常出现。它们经常出现在橱柜、书架、椅子和凳子的牙板上。（图 2.43）所示为椅子就是安妮女王风格家具中的典型代表。家具的整体造型深受中国的影响，比如鳝鱼头的扶手形式以及直角的长椅靠背。从其扶手的造型，能看到中国圈椅的元素，扶手端部则使用鳝鱼头的样式，月牙形样式独特，不仅形式美观，还提供了一定的结构支撑的作用。椅子的腿部为卡布里奥腿，这种样式的腿的下部大多使用法式脚（Dutch Foot），搭配圆形的脚部，共同勾勒出一条优美的曲线，家具的整体造型雅致，含蓄地展现出了这种脚的力量感。受中国家具文化的启发，安妮女王风格的桌椅用弯腿代替了直腿。这个小小的改变，导致了朴素严肃的巴洛克风格逐渐向柔和多样的方面的发展，也为洛可可家具未来的风格埋下了种子。中式弯腿的流行已成为英国家具的一个明显特征。[1]

图2.43　安妮女王风格扶手椅，1880年，99.5 cm×61.5 cm×58.5cm

　　1881年，"安妮女王"风格风靡一时。第一座使用新式风格的建筑是史蒂文森（John James Stevenson）为自己设计的红屋（Red House），位于

1　柏晓芸：《浅析乔治式室内家具风格》[J]，《美术教育研究》，2018年第1期，第74—75页。

贝斯沃特街，被描述为："正面为雅致的褐色，壁龛中摆放青花瓷瓶。不断有拙劣建筑师试图模仿其风格，这些人以为仅凭红砖、蓝色花瓶和窗台上插着朵硕大的向日葵，就足以构成时髦的安妮女王风格了"。[1]红屋内装饰着莫里斯壁纸，摆满十六、十七和十八世纪古董家具，以及波斯风格花砖，房中摆设青花瓷盘和花瓶。依照"仿古装饰"的要求，"安妮女王"式建筑内只能陈设十八世纪或更早时期的家具，黑漆橱柜和带镜子的衣柜，荷兰白蓝釉和中国青花瓷花瓶被认为是"安妮女王"风格的一个组成部分，并由此重返时尚舞台。然而，对古董家具的超额订购需求，让制造商开始生产仿制品，并经过一些修改以适应现代品位，多为中式黑漆家具和"中式齐彭代尔"风格。这种类型的家具主要体现"乔治风格的优雅"而未充分体现中国装饰风格。

法国第二帝国时代和英国维多利亚时代十八世纪家具的流行，除了由于对工艺的欣赏外，也体现出了一种怀旧态度。工业时代给人们带来了便利，也带来了一些不便，人们逐渐开始怀念工业革命前的时光。在这种怀旧的情绪中，欧仁妮（Eugenie）女皇开始使用路易十六古董家具和仿制家具装饰她在蒂利耶（Tuileries）的别墅。她的臣下自然而然地以她为榜样，和她一样希望重回革命之前的日子。[2]

自十九世纪中期以来，逃离现实并回到浪漫过去的渴望在欧洲变得比以往任何时候都更加强烈。有经济实力的资产阶级为自己打造了一种怀旧的氛围，创造了一个看似更有吸引力的文明，同时也并没有放弃现代文明带来的便利。他们带来了对仿古家具和古董的新的需求，其中也包括中式器具。

从十九世纪后半叶起，随着中西方之间战火的蔓延和文化交流进一步的加深，很多西方人来到中国，接触和获取中国古代的艺术品，其中包括一些经典的中国家具，西方设计者也更为直观地看到中国设计的独特之处。西方家具和中国古代家具在生产材料和创作理念上也因此有了更为紧密的联系。

二十世纪在英、法、美等国，清式风格已被更为理性的中国装饰风格——宋式或明式所替代，这对当代家具的形成和发展起到了重要作用。最经典的莫过于荷兰建筑师里特维德（Gerrit Thomas Rietveld）在1917年

1　休·昂纳：《中国风：遗失在西方800年的中国元素》[M]，刘爱英，秦红译，北京：北京大学出版社，2017年，第255页。

2　休·昂纳：《中国风：遗失在西方800年的中国元素》[M]，刘爱英，秦红译，北京：北京大学出版社，2017年，第255页。

至1918年间设计的"红蓝椅"，它被认为
是现代椅子发展的里程碑。此后，世界上
每一把现代椅子的设计和生产，都或多或
少受到他的影响。这些影响不仅在今天，
而且在未来也将具有重要的意义[1]。

在室内装饰方面，二十世纪初期，中
国装饰风格设计开始在美国兴起，大约延
续了二十多年。但它主要是在富裕阶层小
范围内流行，成为了高级室内设计的主要
风格趋势。这段时期，中国装饰风格主要
流行于私人住宅等，为西方人营造了一个
异国情调的幻境。[2]例如，亨特·弗朗西
斯·杜邦（Henry Francis du Pont）的中国
客厅可以说是二十世纪三十年代中国装饰
风格室内设计的代表作（现收藏于温特图
尔博物馆（Winterthur Museum）。杜邦
于二十世纪六十年代后期设计装饰这一中
国装饰风格客厅时，中国装饰风格已经在
面对精英阶层的室内装饰领域中流行起来
（图2.44）。受其影响，杜邦的朋友和顾问
都在自己的住所内拥有中国装饰风格的房
间。1936年，《纽约时报》上的一篇文章
指出："中国装饰风格墙纸在室内装饰中得
到的重视比以往任何时候都高。"[3]

国际出版社康泰·纳仕（Condé Nast）
在纽约的不动产（图2.45）也许最能说
明中国装饰风格与财富之间的联系。康
泰·纳仕于1909年收购了《时尚》杂志
（Vogue），随后创建了一个致力于展现

图2.44　1938年，中国客厅立体图，图片源自：温
特图尔档案馆

图2.45　德·沃尔夫（De Wolfe）：手绘康泰·纳
仕在纽约不动产的内部细节图，1925年

1　方海，周浩明：《西方现代家具设计中的中国风（下）》[J]，《室内设计与装修》，1998年第1
期，第69—71页。

2　Briceno N F, The Chinoiserie revival in early twentieth-century American interiors[J],
Dissertations & Theses - Gradworks, 2008.

3　Briceno N F, The Chinoiserie revival in early twentieth-century American interiors[J],
Dissertations & Theses - Gradworks, 2008.

高级风格和奢华的杂志，其理念是"追求高品位，不考虑大众的口味"。它致力于体现纽约独特的风格和品位。高级室内装饰设计师爱西·沃尔夫（Elsie de Wolfe）经常出现在《时尚》杂志上。[1]

图2.46 爱西·沃尔夫（Elsie de Wolfe）：康泰·纳仕舞厅，1924—1925年

虽然美国首位女性设计师爱西·沃尔夫在室内装饰设计中喜欢使用其标志性的新古典法式风格，但在装饰宽敞的宴会厅方面，她还是更喜欢使用华丽奢侈的中国装饰风格（图2.46）。她用在十八世纪风靡一时的鸟和花图案的壁纸装饰墙壁，并选择了中国奇彭代尔镜子和水晶吊灯装饰房间。[2]

在这一时期的室内装饰领域，中国装饰风格尽显奢侈富丽，它兴起的原因之一是：它是一种身份象征。就像十八世纪价格高昂的中国装饰风格墙壁装饰一样，在二十世纪初，中国装饰风格仍具有财富的象征。

（二）中国艺术品展览

第一次世界大战以后，中国装饰风格重新获得了欧洲的关注。这源于劳伦斯·宾雍（Lawrence Binyon）等汉学家对中国设计艺术的书写和推广。[3]并且，敦煌莫高窟的发掘与推广也将流失的艺术品带到了

图2.47 1935年英国皇家美术学院，中国展览展厅概览图

欧洲，越来越多的中国美术展览在欧洲举办，如劳伦斯·宾雍于1914年5月，在大英博物馆策划了包含中国版画和绘画的展览[4]。1935年，在波西维尔·达维德爵士（Percival David）为首的收藏家等人的推动下，英国皇家美术学院（Royal Academy of the Arts, at Burlington House）举办了中国艺术展览（Exhibition of Chinese Art），展览了从

1 Briceno N F, The Chinoiserie revival in early twentieth-century American interiors[J], Dissertations & Theses – Gradworks, 2008, p.54.

2 Briceno N F, The Chinoiserie revival in early twentieth-century American interiors[J], Dissertations & Theses – Gradworks, 2008, p.55.

3 阚辽：《大英博物馆举办明代文物展》[J]，《人民政协报》，2014年。

4 阚辽：《大英博物馆举办明代文物展》[J]，《人民政协报》，2014年。

新石器时代到十八世纪的数千件作品（图2.47）。[1]主要展品为青铜器和瓷器，这除了因为民国政府担心书画的安全问题，没有将书画借出之外，还因为东方瓷器学会和民众的审美点都集中在装饰艺术上。

（三）时装设计

在时装设计领域，二十世纪出现了以中国装饰风格命名的高级时装系列。牛津大学出版社出版的《装饰主义》中写道，时尚饰品设计和欧美视觉和文学中对亚洲女性气质的想象有关，最早可以追溯到柏拉图、马可·波罗的著作、美国洛可可风格等。[2]设计师保罗·普瓦雷（Paul Poiret）在二十世纪二十年代设计的具有中式领的束腰服装和百褶裙这样的休闲服装具有中国装饰风格特征。[3]他的设计不仅唤起了人们对清朝服饰的回忆，也反映了当时的中国时尚。廓形转为流线型的女士短上衣不再掩藏身体曲线，它们经常搭配长裤和及膝裙，有时也将裙子套在长裤上。普瓦雷的作用是，他在创造具有中国元素的设计时，还为服装带来了强烈的巴黎风格。但他对中国的兴趣仍源于想象，建立在被简化的信息之上。

二十世纪二十年代的"装饰艺术运动"将中国元素融入其美学中。在1925年巴黎世界博览会上，中国设计元素的存在吸引了人们的目光。其中一件服装中的腰带采用了龙的图案，长袍采用了云纹的亮片。[4]很多时装设计师都热衷于中国风意象，时尚界对中国装饰风格的偏爱也体现在一些时装的设计上，尤其是让娜·浪凡（Jeanne Lanvin）等人的设计。[5]她们开发了一系列有着华丽的刺绣的设计技巧，并融入了特别的法式元素。香奈儿、爱德华·莫利纳（Edward Molyneux）等以时尚的轮廓和简洁的现代主义设计著称的设计师，也可能受到过中国图案装饰的影响。他们重新构想了中国纺织品中的主题，将此展现在自己的印花、刺绣等设计中。

伊夫·圣·罗兰（Yves Saint Laurent）、华伦天奴（Vale ntino）等时尚时装品牌将中国装饰风格设计元素变成了一种审美潮流。西方的中国元素类似一种拼贴式的文化移植，这种对中国设计元素的文化移植和挪用，

1 胡健：《斐西瓦乐·大维德与1935年伦敦中国艺术国际展览会》[J]，《文物世界》，2009年第6期，第58—61页。

2 Anne Anlin Cheng, Orientalism [M], OUP USA, 2019, p.18-20.

3 安德鲁·博尔顿（Andrew Bolton）：《镜花水月·西方时尚里的中国风》[M]，胡杨译，长沙：湖南美术出版社，2017年，第46页。

4 赵成清：《20世纪上半叶西方装饰艺术中的中国审美趣味》[J]，《南京艺术学院学报》（美术与设计），2018年第2期，第151—154页。

5 安德鲁·博尔顿（Andrew Bolton）：《镜花水月·西方时尚里的中国风》[M]，胡杨译，长沙：湖南美术出版社，2017年，第46页。

图2.48　伊夫·圣·罗兰：龙礼服（Dragon Gown），2004年

只体现了中国装饰风格的装饰性，但是在这种中国装饰风格艺术的背后，文化的内在价值还没有被发掘[1]。尽管中国一直是西方时装设计师的灵感源泉，其影响力从未完全减弱，但最能将其特点发挥到了极致的则是伊夫·圣·罗兰。二十世纪八十年代，YSL在他的带领下，开始将中国元素融入服装设计中。（图2.48）为伊夫·圣·罗兰发布的2004年至2005年秋冬系列时装，采用了中国龙的图案。龙纹的形状和大小不一，分布在身体的不同部位，姿态各异，栩栩如生。以中国为主题的YSL的时装系列成为了高级定制服装历史上的一个转折点。到了二十世纪八十年代，收集和使用历史文化符号已成为一些有影响力的时装公司的创意策略，并且这种策略延续了数十年。最早期，也是最普遍的中国装饰风格形式，即使用中国纺织面料制造西方服装又开始出现。从中国刺绣和锦缎演变而来的装饰图案（通常来自与清朝宫殿和满洲宫廷相关的图案）再次被直接应用或经巧妙处理并展示在印花织物上。大胆的花卉刺绣、深色流苏和五颜六色的披肩，影响了高级定制和创新成衣的设计。关于装饰艺术的参考，尤其是青花瓷、景泰蓝、朱砂以及漆器，不但能在高级定制服装中找到（尤其是香奈儿和华伦天奴），还可以在成衣系列中找到。

欧美设计师打破了中国传统服装的外在形态和意义，只对一些中国元素进行修改，而能否展现中国服装的缘由风格及文化内涵则不在他们的考虑范围内[2]。对欧美设计师来说，只要在服装设计中采用了中国元素，就会被认为体现了中国装饰风格，而不管服装自身的结构和工艺如何。他们只是站在西方的设计视角上，通过对中国元素的表象观察和个人的想象，采用欧美的设计理念，对中国元素进行改造、重组，建立起新的风格和样

1　安德鲁·博尔顿（Andrew Bolton）：《镜花水月：西方时尚里的中国风》[M]，胡杨译，长沙：湖南美术出版社，2017年，第46页。

2　段杏元：《中西方服装设计中的中国风现象及启示》[J]，《武汉纺织大学学报》，2018年第31卷第2期，第10—14页。

式。可以说，欧美设计师因为其所处的文化背景和审美观念的不同，只是通过变更中国元素的外在体现方式，使之形成全新的视觉效果。

2.6 小结

中国装饰风格在欧美设计领域有充分的体现，主要是指对中国的好奇和对来自中国的商品、工艺品、艺术的追捧，以及对中国装饰风格的欣赏和模仿。欧洲设计领域的中国装饰风格的特点是：这是一种浅层的时尚，并非是深层的思潮，其成员属于不同的社会阶层，从皇室到底层，从年轻人到老年人，在财力方面没有差别，参与者通常都是感情用事，缺少理性支持，往往有"羊群"的从众心态，追求时尚，"随波逐流"，很多人知其然而不知其所以然。

事实上，中国装饰风格已经成为欧美艺术设计的一分子，并像那一时期出现的许多其他有趣的东西一样被人们所牢记。中国装饰风格在不同时代体现出的特点，不仅仅和当时的艺术风格的特性有关，也和西方的人们对中国的臆想有关。在十七世纪末和十八世纪初，中国对西方人来说是一个遥远的、神秘的地方。这些臆想，加上巴洛克风格对宏伟、豪华和奢侈的刻意追求，催生了巴洛克中国装饰风格，而这种风格混合了神秘和异国情调、庄严的富丽堂皇、令人眼花缭乱的装饰等多元化风格。

在中国装饰风格的鼎盛时期，人们对它众说纷纭，除了主流的赞美外，中国装饰风格还被人诟病。这些说法至少在部分方面展示了那时的欧洲人在中国装饰风格兴盛时的态度，无论他们是在文学、艺术或是哲学上体现的中国装饰风格，都不仅仅是某种艺术形式，而是在某种程度上成为特定社会现实的反映。

在分析当时欧洲对中国钦佩的原因时，生于法国的著名批评家，思想家拜伦·冯·格林（Baron von Grimm）在1776年提出：今天的中国引起了我们特殊的兴趣，它已经成为一个流行的研究对象。一开始是远方传教士的富有想象力的报告引起了人们的好奇，但中国实在太远了，到目前为止，我们都无法从报道中辨别真相。[1]然后是哲学家开始关注，借用中国的信息来批评本国的恶习。因此，中国在短短的时间内便成为一个充满美德和诚信的家园，中国的政府是维持时间最长的，也是最优秀的，中国的道德是在全球内最高贵和完善的；中国的法律、艺术和行业等都成了全球的典范。这段话清晰地解释了中国装饰风格为什么能在十八世纪的欧洲流行

---

1 刘海翔：《欧洲大地的"中国风"》[M]，深圳：海天出版社，2005年，第180页。

起来。中国装饰风格不仅是艺术形式，还表达了当时欧洲人对欧洲社会及其审美意趣上的不满。

在十八世纪末，中国装饰风格失去了神秘的气息，但被臆想为美好而奢靡的国度，这正是法国上层阶级追求的世界，这种臆想与洛可可风格奢华、轻巧、精致的艺术风格组合起来，让洛可可风格与中国装饰风格完美融合。洛可可式中国装饰风格便具有了高雅的氛围、闲适的田园情怀、轻巧华丽的设计感。十八世纪末，欧洲出现了一种对中国艺术的实证态度，钱伯斯和他设计的丘园宝塔就是这种态度的体现。随着中国光环的消失和新古典主义的兴起，中国装饰风格的设计逐渐衰落。

即使有许多西方人阅读了一手资料，或者是曾经去过中国，即使在通讯交通都非常发达的今天，与中国的文化交流中，仍然存在着很多国外的误解和刻板印象，那些社会文化和阶级的差异依然存在，更何况在十七、十八世纪的那个时期。所有人对信仰、世界、自然的认识不同，对国家、社会、人与人之间关系的概念也不同，再加上文化水平、思想和审美情趣的不同，形成了东西方之间的理解鸿沟。

在十九世纪中期，伴随欧洲的工业化和经济繁荣，渐渐衰落的清朝在西方列强的攻击下，显得非常衰弱，中国发展滞后的一面被人们所周知。中国不再是西方人眼中的乐园，中国装饰风格逐渐丧失了它发展的土壤。鸦片战争掀开了西方国家侵略中国的序幕，在接下来的几十年里，中国的国际地位持续降低。之前一直掩盖着的中国的面纱被打开了，欧美人发现，中国并非一个乌托邦，而和其他国家没什么两样，之前的印象只是一种晕轮效应。

但同时，受到欧洲殖民者影响，中国装饰风格在北美仍在持续地发展，这也是中国装饰风格得以延续的原因之一。殖民时期，欧洲的一切都代表时尚，北美人民追随潮流，中国装饰风格成为当时北美设计的主要灵感来源。之后，成为独立的新兴国家，并且与中国建立直接贸易往来，中国装饰风格在北美的发展更上一层楼，美国人不再依托欧洲中国装饰风格商品作为主要模仿对象。而是可以借由与中国的直接联系，学习理解更深层次的中国文化内核，结合本国独特的设计元素，创作出北美中国装饰风格，再次掀起一阵"中国热"潮流。

设计领域的中国装饰风格在西方各国的体现不一样，包括时间早晚、程度强弱、体现形式等。例如，英国人极为迷恋中国园林艺术，形成了洛可可风格，并对其他欧洲国家产生了巨大影响；法国的中国装饰风格产生时间较晚，但程度比其他西方国家更深，传播也更广泛；由于贸易交流和文化传播的不断深入和密切，美国的中国装饰风格则更加深入地融合了一些中国文化的内核。艺术设计是人类通过图形、文字等表达个人的思想时就开始的一种活动，体现了人类发展史的整个进程。被殖民后的北美地区在政治、经济、社会、文化的建设过程渗透了中国文明的元素，形成了注重跨文化交流的传统，这对后来美国艺术设计的发展有潜移默化的影响。

本章重点通过对获得的国内外艺术设计资料进行多重证据的剖析和对因果关系的梳理，从整体上还原中国装饰风格在欧美历史中的发展全貌。接下来的三个重点章节，将聚焦北美，对北美的中国装饰风格的发展进行更加有深度的理解和解释。

第三章 中西合璧的中国外销品

　　丝绸之路是早期中欧贸易间最具代表性的连接之一。从丝绸开始，中国商品、艺术品开始风靡欧洲，出口到西方的外销品种类也越来越丰富，主要包括茶叶、瓷器、墙纸、漆器、扇子等。早期欧洲的中国装饰风格作品大多就是通过对这些中国外销品进行模仿而来，独立战争之后北美也打通了与中国直接进行贸易往来的通道，中国也开始出品专为北美设计生产的外销品。想要对中国装饰风格进行更为深入的研究，首先要对当年中国专为欧美定制生产的外销品进行学习和了解，因此可以说本章在全文中起到承上启下的作用。本章通过对十八至二十世纪最受海外市场欢迎的三大中国外销艺术品：丝绸、瓷器以及壁纸的设计[1]，及其题材内容、色彩等方面进行分析比较，深入论述欧洲各个阶层的中国外销艺术品的装饰风格。中国外销艺术品的设计风格在其产生、改变的进程中，受到了文化、贸易和艺术融合的多方面影响。这一时期中国外销艺术品的设计风格主要与西方艺术潮流变迁紧密相关，同时明显具有中西融合的特征。

3.1　中国出口至欧美的外销品

　　广州从十六世纪中期到十九世纪都是中国的主要贸易港口，甚至在1757年至1842年还是唯一的对外港口，与西方各国开展贸易活动。十八到二十世纪，中国的瓷器、丝绸、墙纸等多种艺术品被迅速销往西方，因此，从中国出口的艺术品也与西方艺术品的装饰风格紧密相连。

　　随着欧洲的设计与生产行业的发展，以及英美的全新关系，普通的设计已经满足不了人们的创新需求，此时中国装饰风格的产品成了一个很好的选择，也是为大多数消费者所追捧和接受的风格。对外国设计风格的吸收以及对外国风格和材料的提炼改造是当时英国设计史上的典型现象，十八世纪中期中西方设计的融合是经济增长和艺术思维相结合的结果。国际贸易环境迅猛发展，在贸易保护主义和民族主义中，人们对异国产品和风格产生着巨大的热情。也因为中国外销品的热销，欧洲人鼓励工匠和制造商开发原材料和生产工艺，并对这些"东方奢侈品"进行模仿。

1　Peter J. Kitson, Forging Romantic China: Sino-British Cultural Exchange 1760—1840 [M], Cambridge: Cambridge University Press, 2013, P.78.

3.1.1 异域情调的手工丝绸

外销丝绸是用提花、手绘或刺绣技术装饰的丝绸成品。中国丝绸的第一个出口市场是欧洲。十七世纪末和十八世纪，丝绸制品开始在西方流行，其图案和风格一直延续到十九世纪。以主要图案的主题来划分，可划分为三种类型。第一类描绘的是中国人喜爱的吉祥动物，如龙、凤、狮子等，以及大量花卉植物装饰（图3.1）。第二类为带有明显中国特征的人物和建筑，独特的东方风情设计，满足了西方人对中国的想象。如（图3.2、图3.3）展示的十八世纪末，中国外销到法国的一件丝质刺绣被罩，边缘点缀装饰着玩耍的中国孩童、中国塔及桥梁。第三类是纹章图案，通常是按照私人定制来制作的。（图3.4）是十八世纪早期欧洲人向中国定制的一件3.5米顶端装饰着西式纹章的巨型丝质挂画，用来作为城堡的室内装饰品。这件作品有着明显的中西合璧特征，两侧是早期文艺复兴结合巴洛克风格柱状框架，柱子上悬挂着水晶，内部点缀着典型的洛可可风格贝壳、丝带和植物图案。而画面的中心虽然运用的是西方的透视及明暗绘画技法，但是描绘的是极具反差感的中式建筑、人物、山水植物。

图3.1　十九世纪早期中国丝绸面扇子，现存于伦敦的维多利亚和阿尔伯特博物馆

图3.2　中国外销法国的被罩，1790年，262cm×216cm

图3.3　中国外销法国的被罩（细节），1790年

图3.4 中国外销巴黎的刺绣挂件（右：顶端纹章细节），十八世纪早期，224cm×356cm

1783年《巴黎条约》结束后，美国就开始从中国购买丝绸和茶叶等货品到美国销售。美国的丝织业还不发达，因此除了从中国进口生丝外，还进口了大量的丝织品。从十九世纪开始，中国出现了一种外销刺绣品，即刺绣大披肩。约从十九世纪二十年代起，刺绣披肩开始出口到西方市场。这些披肩是用丝绸制成的，以刺绣装饰，并用流苏修饰（图3.5）。

图3.5 中国为西方市场创作的丝绸披肩，1920年，现存于大都会艺术博物馆

新古典主义引发了刺绣披肩在欧美的流行，这股潮流最早可以追溯回十八世纪末法国大革命爆发导致西方妇女的服饰发生了重大变化。希腊风格的及地礼服取代了洛可可时尚，这类白色棉质礼服经常搭配羊绒披肩。披肩在新古典时代逐渐流行起来。1820年左右，美国的商人们开始向中国订购装饰着彩色丝线绣成的丝绸披肩，被称作"中国披肩（Chinese shawl）"[1]。其纹样主要是花卉图案，如有规律排列的缠枝花，融入了建筑和人物等中国元素的图案等。例如，大都会艺术博物馆便收藏了一件白缎地双面绣亭台楼阁外销披肩，将粤式建筑、小桥流水、人物、花卉结合在一起。西方艺术在十九世纪发展到浪漫主义时代，东方装饰成为体现浪漫的主要元素，而出口的丝绸商品则异域风情更加浓郁，在花、兽的基础上加入更多的东方建筑、人物等中国元素的纹样，营造出一个充满浪漫异域情调的东方世界。[2]

3.1.2　独一无二的定制瓷器

在十八世纪中叶以前，最常见的外销瓷器是青花瓷[3]。有一种青花瓷盘，形制呈圆口和花口两种形状，且大多呈圆口状，内底通常绘有花鸟、山水等图案，内壁至板沿绘有花卉等配纹饰，布局密集。纹饰虽然遵循了中国风格，但也具有异国情调。这类瓷器又被称为"克拉克瓷"（葡萄牙语：Kraak ware）。在明末清初，克拉克瓷被大量地出口到欧洲。还有一种青花瓷，被称为巴达维亚瓷（Batavia Ware），内部画着山水，外面是酱色。巴达维亚瓷在明朝天启至清朝乾隆年间都有生产，但大部分是在康熙年间生产的。这类瓷器可能产于华南省份，被送往巴达维亚，再被转运到西方国家。后人从沉没于1752年的荷兰商船"盖尔德麻尔森（Geldermalsen）"号上找到了许多巴达维亚瓷的杯子和杯托。欧洲人喜欢使用有把手的杯子，有时也模仿中国人使用没有把手的杯子。当时欧洲男人多在社交俱乐部，如咖啡馆等场所饮茶、咖啡，而女人习惯在家里喝茶和咖啡。

梧桐山水瓷是景德镇艺术家的青花瓷作品，在清代早期就已广泛流

1　Ruth B. Phillips, Christopher B. Steiner, Unpacking Culture: Art and Commodity in Colonial and Postcolonial Worlds[M], Oakland: University of California Press, 1999, p.240.

2　袁宣萍，张萌萌：《16—19世纪中国外销丝绸及其装饰艺术》[J]，《艺术设计研究》，2021年第1期，第30—35页。

3　广州博物馆：《海贸遗珍——18—20世纪初广州外销艺术品》[M]，上海：上海古籍出版社，2005年，第30—32页。

图3.6 梧桐山水瓷餐具，景德镇十大瓷厂陶瓷博物馆

图3.7 从戴安娜号上打捞出来的瓷盘，现收藏于英国博物馆

传，至今仍是受到广泛欢迎的出口商品。这类瓷器的图案类似于中国的山水画，亭台楼阁、河岸、柳树等，形成了典型的江南风景。梧桐山水图通常画在成套的餐具上，以适应欧洲上流阶层的品位和需要，所选材料讲究，烧制程序复杂，所以价值较高，中国很少见到，应是定制品（图3.6）。

　　1817年英国商船戴安娜号在马六甲海峡沉没，这是一艘载着中国瓷器、茶叶和香料的商船。当时船上有24000件瓷器，原本计划被运往英国。1994年被打捞出，发现了11吨瓷器，其中有大量的梧桐山水图瓷、花卉杂宝纹的瓷器、边沿上装饰着西式锦带纹图案的瓷器。除了具有欧洲设计特色的青花瓷之外，还打捞出了一些中国传统的民间日用瓷器，有菊花图盘、"寿"字纹盘等。这表明，在十九世纪，出口到欧洲的青花瓷已经从贵族装饰品演变为普通人的日常用品（图3.7）。[1]

　　中国外销瓷器的造型和纹饰主要是预先定制的，渐渐出现了色彩绚烂，专以外销为主的"广彩瓷"（图3.8）。"广彩瓷"即广州织金彩瓷，产生于清康熙末年和雍正初年，并在"乾"和"嘉"时期发展成熟。它的出现与广州对外贸易有密切关联。广彩纹章瓷是在东西方贸易的繁荣中诞生的典型出口艺术品，它是在广州出口的成品瓷器，选择景德镇的白瓷，图案既有中国的传统图案，也有按照西方绘画方法描绘的装饰图案或西方商人提供的纹章和边饰纹饰加工，然后直接烧制而成。广彩纹章瓷纹路精细、色彩丰富、主次分明，具有明显的西方器物设计风格。广彩瓷品种繁多，如餐具、咖啡用具等，许多广彩瓷都是仿照西方的银器、锡器的器皿

1　Dorian Ball, The Diana Adventure[M], Malaya: Malaysian Historical Salvors, 1995.

造型，具有特殊的艺术价值（图3.9）。

图3.8　广彩锦地开光洋人狩猎图潘趣碗，清乾隆

图3.9　外销广彩满大人读书图马克杯，清乾隆

中国纹章瓷的另一个主要生产中心是景德镇，最初只生产青花纹饰瓷器，但从十八世纪上半叶起，珐琅彩技术在广州和景德镇广泛流行时，珐琅彩纹章瓷在欧洲也开始流行。虽然纹章瓷在出口中的比例很小，但它是欧洲商人特意定做的，因此造型独特，融合了中国传统工艺和西方艺术风格（图3.10）。

图3.10　彩伊佐德家族纹章纹盘，现收藏于天津博物馆

3.1.3　生机盎然的精致壁纸

英国在十七世纪就展现出了对中国壁纸的喜爱，由于当时海上贸易的发展，许多上流社会的名媛都热衷于使用壁纸对住宅的室内部分进行装饰。钱伯斯曾表示中国人的日常生活中其实很少会用壁纸，只有少数上流社会的人会用来做室内装饰。因此显然外销到欧洲的壁纸，大都是为吸引欧美人而特别定制的。[1]但是在当时由于是进口商品，中国壁纸的价格相当高昂，并且订货周期较长，一般家庭无法承担这么高的购买成本，所以当时有的壁纸商会向中国购买用于壁纸印刷的木刻母板，然后再在英国自行进行加工，这样的方式会大大地降低成本，以满足市场的需求。

在十八世纪的美国查尔斯顿文件（Charleston Documents）中[2]，也经常

1　William Chambers, Designs of Chinese Buildings. Furniture, dresses, Machines and Utensil[M], New York: Benjamin Blom, loc, 1968.

2　政府用来记录城市发展的官方文件。

117

第三章　中西合璧的中国外销品

提到中国的墙纸。1744年，商人普林格尔（Robert Pringle）从伦敦订购了一套手绘的中国墙纸，他认为这些墙纸可能会吸引他的查尔斯顿客户。这些墙纸被称为"印度画（India Pictures）"，描绘了中国人的生活场景，或带有动植物的中国风景，这对西方人来说无疑是异域风情。在伦敦受过培训的查尔斯顿室内装潢师约翰·布洛特（John Blott）也在1770年的广告中说，为顾客提供了"几套精美的印度纸……可用于悬挂在房间、天花板、楼梯间等处"，其中的印度纸其实指的是以中国装饰风格印刷的来自英国的纸。[1]

欧洲的中国装饰风格壁纸主题主要有以下三类：

第一类：花、树、鸟等自然主题的壁纸类型占比最多，大概也是中国壁纸的题材大多充满鸟语花香，画面明媚灵动，可以为房间增添生机，所以经常阴雨绵绵的英国人格外热爱中国外销壁纸。这种壁纸设计采用逼真的写实艺术手法，主要来自中国古代的工笔画。1771年，植物学家约瑟夫·班克斯爵士指出："墙纸上描绘的一些植物，如常见的中国竹，比我在一般的植物学书籍中看到的任何插图都更令人回味。"[2]早期进口到欧洲的自然主题的壁纸图案往往简洁而稀疏，颜色较为统一，细节刻画非常精细。

独立战争后出口到美国的包含花、树、鸟等设计的壁纸，构图更加饱满，除了花、树、鸟元素之外，还加入了假山、盆景等植物元素，以及鸳鸯等动物元素，画面构图更为生动（图3.11）。

图3.11 中国外销壁纸，十九世纪早期，曾悬挂于布莱顿皇宫一楼，后被重新安装到维多利亚女王的卧室中

118

1 Robert, A, Leath, "After the Chinese taste": Chinese export porcelain and chinoiserie design in eighteen-century Charleston[J], Historical Archaeology, 2016, p.54.

2 王琴：《中国风壁纸艺术的传承与创新》[D]，杭州：浙江工业大学，2013年。

第二类：人物风俗风格，这类壁纸主要描绘的是中国人的日常生活场景，如园艺、狩猎、家居等场景，体现了清代的世俗文化和当时人们的和平幸福生活；数量较少，这类墙纸很早就进入了欧洲市场（图3.12）。

图3.12　一组由6幅面板组成的中国外销壁画，十八世纪末，第9任马尔堡公爵夫人雅克·巴尔桑夫人的收藏

图3.13　《尚蒂伊城堡之歌》手绘壁纸，1737年

第三类：是一种抽象的风格，这种风格在资料中没有明确的分类，其构图与上述风格有很大不同。它使用平铺的方式描绘对象，以扭曲的线条作为构图的骨架，构成规则的几何框架，并在几何框架中装饰具有典型的东方情调的图案，具有欧洲古典的对称的风格，与洛可可风格相似（图3.13）。

3.1.4　外销到欧洲和北美的商品的差异

由于北美长期以来一直是英国的殖民地，主流文化也受到欧洲的影响。同时，在十八世纪末，广州十三行在与欧洲国家的贸易中已具备了几十年的贸易经验，因此他们能够凭借以往的贸易经验，快速处理、生产来自美国商人的订单。所以，针对北美市场的外销品主要有两种：中国专为海外市场设计和生产的外销品以及根据北美商家的需求专门定制的外销品。

　　受文化和出口地的影响，在独立以前，北美销售的中国舶来品大多与销往欧洲的相似，并且主要是经由英国转运而来。然而，在装饰纹样方面，在十八世纪末和十九世纪初，北美委托中国定制了大量带有美国特征图案的外销品，如家族纹章、鹰旗、美国商船等，这些图案体现了美国

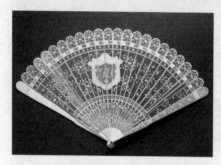

图3.14　美国市场定制的中国象牙扇子，1800—1810年，
25.7cm × 42.9cm，现存于美国大都会艺术博物馆

人对民主、自由和独立的愿望，也寄寓了美国人的爱国主义情感，因此而受到了公众的普遍欢迎（图3.14、图3.15、图3.16）。和部分欧洲国家的中国外销品比较，北美的商人较少定制以宗教故事、历史传说等题材为图案的产品，虽然这与美国本身的历史较短有直接关系，但也体现出美国人民轻幻想，重视技术和务实的文化特点。

图3.15　中国外销刺绣美国鹰旗，十九世纪，
55.88cm × 76.2cm

图3.16　美国市场定制瓷碗，1790年，15.9cm，现存于美国大都会艺术博物馆

3.2　同时期中国本土艺术品与外销品的差异

　　从十八世纪中期到二十世纪期间，相较于欧美经历了像是从洛可可到新古典和浪漫主义等多种艺术形式的变化，中国的装饰艺术并没有明显的风格转变。而从当时的外销作品来看，艺术风格与时代变迁密切相关，有明显的东方技艺与西方审美相结合的特征。

3.2.1　刺绣丝绸：传统与融合

　　在清代，中国的丝绸设计主要还是传统风格，丝织的图案设计大量采用动物纹样折枝花鸟图案以及中国书画艺术中的图案等。宫中御用的刺绣丝绸制品，都是经由宫内专门的画师设计绘制，再将图稿交给江南专门为

皇家进行织绣的工坊绣制，这
类制品做工精致，用料上乘。
普通百姓也能接触到各具风格
和特色的地方丝绸刺绣，技法
多种多样，配色丰富，图案以
具有寓意的吉祥、喜庆的主题
为主（图3.17）。清朝末期开
始，西方的文化开始向东传
播，中国一些刺绣风格出现了
绣法上的创新，将西方绘画中
写实的特色与刺绣结合，形成
"仿真绣"以及后来的"乱针

图3.17　四方四合云纹装饰苏绣云肩，清代

绣"，慈禧太后七旬岁寿辰时，收到的其中一件礼物《八仙上寿》就是最
早的"仿真绣"。[1]外销丝绸设计风格虽然也对中国本土丝绸图案设计产生
了一定影响，但这些影响仅限于宫廷等上流社会，流行不广泛。

　　随着中西方贸易和文化交流的发展，欧洲的艺术风格和主题也被纳入
外销丝绸图案设计中。一方面，西方丝织品的图案大多是洛可可风格，主
要题材是植物和花卉，色彩柔和，线条细腻，
花瓣上的色彩采用渐变色过渡，并使用金银线
作为装饰。另一方面，贸易出口和外交活动的
需要导致了模仿西方丝绸的外贸商品和外交礼
品的出现。如清代丝绸上的洛可可式缠枝花
卉，也被称作"大洋花"，其图案采用明暗光
影表现法，这是一种西方绘画技法，其设计风
格明显有别于中国本土丝绸。

　　十九世纪外销美国的刺绣大披肩并不是中
国的传统服装，它是为了响应欧洲的时尚而制
作的，有时也作为家具、钢琴甚至墙壁的装饰
性织物。由于中国出口的丝绸主要是作为服装
和室内装饰品供应西方市场，因此它们具有明
显的时尚特征，反映了不同时代的装饰艺术特
性，而中国工匠的生产，广绣技法的应用也让
它们具备了中国设计特点（图3.18）。

图3.18　中国外销披肩，约1885年，大都会艺
术博物馆的布鲁克林博物馆服装收藏

──────────────────

1　许进，周牧：《张謇与绣花女沈寿》[J]，百年潮，2000年第11期，第74页。

3.2.2 瓷器：内敛与自由

《中国陶瓷史》中写过，由于十六世纪大量的瓷器由景德镇销往国外，陶瓷成为中国最具标志性的代表，随之"China/china"，即中国的地名"南昌（景德镇曾用名）"也成为中国的代名词。[1]《剑桥英语字典》也将China/china定义为：一个东亚国家，或指高质量的黏土，成形后加热使其永久坚硬，或用这种黏土制成的物品，如杯子和盘子。由此可看出在西方陶瓷向来和中国有着密不可分的关系。而随着丝绸之路的日益繁荣，精致的瓷制品在进入欧洲之后受到追捧，成为贵族地位与财富的标志。对于瓷器的大量需求，欧洲工匠开始尝试仿制，这也大大促进了中国装饰风格的流行。

图3.19 青花梵红彩云龙纹温酒壶，清代

图3.20 广彩花卉瑞典威廉·钱伯斯（William Chambers）家族纹章纹咖啡壶，清代，现收藏于广东省博物馆

中国本土内销瓷器的装饰纹样主要受明代风格的影响，主要以单线条写意的表现形式，绘以山水人物、花卉植物（图3.19）。外销瓷则多以西方景物、动物做

图3.21 乔治·华盛顿收藏的中国外销美国的饰有天使的瓷盘，1785年，现存于美国大都会艺术博物馆

图3.22 中国外销英国的饰有纹章的珐琅彩盘子，1739—1743年，现存于美国大都会艺术博物馆

1 冯先铭：《中国陶瓷史》[M]，北京：文物出版社，1982年，第4页。

装饰。甚至海外教会也向中国定制宗教题材的瓷器，比如《圣经》内的场景等。十八世纪，西方神话场景和代表家族的纹章主题开始流行起来。到了康熙时，西方绘画技法的引入让中国瓷器上的人物比例更加精准，立体感更强（图3.20、图3.21、图3.22）。

当时中国和西方的瓷器设计在颜色上有明显的区别。中国本土瓷器的釉色丰富，但色调居中，柔和优雅，不如西方瓷器鲜艳，比同时期的外销瓷器朴素。同期的欧洲瓷器主要使用高纯度的鲜艳色彩作为装饰。有些外销瓷在运抵目的地之后，还会被当地工匠进行再次的加工，包括镶嵌贵金属、宝石和在素瓷上装饰本地流行的图案。

在造型方面，中国本土的"内省型"文化和西方的"外扩型"文化之间的对比更为鲜明。中国文化是内敛的，重视个人修养，而西方文化更张扬，注重个人的发展。这反映在器物的形状上，中国瓷器的形状更严谨，而外销西方瓷器的形状为自由、奔放。

3.2.3 壁纸：素雅与缤纷

大约在公元前四百年，装饰性纸张在中国发源[1]。但是，由于早期对建筑及其中的壁纸没有较好地进行保存和收藏，宋元时期之前的壁纸大都已遗失，无法溯源。而明清时期的文献中，可看到大量对壁纸的描述。

中国本土壁纸的设计考究，主要是以吉祥文字、连环如意、暗花等设计元素为主，多用符合中国人审美和装饰习惯的白色[2]，白色暗花的样式也更适合在上面悬挂字画（图3.23）。明清史料里面有大量关于用壁纸装饰房屋的内容，如清朝的乾隆皇帝雅好文翰，艺术的修养相当深厚，在他的推动下，这一时期的宫廷壁纸，部分是纯色染的

图3.23 北京故宫养心殿三希堂的饰有银印花纸的墙壁，清代

素色壁纸，即以浅色染制，其上附裱花鸟画，或名家书法作品等，起到衬托画面的作用。部分为大尺幅的壁纸，一般在壁纸上展示整个故事场景。北京故宫博物院的建筑中也有大量留存下来的十八世纪壁纸实物。

外销手绘壁纸虽然在题材上也涉及了山水、花鸟、人物等，但其题材

1 Steven Parissen, Interiors: The Home Since 1700[M], London: Laurence King, 2009, p.27.
2 邓云乡：《红楼识小录》[M]，西安：陕西人民出版社，1984年，第259页。

内容仍与中国本土壁纸存在着不同。十七世纪末，欧洲壁纸制造商开始模仿中国的壁纸，但这些模仿的壁纸，其图案内容并不是照样复制中国的，而是选择性地融入中国元素，加上欧洲对中国的幻想。此外，在这一时期，欧洲出现了"中国洛可可风格"，洛可可风格的壁纸会与将花卉、瓷器、水果等中国元素与缎带构成的结构相结合。而中国装饰风格壁纸设计，正是在这种艺术思潮下，从东方艺术中汲取了活泼、欢快的特点和不对称的设计特色，摆脱了传统的透视限制，线条流畅自然，色彩则放弃了传统的对明亮和耀眼的追求，加入多种过渡色，避免突变，创造出轻盈、温和、奇妙、空灵的格调（图3.24）。

图3.24　英格兰贝尔顿楼（Belton House）的中国房间中悬挂的壁纸，1840年，现收藏于广东省博物馆

3.3　欧美人热衷于中国舶来品的原因

首先，外销品的生产和设计融合了中国传统设计风格元素和西方设计风格。清朝宫廷和广州艺术家在外销瓷器的生产和设计方面所发挥了重要作用。雍正扩大了康熙皇帝创办的御用玻璃厂、钟表厂和珐琅彩绘厂，这些工厂除生产本土艺术品外，还生产外销西方的商品和材料。在景德镇，年希尧和唐英于1726年至1735年期间共同监督经营景德镇御窑厂，生产出的以西方主题和图案装饰的瓷器被称为"Nian Wears"。[1]不过，北京只是生产者和消费者网络中的一个节点。宁波、上海和广州等港口都为外销欧洲的商品提供了多个出境点。1757年后，所有的对外贸易都被限制在广州，那里的中国艺术家直接使用西方的图画、铜版画和其他来源的作品，

1　Kristina Kleutghen, Chinese Occidenterie: The Diversity of "Western" Objects in Eighteenth-Century China[J], Eighteenth-Century Studies, 2014, 47(2), pp.117-135, p.120.

作为外销艺术品和国内装饰品的模型，这也对外销艺术品风格有重要影响。[1]虽然西方图形材料提供了大量外销艺术品的题材，但并非所有吸引消费者的题材都来自欧洲。最受欢迎的出口艺术品题材之一是广州的十三行工厂。这些工厂可以说是十八世纪

图3.25　广彩十三行通景图大碗，清乾隆，现收藏于广东省博物馆

中国最著名的欧式建筑范例，许多来到广州的游客将这些工厂列为最重要的地标之一。在这个十八世纪八十年代的瓷碗上（图3.25），工厂被描绘得清晰而细致，让人想起欧洲的铜版画。可以看出，广州的艺术设计师迎合西方的设计风格，也是外销瓷器受到欧美人欢迎的原因之一。

　　其次，外销艺术品在欧美用途广泛。就出口瓷器的用途来说，西方的贵族、将军等有一定社会地位的人喜欢委托制作纹章瓷以显示他们的地位和声望，东印度公司则把印有公司标志的纹章瓷作为纪念品送给他们的客户和老顾客。十八世纪，随着茶叶在欧美成为一种流行的饮料。中国瓷器以其耐用、轻巧、易清洗的优点，渐渐代替了本地的陶器和锡铜器制品，成为欧美最受欢迎的茶具和餐具。中国瓷器在欧美的流行也意味着纹饰瓷器不再只是纪念品或奢侈品，也是普通人的日常用具。

　　再次，北美殖民地人民有追逐母国流行时尚的愿望。如经与欧洲进行接触，美国查尔斯顿的精英们亲自了解了欧洲贵族们收藏和展示中国出口瓷器以及其他亚洲舶来奢侈品的"贵族"品位。查尔斯顿的精英们由此展现出了殖民者模仿母国社会上层的时尚潮流的过程。通过追求中国装饰风格艺术品，查尔斯顿的殖民地精英们试图证明他们已经超越了早期的殖民地根基，成为十八世纪具有高雅品位的全球时尚消费者。这个观点将在下一章进行更为详尽的讨论。

　　最后，中国外销艺术品符合当时欧洲流行的装饰设计风格。如克莱尔·泰勒（Claire Taylor）研究了十八世纪欧洲人对中国壁纸的态度，并认为这种偏好导致了二十世纪的中国装饰风格的复兴，认为中国装饰风格的

1　Kristina Kleutghen, Chinese Occidenterie: The Diversity of "Western" Objects in Eighteenth-Century China[J], Eighteenth-Century Studies, 2014, 47(2), pp.117-135, p.125.

室内装修实例清楚地揭示了西方对中国艺术和设计的看法。[1]中国壁纸在欧洲与异国情调、奢侈品、贵族消费、女性气质和女性欲望联系在一起，在二十世纪二十年代的欧美家庭的室内装饰中得到了解释和具象化。[2]

3.4　小结

综上，几个世纪以来，西方艺术史经历了巴洛克、洛可可、新古典主义和浪漫主义的流变，时代的特征体现在中国的外销艺术品上，而中国元素也融合到为西方市场需求而设计的出口艺术品中。与重视自然意境，重视"内省型"文化的中国传统审美不同，外销艺术品主要是一种商品，以满足西方市场为目的。因此其形状、颜色、图案纹样反映了西方消费对象的需要、品位及追求。为满足欧美对东方的向往和想象，大多数外销艺术品都具有中国元素。但这些中国元素在某种程度上被改造了，或增加立体感，将中式写意转化为写实；或以西方常见的植物、几何图案来装饰。它们并不能完全反映中国古典的审美观念，而是在中国和西方的物质和文化交流中，西方人对异域文化的想象性表述。

西方的中国装饰风格的风格和概念是多层面的，不易定义。但它确是一种西方人想象的产物，灵感主要来自中国舶来品，如丝绸、瓷器和壁纸。中国装饰风格的设计在一定程度上具有中国传统风格，但同时也受到欧美的很大影响。欧美采用一些中国装饰风格的符号和设计，并使其适应本土的风格和口味、品位。当中国匠人开始模仿西方国家创造的中国装饰风格时，中国装饰风格的概念就越来越混乱。西方习惯于沉迷在中国梦境般的东方形象中，这可能是由于中国的装饰风格被认为是"脱离现实的"并且"无害的"，它在西方装饰艺术中的使用，也是基于对异域风情的特殊性的迷恋。

1　Clare Taylor, The Design, Production and Reception of Eighteenth-Century Wallpaper in Britain (The Histories of Material Culture and Collecting, 1700-1950) [M], London: Routledge, 2020.

2　Michelle Ying-Ling Huang, The Reception of Chinese Art Across Cultures[M], Cambridge Scholars Publishing, 2014, p.23.

第四章　独立战争前北美的中国装饰风格设计

政治、贸易等历史总是对文化交流产生着重要影响。随着英国人在重商主义的驱使下向北美移民，到十八世纪英国人在北美建立了十三个海外殖民地，在当地推行宽松的政策，使北美殖民地得到了快速的发展，中国装饰风格的商品也是在这个时期被带到北美。但此后北美殖民地希望获得政治独立，发动了独立战争。这段前置历史是美式中国装饰风格发展的关键背景。

在独立战争前，北美殖民地人受英国文化的影响是多方面的，装饰艺术与设计领域也不例外，在英国渐渐式微的中国装饰风格逐渐涌向北美殖民地，即是说，中国装饰风格在英国走向衰落的时候，北美殖民地则将中国装饰风格的接力棒接过，并进行加工创造。此时中式奇彭代尔等英式中国装饰风格流传到美国，使北美殖民地的艺术设计领域更为丰富多彩。值得注意的是，英国的中国装饰风格本身就是在对进口的东方舶来品的基础上，根据自己对中国的想象和理解所衍生出来的，而北美殖民地时期的中国装饰风格，便是基于英式中国装饰风格的再次创造。

4.1　英国与北美殖民地的关系

十七世纪，英国在北美的詹姆斯建立了美洲第一个永久的定居点。同期，伦敦公司和普利茅斯公司在英国成立。[1]前者有权从北纬30度到41度之间的北美大西洋海岸移民；后者有权在38度到45度之间进行移民工作，38度至41度之间则成为两家公司共同可设立定居点的范围。这个北美地区命名为弗吉尼亚。这两家公司的成立主要起到了帮助英国继续探寻经由美洲通往中国的航路的作用，以及为英国在美洲淘金提供便利条件和为英国与西班牙争夺美洲殖民地争取优势。十七世纪二十年代初，弗吉尼亚殖民地的权力从公司转移到了国王的手中，权力则交给了总督和行政长官，成为国王直辖地区，而这里的居民几乎都是奴隶。

之后，普利茅斯建立，其中的一些殖民者是来自荷兰莱登市的新教布朗主义者，他们在英国教会的压迫下被迫搬离，但是这里的移民是以被称为清教徒的自由移民为主。早期的殖民者主要是为了经济，但是因为宗教

1　刘宏谊：《美国移民的发展演变》[J]，《复旦学报》（社会科学版），1984年第6期，第103—106页。

和信仰的原因而被迫迁移到北美的清教徒所创建的英国移民地区，为北美殖民地开辟了一条新的道路。

最初的清教徒移民是搭乘"五月花号"前往北美以寻求宗教自由。他们原来的目的地是詹姆斯城，但因为风暴，他们只能改变航向，船只向北直行，最终在普利茅斯登陆。在"五月花号"上，清教徒们签订了一份著名的且具有重要意义的"公民团体"协定。清教徒们表示，他们"在神的面前，在彼此的面前，互相庄严地建立起一个公民群体"。并决定制定最符合殖民地人民的利益的法律法规。这个协定不仅涉及宗教问题，而且也涉及殖民地的政治体制。[1]这份协议包含了最初的民族自主权观念，也就是人民拥有确立政府和行政权力的权利。

4.1.1 北美殖民地早期的英国移民

为更好地理解北美的中国装饰风格，需要先对英国的殖民政策有所了解，从而判断北美的独立运动的本质。在对英国的殖民政策进行分析之前，必须对北美殖民地的性质和国民身份进行全面的认识。

世界历史中出现过的殖民地的形式和特点各不相同，类型有：（1）在没有主权国家的地方，由居民迁移而来形成的殖民地，这种可以被理解是祖国的领土和主权向外的扩展；（2）是一种由政府或公民入侵并控制其他主权国家，之后在他国占领的土地上建设殖民地，并以武力威慑；（3）由于政治、经济和文化的侵略，一个国家的主权逐步被其他国家控制，以前的主权国家形同虚设。而北美殖民地更像是第一种类型。经由英国皇室建构的十三个政治体系，起到在北美政治治理和社会融合的作用。因此，所有的殖民地都是英国皇室创造的"法律和政治实体"。[2]这是指一些自然人依法自愿或非自愿地聚集在一起，以追求特定的经济、精神或政治目标为目的，并能在一定领土范围内进行政治管理[3]。

在法律层面上，殖民地的土地与英国王室并无依赖性关系，不属于皇室"直接控制"的北美土地。因此，同英国大陆一样，北美殖民地只是由

1 王铭：《论英国早期的北美移民与殖民地》[J]，《辽宁大学学报》（哲学社会科学版），2001年第6期，第30—34页。

2 Charter of Connecticut, In Francis Newton Thorpe (ed.), The Federal and State Constitutions, Coloniaofore Forming the United Stal Charters, and Other Organic Laws of the State, Territories and Colonies Now or Herettes of America[M], Washington, D. C: Arkose Press, 1909, p.530.

3 W. Keith Kavenag, Foundations of Colonial America: A Documentary History[M], New York: Chelsea House, 1983, vol.1, p.698.

英国皇室统治，并不是属于英国的领土。该条款承认殖民地人民享有与英国人同等的合法权益。尽管大西洋上有很多美洲原住民——印第安部族，但是英国却不像西班牙在中美洲和南美洲用"委任监护"的方法来控制和经济上展开压迫，直白一点地说就是通过军事入侵，而是尽量以最和缓的方式，用外交和经济互惠来作为条件交换部落的土地。尽管最终目的还是侵犯了印第安人的权益，没有通过武力征服、统治和掠夺，英国也完成了殖民地的成立和扩展。

北美殖民地在当时作为英国的海外领土，因此英国拥有对其合法的主权和司法权限。在对北美进行治理时，英国尽可能地把本国的社会结构、政治和法律体系完全地复制到北美，并按照英国的模式来建立每个殖民地的政府。但同时，所有的殖民地都可以在不与英国法律相冲突的情况下，半独立地制定当地的地方法律，而议会也逐渐获得了财政大权，成为殖民地的中心力量。由于地域上的障碍，英国对殖民地的控制作用还是受到了很大的制约，同时北美人的统治能力也在日益增强，现实中北美的政治精英们和英国分享着对殖民地的控制权。

4.1.2 北美殖民地的性质和北美殖民地居民的地位

因为殖民地是由英国人在北美的土地上设计并构建起来的，所以殖民地时期北美居民都一视同仁地被归为英国公民之列，并没有被英国本土人民歧视。与英国人拥有同样的政治权利。英王的特许书中提到，移民北美殖民地的人和在殖民地出生的人，都属于英国国籍之人，享受所有受法律保护的政治特权，并且可以任意在两国之间进出。[1]

必须指出，英国在1763年以前，甚至都没有在北美建立常驻部队，而殖民地人民之所以自愿地认可并追随英国政府，并非因为受到英国强大的威慑或威逼，主要是出于国家身份的认同以及共同利益的需要。

简而言之，北美洲的十三个殖民地与欧洲在亚非地区的殖民地，甚至与西属美洲的殖民地有很大不同，没有异族统治的冲突。英属北美殖民地属于英国领土扩张的一部分，所以生活在北美殖民地的英国人，都很大程度地可以进行政治和经济的自治。可以明确地认识到，北美殖民地的人民，从不是从属于英国的奴隶，而是享有完全的公民和政治权利的真正的英国公民。

---

1 F. N. Thorpe, The Federal and State Constitutions, Colonial Charters, and Other Organic Laws of the State[M], Washington: Government Printing Office, 1906.

4.1.3 英国对北美殖民地的贸易政策及其影响

英国在一定程度上是因为重商政策导致了大量的人口向北美迁移，也极大地影响了北美十三个殖民地的经济和贸易。英国在美洲实行了将近170年的殖民统治，直到美国独立。英国政府在这段时期内，尽管随着时代的变化而做出了一些政策调整，但其实质是一直没有发生过变化的[1]。

在盎格鲁-撒克逊（Anglo-Saxon）文化中，贸易是一个重要的文化要素，因此英国的重商主义的缘起，除了背后深刻的历史渊源，还有出于贸易竞争的需求。从地理层面上分析英国，海路发达且独立于欧洲大陆四面环海，贸易发展得天独厚。

在英国，商业占有举足轻重的位置。商人都有比普通百姓更高的社会地位，甚至被划归到贵族阶层。十八世纪，英国作家笛福（Daniel Defoe）指出，英国商人的后代和他们的子嗣，都成为贵族，商业的发展成就了他们，使得贵族遍布英国。[2]尽管英国在海事探索方面逊色于西班牙等欧洲国家，但是他们的商业重心，决定了他们无法抛弃对外的贸易发展。因此，为了维持自己经济层面的地位，最终英国也还是在北美建立了殖民地。伊丽莎白一世对在海外殖民所扮演的角色和功能有了清晰的认知，她以重商主义为指导创建了弗吉尼亚。[3]英国移民就是在皇室的重商政策下，大量的英国人开始向广大的北美大陆涌去。英国也开始了此后取代葡萄牙等国在商业贸易上称雄全球的重要步伐。[4]

在和中国的早期贸易中，东印度公司并不鼓励进口花瓶、花盆和其他无用的装饰性器物，更倾向于进口普通的实用物品。中国的三大进口产品，茶叶、丝绸和瓷器，受到法律的严格管制。瓷器在当时被认为只适合贵族使用。但事实上，在英国和北美殖民地都可以找到瓷器。[5]英国船长会以自己的名义而不是以东印度公司的名义带来大量瓷器。[6]

1 吴洪宇：《英属北美殖民地的重商主义——兼论其与美国革命的关系》[D]，济南：山东师范大学，2007年。

2 斯塔夫里阿诺斯：《全球通史：1500年以后的世界》[M]，吴象婴，梁赤民译，上海：上海社会科学院出版社，1999年，第158页。

3 John J. McCusker, British Mercantilist Policies and the American Colonies. The Cambridge Economic History of the United States [J], The Cambridge Economic History of the United States, 1996, vol I, p.340.

4 王晓德：《英国对北美殖民地的重商主义政策及其影响》[J]，《历史研究》，2003年第6期。

5 Paola Gemme, Caroline Frank, Objectifying China, Imagining America: Chinese Commodities in Early America[J], European journal of American studies, 2012, p.103.

6 Paola Gemme, Caroline Frank, Objectifying China, Imagining America: Chinese Commodities in Early America[J], European journal of American studies, 2012, p.103.

4.1.4　英国重商主义政策的基本内容

对英国皇室而言，开发北美殖民地主要是为了贸易用途，因此可以将殖民地视为销售英国货物的大型市场，同时也是欧洲无法出产但又必须购买的货物的供应地。英国还会从北美殖民地货物的贸易过程中产生的关税获得利益。

英国推广的重商政策在与北美的贸易中扮演着重要角色。相较英国，北美殖民地的地理条件更为优越。有着漫长的海岸线和功能齐全的港口，极为适合发展英国的重商贸易政策，因此北美殖民地从一开始就必然会有大量的、兴盛的商业活动。殖民地资源丰富，有着欧洲所缺少的热带地区才能生长的作物。

英国资产阶级执政后，非但没有因为国家政权性质的改变而放弃重商政策，反而对北美实行重商主义的政策也不断强化，不断规范化。英国皇室和新的政治领导人也都根据英国的需要和殖民地环境的变化，结合掌握的实权，不断地对殖民地制定新的法律，使其更加全面。英国的重商政策贯穿了整个北美的殖民地时期。

重商政策对殖民地进口商品的条件限制对北美殖民地的经济和贸易发展起到了制约。由于法令限制，无论殖民地进口还是出口商品都要经由英国，这给殖民地的船舶制造和运输带来实实在在的好处，但是由于英国商人控制着殖民地的市场，殖民地居民除了从英国进口之外别无选择。[1]

进口到殖民地的货物不仅价格高，还造成了人均消费水平的降低，而且造成了一些殖民地不得不想办法制造替代品以满足日常需求。即便英国政府已经制定了清晰的政策，但要想让殖民地以盈利为目的，发展生产产业还是非常困难的。总的来说重商政策推动了北美的工业进程，但某种程度上也在抑制北美本土制造业的大规模发展。[2]在北美殖民地，只要是阻碍了英国制造行业发展的势头，英国都会进行打压。英国是羊毛纤维的主要生产国，在英国对北美殖民地的出口商品中，大约半数是来自英国的羊毛纺织品。然而，由于原材料丰富，北美殖民地在发展毛纺生产方面处于有利地位。显然，随着北美殖民产业的发展壮大，英国羊毛商不仅将面临失去这里市场的风险，还将面临来自其他市场殖民羊毛产品的竞争。因此，

1　路恩芳：《英国的重商主义政策对北美十三州经济发展的影响》[J]，《历史教学》，2007年第5期，第68—70页。

2　Lawrence A. Harper, Mercantilism and the American Revolution[J], The Canadian Historical Review, pp. 7-8.

英国不希望看到英国羊毛产品受到这样的威胁。十七世纪末期，英国国会颁布了一项有关毛纺的法律，该法案禁止从北美输出羊毛商品，也禁止羊毛纺织品销售到北美市场。之后，为了加强英国对北美市场的掌控，还对英国出口到殖民地的羊毛制品实行免税政策。

重商主义的主要政策重点倡导国家农业、实现粮食自给，英国方面还制定了《谷物法》。同时，国家对制造业采取保护性关税等措施，以保证包括军用在内的必需品的供应；其中的《航海条例》的目的在于保证英国商业行为的利益最大化[1]。

《航海条例》的宗旨明确地体现了对英国的商业利益的保护。十七世纪中期，在奥立弗·克伦威尔（Oliver Cromwell）的统治下，国会颁布了《航海条例》，规定任何向英国输入的外国货物，或者英国对外出口的货物，进出英国时都必须由英国船舶装载。这是有关英国商业政策的首部国会官方法规，旨在阻止荷兰人从事货物运输，维护英国在非洲、美洲，以及殖民地的贸易利益。[2]《航海条例》在很大程度上影响了北美殖民地的贸易。其内容主要是为了保障英国海运的权益，英国之外的国家或者公民所拥有或制造的船舶，不可以和殖民地进行直接贸易往来。所有与殖民地进行贸易的船舶，必须雇用半数以上的英国国民作为工作人员。像糖、烟草这类的特殊商品必须在英国中转，才能运到欧洲其他目的地。英国方面还对输出到北美殖民地的货物进行管制。进口货物在运往殖民地之前，首先要到达英国，然后再经由英国船舶运输。《航海条例》还鼓励英国实现自我发展。殖民地为英国制造商品供应原料。[3]

其中，所有出入殖民地的货物都必须通过英国籍人士所拥有和制造的船舶来运送，同时每艘船必须配有英国船长和拥有半数以上的英国船员，这个规定可以说为后来的英国殖民贸易法奠定了基础。与此同时，该法律也突出表明，北美殖民地原住民和英国殖民者的身份并无差别。《航海条例》指出，欧洲的任何商品都不能直接进入北美，必须要先通过英国中转。但在英国的港口必须缴纳税款，纳税完成后的英国商船才会被放行。因此，无论是英国的商人还是政府，都可以通过这种交易和销售商品获利。条例还保护了英国的生产商，使他们可以顺利地、实惠地来往于殖民

1 Curtis P. Nettels, British Mercantilism and the Economic Development of the Thirteen Colonies[J], The Journal of Economic History, Cambridge: Cambridge University Press, 2011, p.105.

2 李新宽：《论英国重商主义政策的阶段性演进》[J]，《世界历史》，2008年第5期，第75—83页。

3 Susan Previant Lee, Peter Passell, A New Economic View of American History[M], New York: W. W. Norton & Company, 1979, p.30.

地进行贸易交流，英国因此成为制造生产商品的贸易中心。[1]

4.2 英国重商主义政策为北美殖民地带来的中国装饰风格

重商政策从来不是在为殖民地长远的发展而制定和执行的，但是随着长时间的实行却体现出"二元性"的特点，即是说，它不完全是负面的，相反，它不仅满足了英国的基本利益，还促进了殖民地经济的发展。"双赢"无疑是英国与北美殖民地长期联系的重要因素。英国海军少将查尔斯·英格利斯（Charles Inglis）在1776年写道：之前的经历体现出，英国可以维护北美殖民地的商业和海岸线，北美居民不应对英国在这方面的作用产生怀疑。北美殖民地和英国结盟后，英国能够向北美供应的物资和出口补贴也要远远超过其他国家。英国制造业在此时期也在超越世界上其他的国家，特别是在北美。[2]英格利斯的观点虽然体现出显著的亲英倾向，但我们也能了解北美在贸易上从英国获取的利益。

中国装饰风格商品在十七世纪前期和中期源源不断地进入北美殖民地。但北美居民通常不能得到真正的来自中国的商品，大多是欧洲的中国装饰风格产物。从十七世纪开始，欧洲的工匠们已经纷纷开始通过模仿中国商品而创造出中国装饰风格，包括瓷器、漆器和壁纸等。[3]作为全球贸易网络的一部分，特别是作为英国的一部分，北美殖民地受欧洲制造的中国装饰风格产品的影响比较大，其中一些商品甚至在之后融入到北美殖民地的文化之中。

4.2.1 北美殖民地对英国的模仿

文化历史学家哈达德（John Rogers Haddad），认为北美殖民地的建设缺乏文化成熟度，在亚洲文化方面，北美殖民地居民根据英国进口而来的商品，对中国产生了美化的想象。[4]在十七和十八世纪的欧洲，属于殖民地

---

1 Jonathan Hughes, American Economic History. Second Edition[M], New Jersey: Addison Wesley, 1987, pp.49-50.

2 Charles Inglies, The True Interest of America Impartially Stated [DB]. 2009, http://ahp.gatech.edu/true-interest-1776.htm, 20SEP2022.

3 埃里克·杰·多林：《18世纪美国的"中国热"》[J]，朱颖译，《看历史》，2014年第3期，第54—59页。

4 Eric Jay Dolin, When America First Met China: An Exotic History of Tea, Drugs, and Money in the Age of Sail[M], New York: Liveright, 2013, p.245.

的北美虽然间接地参与了中国贸易，但与中国的关系在很大程度上被认为只是模仿英国的潮流和趋势。[1]

也许是受到文化自卑感的影响，许多殖民者，尤其是富人，热切地追随伦敦这个引领潮流的精致的城市，试图效仿他们的母国。例如，乔治·华盛顿（George Washington）作为西方人，在用餐方面非常讲究餐具，他在生前最喜爱中式瓷器，他当年所购买到的瓷器，大部分来自英国。其中一些瓷器还印有带MW（即华盛顿妻子玛莎英文名字的缩写）字样的纹章。[2]

当然，北美殖民地的居民对中国装饰风格的热爱不仅仅是出于对英国人的模仿。在当时，越来越多的国家开始争夺海上贸易权，因此不论是殖民者还是殖民地群众对中国商品的渴望应该还源于这种力量——对世界、对异国情调的日益向往。

4.2.2　北美殖民地的饮茶文化

饮茶习俗也是英国带入北美殖民地的。茶是十六世纪欧洲进行对外贸易和殖民扩张时期由中国传入欧洲的，受到英国人的普遍欢迎，英国随后将饮茶习俗带入北美殖民地。

在北美，饮茶始于十七世纪中叶的新阿姆斯特丹（即后来的纽约）、波士顿等地区在十七世纪后期陆续有了合法出售茶叶的经营执照，喝茶在普通百姓中也更加普及。因为饮茶习惯在英国早已是人们日常生活的一部分，在学习和模仿英式生活的过程中饮茶也成为北美殖民地地区的新时尚。[3]从那时起，茶的消费在整个美洲殖民地的情况与英国大致相同。当时北美的饮茶品种、品茶形式都和英国类似，红茶是常出现的品种。1712年，绿茶也被列入波士顿的勃尔斯药房的销售目录中。[4]许多城镇都出现了仿照英国的茶园，报纸上的广告也吹嘘当地商店有高质量的进口茶。

随着茶叶进口量的增加和价格的下降，饮茶在社会上越来越流行。[5]1740年，英国人约瑟夫·贝内特（Joseph Bennett）写道："这里的妇

1　埃里克·杰·多林：《18世纪美国的"中国热"》[J]，朱颖译，《看历史》，2014年第3期，第54—59页。

2　章开元：《华盛顿和他的"中国外销瓷"》[J]，《紫禁城》，2007年第1期，第4—5页。

3　荆玲玲：《北美独立革命时期的茶与咖啡——日常消费，政治话语和独立革命》[J]，《史学月刊》，2020年第2期，第88—98页。

4　陶德臣：《中美茶叶贸易的兴起及其特点》[J]，《贵州茶叶》，2015年第3期，第44—46页。

5　Eric Jay Dolin, When America First Met China: An Exotic History of Tea, Drugs, and Money in the Age of Sail[M], New York: Liveright, 2013, p.131.

女和伦敦的高雅女士一样，时常彼此拜访和喝茶，以至于忽略了她们的家庭事务。"[1]到十八世纪中期，茶已成为北美各阶层人士的生活必需品。当时在北美殖民地的旅行者注意到了北美居民中普遍存在的饮茶习俗，一位法国人在他的旅行日记中写道，在北美殖民地的居民中普遍存在着饮茶习俗，茶叶已经成为欧美人生活中不可或缺的一部分。

第一批茶叶是作为价格高昂的商品被进口到殖民地的。随着贸易的交流和饮茶需求的增长，北美殖民地地区进口的茶叶量也随之高涨。光是1768年，英国出口到殖民地的茶叶就高达870000磅之多。[2]此时的北美殖民地，以十八世纪上半叶伦敦的娱乐场所为榜样，在咖啡馆和酒馆中设立了个人茶园，后来，在郊区设立了用早期伦敦著名花园命名的"拉乃莱"等花园，这些花园里都提供茶。[3]

按英国法律，所有的中国货进入殖民地应该通过英国，更具体地说，通过英国东印度公司。由于英国垄断了远东的贸易，中国商品进入殖民地受到限制。此后，英国航海法令的颁布，要求北美殖民地只能直接与英国进行贸易。这导致了北美殖民地走私的快速发展。在十七世纪后期，数艘船只从北美殖民地海岸穿越开普敦，驶往印度洋、红海，把远东的货物运回了北美，其中包括一部分是从中国运来的。对英国而言，走私几乎比海盗的危害性更大。因为将茶叶带入殖民地的走私者无须支付任何关税。令英国特别恼火的是，许多走私的茶叶来自荷兰。因为他们颁布的航海法令在很大程度上是为了阻止荷兰和其他欧洲商人进入北美。虽然走私的行为让北美绕开英国，而获得了少量中国商品的行为，引发了殖民者的不悦。但是，对中国商品的需求，从侧面证明了北美殖民地对中国文化的兴趣和需求。

茶叶只是流入北美殖民地的中国商品之一。随之而来的是大量的中国丝绸、漆器、家具，最重要的是瓷器。历史学家卡罗琳·弗兰克（Caroline Frank）认为，北美殖民地有不少中国文物。[4]

由于饮茶在北美殖民地的流行，人们对瓷器，包括中国茶器的需求也在增加。与茶叶一起，瓷器也成为了普通人生活的一部分。在纽约、波士顿、巴尔的摩和塞勒姆，以及东海岸其他主要城市的大型商店，都有中国

---

1 Eric Jay Dolin, When America First Met China: An Exotic History of Tea, Drugs, and Money in the Age of Sail[M], New York: Liveright, 2013, p.131.

2 荆玲玲：《北美独立革命时期的茶与咖啡——日常消费，政治话语和独立革命》[J]，《史学月刊》，2020年第2期，第88—98页。

3 陶德臣：《中美茶叶贸易的兴起及其特点》[J]，《贵州茶叶》，2015年第3期，第44—46期。

4 Paola Gemme, Caroline Frank, Objectifying China, Imagining America: Chinese Commodities in Early America[J], European journal of American studies, 2012, p.135.

瓷器出售，其销售广告经常出现在各大报刊中。例如，纽约的朗德兰商店在1777年7月14日的《纽约报》等报刊中写道：大量的中国瓷器从伦敦运来，晶莹剔透，风格各异。有白底蓝花的餐具，各种尺寸的饭碗，早餐盘，各种茶杯和碗。[1]

随着殖民经济的扩张和财富的增加，十七世纪中期，购买中国商品成为北美殖民地的潮流。连那些没有足够购买能力的人也被消费主义的大潮中席卷而来，开始效仿更富裕的人。一位来自纽约的人在1734年写道："我从家里得到确切的消息，每年在茶叶和瓷器上的开支，总计将近10000英镑。这些不能砍掉的费用中还包括茶叶，虽然他们还想要面包。我会告诉他们，为了满足这种奢侈，你们可以典当自己的戒指和盘子。"[2]

4.2.3 饮茶文化引发的中国装饰风格瓷器贸易

瓷器经常出现在零售商的日记和当地商人在北美殖民地报纸上投放的广告中，但很少出现在海关文件或派遣报告中。十八世纪二十年代波士顿公报的一则广告称，几套来自伦敦的马丁船长的精美瓷器，配有优质的茶叶和茶桌，现已抵达，由托马斯·塞尔比在波士顿某商店出售。

从十八世纪初期开始，瓷器是中国装饰风格商品中最先进入北美殖民地，普遍出现在纽约、长岛等宗教色彩较淡的沿海地区。在十七世纪中期，殖民地居民购买了大量的英国进口商品，这培养了一种共同的消费文化，最终使殖民地得以团结起来。布莱恩（T. H. Breen）收集了相关政府官员和海关官员的报告、北美殖民地的报纸、博物馆藏品、遗嘱清单、考古学藏品、拍卖品等资料，[3]发现小型、廉价的瓷器在海港更为流行，即使对于那些预算不多的人来说，瓷器也是一种他们负担得起的新奇物品。瓷器在码头工人阶层的水手、船夫、寡妇群体中非常流行。同时，由于大多英国进口而来的商品价较高，高端的瓷器也更为频繁地出现在较富有的人的庄园中。[4]

曾经长岛庄园主的后裔理查德·史密斯（Richard Smith）的遗产清单

---

1 曾丽娅，吴孟雪：《中国茶叶与早期中美贸易》[J]，《农业考古》，1991年，第271—275页。

2 Eric Jay Dolin, When America First Met China: An Exotic History of Tea, Drugs, and Money in the Age of Sail[M], New York: Liveright, 2013, p.136.

3 T. H. Breen, Marketplace of Revolution: How Consumer Politics Shaped American Independence[M], Oxford University Press, 2005, P.35.

4 Paola Gemme, Caroline Frank, Objectifying China, Imagining America: Chinese Commodities in Early America[J], European journal of American studies, 2012, p.135.

中的几件瓷器碎片对于了解瓷器等中国装饰风格商品在北美殖民地的影响特别有意义。其中最常见的是纯白的白瓷雕像。最典型的白瓷形式是观音，欧洲人通常将其误认为是圣母玛利亚。中国陶工很快就了解到，观音抱着婴儿的雕像，在信奉天主教的欧美有着较高的销量（图4.1）。[1]

北美殖民地受到海外贸易的巨大经济效益的影响，殖民地地区人民与大西洋其他地区一样，是中国装饰风格"奢侈品"的忠实粉丝，并愿意为其支付高额费用。虽然他们不被允许进行海上贸易，但这并不妨碍他们收到来自中国的和英国中国装饰风格的珍贵商品。

在中世纪晚期的欧洲，官员们开始逐条列出死者的遗产，通常按房间进行分类。这种做法在美国一直持续到十九世纪。美国历史学家能够利用这些记录来探究对所研究的世界和人们的思想。遗产清

图4.1 外销怀抱婴儿的软瓷观音菩萨坐像，康熙年间（1662—1722年）

单提供了人们在家中保存的物品和这些物品对人们的意义。[2]学者们对1690年至1770年间，来自塞勒姆、波士顿、纽波特、纽约和费城的沿海地带的一千多个记录的庄园中的瓷器进行了系统研究。这些数据揭示了大西洋沿岸的北美殖民地公民大量参与了东印度公司的贸易。例如，在十七世纪末的纽约，超过30%的被调查庄园拥有中国瓷器，但即使在纽约之外，如长岛的农村地区，也可以看到中国装饰风格的器物。如纽波特和塞勒姆约有10%的庄园拥有中国瓷器。到1760年代，纽约、费城和波士顿近四分之三的庄园都拥有瓷器。

4.2.4 北美殖民地民众对中国的想象

尽管和中国产生了无论是非法的贸易还是合法的贸易，但是无法合法地直接接触中国的北美殖民地的民众对真正的中国几乎一无所知。作为一个异域帝国，中国似乎总是被笼罩在神话之中。受过教育的北美殖民地居民，也许了解更多，但即使他们了解，他们的理解也是广而不深的，毕竟

---

1 Robert H. Blumenfield, Blanc-de-Chine: The Great Porcelain of Dehua[M], California: Ten Speed Press, 2002.

2 Carole Shammas, The Pre-industrial Consumer in England and America [D], Oxford University Press, 1990, p.194-197.

很少有北美殖民地民众曾踏足过中国。想了解中国还是不得不依赖来自欧洲的书籍，这些书籍通常描绘了一个非常受欢迎的异域王国形象，其中最受欢迎的是经典的马可·波罗的游记。另一本是让·巴蒂斯特·杜哈尔德（Jean Baptiste du Halde）1735年出版的《中国通史》。杜哈尔德是一名耶稣会教士，他从来没有到访过中国，但是他以耶稣会在中国工作的传道人的故事为基础，编写了四卷书。杜哈尔德声称，中国是"有史以来最令人印象深刻的国家"，是"世界上最大和最美丽的王国"。[1]

北美殖民地民众对中国装饰风格商品一直保持着较高的兴趣。不过，对大多数人来说，遥远的异国情调和东方的地理特征比中国艺术品中想要传达的意象、事物更重要，这就导致大部分中国装饰风格商品丧失了它原有的中国文化特征，沦为一种被宣传为"具有东方特色"的西方特色商品。

除了正面评价之外，关于中国装饰风格也有一些评价是负面的。几个世纪以来，欧洲人一直试图打破中国的贸易壁垒，在广州建立一个稳定的贸易基地，但却屡屡被拒绝。并且，清朝宣称自己比其他民族优越，这激怒了许多欧洲人，他们认为他们自己至少和中国人平等，不喜欢被称为异教徒或野蛮人。之后欧洲对中国的负面看法愈演愈烈。德·孟德斯鸠（Charles Louis de Secondat, Baron de La Brède et de Montesquieu），是十八世纪的杰出人物、法国政治哲学家，认为清政府并不值得赞美，因为它的惩罚方法过度而残酷，他认为旧中国是一个专制政体，它的法度构建体现了专制国家的恐怖主义，并与礼教有密切的关系。[2]

尽管有这种意见分歧，并且在西方购买中国装饰风格商品的过程中，几乎不存在文化交流。[3]这对殖民地美国人对中国艺术品的想象存在一定影响。但北美殖民地居民和任何欧洲人一样渴望了解地球另一端的帝国，美国哲学学会的成员尤其如此。查尔斯·汤姆森（Charles Thomson），该组织的秘书之一，表示学会主要致力于讨论"那些能够让国家更进步、更繁荣的事物。"在这一点上，中国有可取之处：中国的植物似乎符合美国的土壤和气候，就像在美国一样能够茁壮成长，这包括大米和豆子等。因此，通过将中国的产物引入本国，国家可能出现前所未有的改善。借鉴中国人的生活方式、农业等，北美很快就会像中国一样变得人口稠密，能

1 Eric Jay Dolin, When America First Met China: An Exotic History of Tea, Drugs, and Money in the Age of Sail[M], New York: Liveright, 2013, p.142.

2 蒋海松：《孟德斯鸠中国法律观的洞见与误读——基于法律东方主义的反思》[J]，《兰州大学学报》（社会科学版），2017年第3期，第76—84页。

3 Paola Gemme, Caroline Frank, Objectifying China, Imagining America: Chinese Commodities in Early America[J], European journal of American studies, 2012, p.22.

够容纳比世界上任何其他国家更多的居民。鉴于当时中国的人口正迅速接近3亿大关，而北美殖民地的人口刚突破了200万，这些关于中国的梦想与北美的信念正好契合。[1]其他美国人则把中国看作是一次商机。十八世纪七十年代末，美国开国国父亚历山大·汉密尔顿（Alexander Hamilton），就开始在考虑如何从中国进口货物。他认为，这些货物应包括所有在欧洲生产，或没有生产的商品。该清单包括传统商品，如丝绸和茶叶，以及钻石、珍珠、贵金属、陶土、肉桂、辣椒等。[2]

4.3 东学西渐间接对北美的中国装饰风格产生的影响——本土风格初现

英国公开实施禁止北美殖民地人直接接触海外贸易的禁令，在中国采购货物的北美殖民地人被视为海盗。这从侧面证明了，在美国独立战争之前的几十年里，北美殖民地的公民虽然不能直接接触，但是通过间接的方式，还是可以获得中国商品，其中也必定会包括中国装饰风格物品——这些物品构成了早期的中国热和北美中国装饰风格的审美基础。[3]

4.3.1 殖民地式风格

十五和十六世纪的探险家对美洲的发现为欧洲人在这个"新世界"定居创造了许多机会。移民的原因包括对经济利益的追逐、为逃避宗教迫害的需求和对新的经验和冒险的渴望。自十七世纪以来，北美洲一直是来自几个欧洲国家的迁移者的定居场所。新的房屋和城镇的建设，原则上是为了回溯欧洲的过去。英国定居者带来的风格在北美东海岸成为主流，他们的设计被称为殖民地式风格。在"殖民地式"一词没有任何语境时，就可以定义为1610年至1800年的英国式设计。

最早的英国定居点于1607年在詹姆斯敦建立，随着1620年五月花号登陆时在普利茅斯建立。[4]第一座建筑是用树枝、泥巴和稻草做成的临时"英

---

1 Eric Jay Dolin, When America First Met China: An Exotic History of Tea, Drugs, and Money in the Age of Sail[M], New York: Liveright, 2013, p.146.

2 Eric Jay Dolin, When America First Met China: An Exotic History of Tea, Drugs, and Money in the Age of Sail[M], New York: Liveright, 2013, p.147.

3 Paola Gemme, Caroline Frank, Objectifying China, Imagining America: Chinese Commodities in Early America[J], European journal of American studies, 2012, p.29.

4 向玮：《浅析北美殖民地时期的英国移民（1607—1776）》[J]，《延边党校学报》，2009年第4期，第72—73页。

国印第安人小屋"。虽然是这种称谓，但它们并不是按照当地印第安人的习俗建造的，而是类似于英国农民的小屋。在美洲，早期殖民时期的家具和室内装饰具有清晰的功能性。屋顶是用木头做的，构面也是用宽而厚的木板制造的。大型砖砌壁炉多出现在主要房间，通常是厨房和多功能起居室。家具通常由松木制成，但有时也会使用当地的木材，如樱桃木、橡木或山核桃木。家具包括台架式的桌子、长凳和少数靠背座椅，上面装有草织成的坐垫。所有纺织品都是自制的。室内的简洁和实用性来自清教徒居民的宗教观点，他们的装饰品表明了奢侈、华丽的装饰设计风格与他们重视品格、推崇简单的生活的信念相抵触。[1]

大约在1742年，出现了一组教会所有的建筑，称为埃夫拉塔修道院。它是一个非常简单的木制结构，但室内全天然的木材和白色灰泥的内部装饰给人一种简单和高贵的整体印象。在宾夕法尼亚州的德国移民的室内装修中，比较典型的是密尔巴赫1752年的房子的厨房，费城艺术博物馆将这个场景再现（图4.2）：木梁、大壁炉、白色灰泥墙和简单的木制家具显示出一种质朴和舒适的设计风格。木制家具涂有明亮的颜色，并融入了欧洲原始的装饰元素，如花鸟图案和装饰性的涡卷。[2]

图4.2 宾夕法尼亚州，密尔巴赫住宅的厨房，约建于1752年，保存在费城艺术博物馆

随着时间的推移，殖民者逐渐定居下来，变得更富裕，房屋装饰设计也开始改善。对开的窗户逐渐改为双扇悬挂窗，这能够更好地通风，更大的窗格和玻璃，改善了照明和能见度。专业的商业交易兴起了，产生了木

1 约翰·派尔：《世界室内设计史》[M]，刘先觉译，北京：中国建筑工业出版社，2003年，第208页。
2 约翰·派尔：《世界室内设计史》[M]，刘先觉译，北京：中国建筑工业出版社，2003年，第208页。

匠、编织工匠、铁匠等，他们制造的产品改进了房屋装饰设计。在十八世纪，殖民地简单和朴素的风格被来自英国的美丽和奢华的形式所取代。这要归功于熟练工匠的出现以及描述安妮女王和乔治亚时期建筑和家具的书籍。船长、商人、一些店主和手工业者以及土地所有者变得足够富有，能够过上英国绅士的生活。南部殖民地建立了巨大的种植园。由于奴隶的劳动，种植园主变得富裕起来。他们喜欢类似于英国"大户人家"的房子。由此出现了美国乔治亚式住宅。

美国乔治亚式房屋沿袭了欧洲文艺复兴时期的风格，具有对称的平面图和装饰性特征，包括山墙、壁柱等。在费城和波士顿等城市，砖砌联排别墅正是以乔治亚风格细节进行建造，并吸取了英国联排别墅的风格。费城的鲍威尔住宅（1765—1766年）就是一个很好的例子。有几个房间已经被移动和修复（一个在费城艺术博物馆，一个在纽约大都会艺术博物馆，图4.3），并补充了适当的家具和装饰细节，以体

图4.3　费城，鲍威尔住宅的房间，1765—1766年

现十八世纪此类房间的风格。在这个房间里，精美的木质镶板、装饰过的天花板和从中国进口的墙纸覆盖了墙壁，高大的时钟、中式齐彭代尔式家具、东方地毯，都体现了主人的富裕。而这样的墙纸、家具和东方地毯是从欧洲、中东和远东进口商品的印迹。越来越多的贸易船只，将东方商品带到了北美。[1]

4.3.2　中式齐彭代尔风格

在十七世纪末和十八世纪初，英国的漆器家具已经发展得非常成熟，被出口到其他欧洲国家。英国中国装饰风格漆器家具的流行具有时间上的阶段性。早期的漆器家具非常受欢迎，在经历了十八世纪初的一段沉寂期后，在十八世纪中叶突然再次兴盛起来，但风格特征完全不同了。此时开始流行的英国中国装饰风格的漆器家具被称为中式齐彭代尔风格

1　约翰·派尔：《世界室内设计史》[M]，刘先觉译，北京：中国建筑工业出版社，2003年，第210页。

（Chinese Chippendale），中式齐彭代尔家具创作于殖民设计时期，它是以Chippendale这个家具制造商命名的。从1750至1780年，中式齐彭代尔的这种风格在英国和美国殖民地变得越来越流行，对北美殖民地也有重要影响（图4.4）。这种中式齐彭代尔风格家具出现在了美国波士顿等城市，其形式基本沿袭了英国的中国装饰风格，并在纽约的大都会艺术博物馆和私人收藏中展出。[1]

图4.4 苏格兰邓弗里斯庄园（Dumfries House）室内的中式齐彭代尔镜子及家具装饰

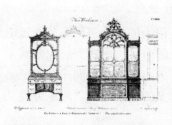

图4.5 托马斯·齐彭代尔：《绅士与家具制作指南》内的设计手稿，1754年

设计师托马斯·齐彭代尔（Thomas Chippendale）出生在一个英国橱柜制造商的家庭，和当时的许多商人一样，他于1753年在伦敦开始了自己的家具和装饰品生意，他的作坊在当时是相当繁荣的。1754年，齐彭代尔的《绅士与家具制作指南》（The Gentleman and Cabinet Maker&apos's Director）出版。这是十八世纪出版的第一本也是最重要的一本家具设计书。书中插图涵盖了广泛的历史风格，包括古典主义、巴洛克、洛可可和哥特式等多种设计风格（图4.5）。[2]

在书中，他首次展示了自己最新的中国装饰风格椅子设计，独特的设计和强烈的异域风格引起了轰动。仿竹制椅子也被称为中国的齐彭代尔风

1 Briceno N F, The Chinoiserie revival in early twentieth-century American interiors[J], Dissertations & Theses - Gradworks, 2008.

2 胡天璇，曾山，王庆：《外国近现代设计史》[M]，北京：机械工业出版社，2012年，第40页。

格或中国装饰风格，这让中国奇彭代尔风格的椅子成为了永恒的经典（图4.6）。

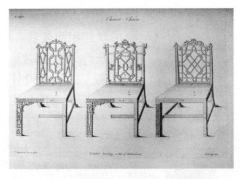

虽然托马斯·齐彭代尔设计的家具风格多样，但他尤其擅长将英国和中国的风格融合在一起。他的精雕细琢的东方腿驼背沙发是中式齐彭代尔风格的典范（图4.7）。

齐彭代尔出版这本书的目的不是作为工匠们制作时的一本参考手册，而是为富裕的消费者在建造房屋时提供一个可以参考的目录。当时市场上的许多房屋设计都是仿照法国的细木工，但齐彭代尔提供了一个简化、改进的版本，通过减少雕刻的数量来降低成本。齐彭代尔提供的中国装饰风格的家具，在当时成为了女性卧室的时尚。[1]

图4.7　中式齐彭代尔风格的东方腿沙发

齐彭代尔的中国装饰风格作品以宝塔装饰的屏风、浮雕和直立复杂雕刻的椅腿为特色。类似的浮雕作品也被用于瓷器或茶几的边缘。[2]尽管齐彭代尔的产品风格极为多样化，但是他设计的产品同时符合大规模生产的需要。如果仔细观察他制作的躺椅扶手，会发现所有的椅腿基本上都是一样的，线条简洁，只是靠背上有复杂的装饰设计。这使他的设计能够同时保持风格和产量的多样性，如一系列的椅子的腿是相同的，但有完全不同的靠背。[3]

在美国独立战争后，兴起好莱坞摄政风格（Hollywood Regency）的时期，中式齐彭代尔风格的椅子仍非常受欢迎。同样受欢迎的还有中式齐彭代尔的镜框，它们都成了迷人的好莱坞摄政风格的组成部分（图4.8）。

图4.8　好莱坞摄政风格流行时期的
中式齐彭代尔镜子

1　胡天璇，曾山，王庆：《外国近现代设计史》[M]，北京：机械工业出版社，2012年，第40页。

2　刘骅：《东方艺术在西方绽放》[J]，《家具与室内装饰》，2014年第6期，第89页。

3　胡天璇，曾山，王庆：《外国近现代设计史》[M]，北京：机械工业出版社，2012年，第41页。

图4.9 威廉·萨维里、
乔治·米勒: 带时钟的高
柜, 1796年, 美国

美国人威廉·萨维里（William Savery）因其制作精良的高脚柜而著名。他的高柜和高桌的顶部设计很简单，但山花部分，特别是S形卷折形山花，在形式上很有装饰性。高大的钟柜设计精美（图4.9），这个巨大的美国钟柜展现了十八世纪末的齐彭代尔风格，时钟部分是由乔治·米勒于1796年设计的。柜子的胡桃木部分有漂亮的雕刻和弧形装饰。钟面由金属制成，用金箔和涂料进行装饰。[1]

在美国的罗德岛的纽波特，制作高低桌的戈达德和汤森（Goddard and Townsend）的作坊开发设计了一种独特的安妮女王的家具，称为凹形衣橱。凹槽式的半圆是对贝壳形状的暗示，这种雕刻图案在纽波特家具中被广泛使用。纽约和波士顿也是高质量家具的生产中心。椅子的设计以英式风格为基础，包括安妮女王式风格和齐彭代尔风格，并加入了洛可可和中国装饰风格的细节。[2]

中式齐彭代尔风格在北美得到了长期的延续。二战期间，罗斯福在白宫设了一个办公室，在房间内展开二战军事行动的制图、计划等私密工作，并给这一房间命名为"制图室"。这就是目前美国总统作战计划室的雏形。而这间办公室的内部装饰就参考了中式齐彭代尔风格装饰设计的，具有奢华的风格。[3]

4.3.3 北美瓷器工厂

墨西哥东南部普埃布拉镇（Puebla）的制陶传统因进口而来的中国青花瓷而繁荣起来。当地的工匠因为无法获得制作真正瓷器所需的精细材料，所以他们给陶器上了一层厚厚的白锡釉，再用昂贵的钴蓝色颜料装饰。一种名为"talavera poblana（塔拉韦拉）[4]"的瓷器作品应运而生，艺术家们用当地的形象代替了传统青花瓷上的中国人物，将中国凤凰换成了当地的羽翼鸟（尾羽又长又彩色的小鸟）。除了描绘汉字和装饰图案，塔

1 约翰·派尔：《世界室内设计史》[M]，刘先觉译，《中国建筑工业出版社》，2003年，第214页。

2 约翰·派尔：《世界室内设计史》[M]，刘先觉译，《中国建筑工业出版社》，2003年，第213页。

3 Jules Brown, The Rough Guide to Washington DC: The Rough Guide[M], London: Rough Guides, 2002, p.139.

4 Margaret Connors McQuade, Talavera Poblana: Four Centuries of a Mexican Ceramic Tradition[M], New York: Talavera Poblana, 1999.

拉韦拉陶器还采用了传统的中国瓷器器皿的造型，塔拉韦拉至今仍在普埃布拉生产，成为延续了四个多世纪的传统。下图是现收藏于纽约西班牙协会的一个塔拉韦拉陶器，瓶身上装饰着一只站在仙人掌上的鹤，仙人掌象征1521年被西班牙侵略者摧毁的阿兹特克帝国的首都，代表受到过威胁但经久不衰的本土历史；鹤象征新兴的亚洲贸易路线，两者的结合反映当时的美洲是一个由跨大西洋和跨太平洋贸易和移民产生的日益混合的社会（图4.10）。

图4.10　站在仙人掌上的鹤明式蓝白罐，约1700年生产于墨西哥

美国人约翰·巴特拉姆（John Barlam）在十八世纪开设了美国本土第一家瓷器厂，[1]使用卡罗莱纳州的陶土和来自南卡罗莱纳的州树——棕榈树作为设计灵感，生产出具有美洲特色的中国装饰风格瓷器器具（图4.11）。

紧随其后高瑟·波恩尼（Gousse Bonnin）和乔治·莫里斯（George Anthony Morris）一起创建了美国陶瓷工厂（American China Manufactory），虽然这间工厂只在1770年至1772年短暂地存在，但是在美国历史上留下了浓墨重彩的一笔，甚至很多学者至今认为这才是美国大陆上出现的第一家陶瓷工厂。尽管波恩尼和莫里斯在选择主题和设计时非常依赖英国生产的中国装饰风格瓷器，但是他们依然在作品中注入了一些属于自己的独特的特色，比如用本土采集到的贝壳和海洋生物做成模具，制成瓷器装饰物应用到瓷器器皿上（图4.12）。

图4.11　约翰·巴特拉姆：1765—1769年间设计制作并且在美国本土生产的瓷器茶壶，现被大都会艺术博物馆收藏

图4.12　美国陶瓷工厂生产的用来盛放饭后甜点的架子

1　Stanley South, The Search for John Bartlam at Cain Hoy: American's First Creamware Potter, South Carolina Institute of Archaeology and Anthropology Research Manuscript Series 219[M], Columbia: University of South Carolina, 1993.

4.3.4　威廉·吉布斯的壁画

北美殖民地的部分中国装饰风艺术作品，也在开始超越"伪中国风格"的藩篱。在独立战争前，有十几位著名的波士顿画家活跃在北美殖民地，有许多不为人知的艺术家的作品幸存下来。一位名叫威廉·吉布斯（William Gibbs）的波士顿代表画家搬到了纽波特生活。吉布斯于1729年去世，他的房子传给了他的女儿伊丽莎白和女婿威廉加德纳。吉布斯的遗产清单中列出了他所有的财产，其中包含着一些经典的壁画。[1]他的壁画中描绘了大量中式场景的图案，这不仅代表了他自己想象中的中国，也代表了一个被大多数北美殖民地居民所想象出中国（图4.13）。

图4.13　威廉·吉布斯：弗农庄园墙上的壁画，大约1720年，图片源自：纽波特修复基金会，Warren Jagger拍摄

与一些墙纸和美式家具上的欧式中国装饰风格不同，吉布斯的壁画将人物和花园场景以面板分隔开，它更能让人联想到中国的科罗曼德屏风（Coromandel lacquer）。尽管科罗曼德屏风这个名字取自它们在印度科罗曼德海岸的转运地点，但这些屏风最早是在十六世纪在中国南方生产的。这种技术在当时被认为是中国最新的漆器技术，结合了雕刻、漆器和绘

---

1 Estante of Capt, William Gibbs, Feb, Newport Town Council Book 6[M], p.163.

画。[1]在清朝康熙年间（1661—1722年），由于欧洲对漆器屏风的需求量很大，漆器屏风首次出口到西方。1702年东印度公司的船队从中国沿海返回时，带回了13箱漆器、14箱文具和70箱屏风。[2]在中国，印有吉祥画面的屏风一般是为尊贵的人所制作的礼物。如十八世纪早期的屏风（图4.14）描绘了在道教中具有吉祥意义的树木、花卉和动物（松、竹、梅、鸳鸯、神龟等）。吉布斯的彩绘壁画对这一形式进行了一点修改，他在景观或人物旁边描绘了动植物，但没有试图将这些图像联系在一起。不过，他的壁画的整体形式，与科罗曼德屏风非常相似。总的来说，吉布斯壁画的艺术细节非常接近于真实的中国设计。云朵、坐在石头上的书生和吉祥物，都具有中国特色。还有一些树木和花朵图案的浮雕，以及衣服和其他纺织品上的条纹和点状图案，都与中国原创设计非常接近。此外，与大多数中国科罗曼德屏风表达积极的美好的愿望而设计的标准主题不同，吉布斯的一些图案是暴力的。如中国刑罚场景在当时很受欢迎，是东方美学不可或缺的一部分，对中国残酷惩罚形式的迷恋一直延伸到欧洲的中世纪时期，甚至可以追溯到马可·波罗。对早期的欧洲人来说，中国商品被想象成与伊

图4.14　十八世纪初的清朝科罗曼德漆屏风，现存于伦敦维多利亚和阿尔伯特博物馆

1　Andrea Feeser, Maureen Daly Goggin, Beth Fowkes Tobin. The Materiality of Color: The Production, Circulation, and Application of Dyes and Pigments, 1400-1800[M], Oxfordshire: Routledge, 2012, p.82-83.

2　W. De Kesel, Greet Dhondt. Coromandel Lacquer Screens[M], Chicago: Art Media Resources Ltd, 2002, P.26.

甸园中诱人的苹果——欲望本来就包含着对对象的破坏欲。在这种文化背景下，吉布斯在描绘中国人时转向惩罚场景也就不足为奇了[1]。1952年出版的《纽波特罗德岛的建筑遗产（Architectural Heritage of Nreport Rhode Island）》一书中指出，这些壁画非常不寻常，显示出对佛教地狱或"中国刑罚法庭"场景的熟悉。[2]

可能到了十七世纪末，因为这些令人痛苦的故事和它们的插图的影响，在欧美的想象中，酷刑似乎与整个东方联系在一起。基于这种普遍的印象，一个北美殖民地人很容易援引中国刑罚场景来想象信奉基督教的西方和不信奉基督教的东方之间的紧张关系。在十八世纪上半叶，北美殖民地几乎所有关于东方的信息都来自于天主教传教士的报道。他们对英国和荷兰东印度公司成员的经历并不完全了解，尽管他们确实看到了一些来自中国的出口艺术品和中国装饰风格这类中国风的仿制品。吉布斯将刑罚场景与中国人联系在一起，这在十八世纪初的跨海文化背景下是可以理解的。不过，这些壁画展示了早期美国人对欧洲流行的中国装饰风格设计的二次创造，也带有一定原创性质。

吉布斯的壁画表明，美国人在西方对东方艺术品的评价中是有独立的想法的。吉布斯使用东方元素的设计壁画的做法确实为十八世纪二十年代北美人对中国装饰风格艺术品的设计提供了重要线索。让我们看到了早期北美对中国艺术的熟悉程度，以及他们与亚洲和欧洲的接触中创作出的复杂的、世界性的风格。为北美的中国装饰风格的设计做出了创作贡献，让中国装饰风格不仅仅只有欧洲的痕迹。它不同于其他在欧洲艺术设计领域关于中国、中国风的虚构场景，也并非是在纯粹模仿欧洲对东方的印象。相反，可以被视为北美对中国的独立的印象。

可以说，北美殖民地的设计并不完全是欧洲的中国装饰风格设计基础上的再创作。吉布斯壁画的突出优势是直接将今天的观察者直接带入新英格兰工匠的想象世界。

4.4　北美殖民地与英国的分化

中国装饰风格在北美殖民地发展了将近一个世纪之后的1763年，英国在英、法、西班牙的百年殖民战争中取得了最终的胜利。不过，英国政府

1 Jonathan Sqence, The China's Great ContinentL China in Western Minds[M]. New York: Norton, 1998, p.21.

2 Anthoinette F, Downing, Vincent J. Scully Jr. The Architectural Heritage of Newport, Rhode Island, 1640-1915[M], New York: Bramhall House, 1952, p.453-54.

也不得不面临战争带来的巨额负债。英国政府为早日摆脱当时的窘境，提出了"新殖民政策"。这一政策的改变是为了强化殖民统治，但是它也为北美殖民地的独立运动拉开了序幕，也是中国装饰风格在北美发展的第二个阶段的开端。

4.4.1　引发北美殖民地民众反抗潮流的英国税收政策

自十七世纪中叶以来，英国政府就曾尝试对北美殖民地进行有效的管理，但始终未能找到一种行之有效的治理途径。英、法、西班牙间的这场战争使美国政府的债务增加了1.3亿英镑。而且，战争结束后，英属北美殖民地的疆域翻了一番，英国也有了大面积的新的领地要保护和防御。光是在美洲的民用和军事设备，就花费了400000英镑，这使得英国的财政状况雪上加霜。但是英国本土税率已超20%，所以英国政府很自然地把目光投向了殖民地。

因此，"新殖民地政策"是英国在特定的历史环境中所必然会实行的一种政治策略。政策上的变化有两个方面。第一，为打击走私，必须严格实施"航海条例"。第二，征收殖民地的税收。[1]英国政府决定向北美推行印花税，而这一税制已在英国本国实行多年，而且税率更低。这项法案第一次将英国的征税权力介入北美殖民地的税务体系，直接影响着英国的北美宪法地位。[2]

但是，殖民地当局对此项政策并不赞同。这是殖民者与成熟的殖民地区居民的意见分歧的起始点。殖民者努力让殖民地意识到自己的责任，而殖民地居民则在努力捍卫自己的权益。他们强烈抗议英国政府征收殖民地税，并非由于其税收过高或其所造成的无法忍受的侵害。他们仅仅认为，英国对殖民地的直接征税有悖于英国的《宪法》，侵犯了殖民者的自由，造成了很大的影响。光是这样的可能性就让殖民地居民感到不安。甚至约翰·亚当斯（John Adams）也用一种假定的语气说，假如英国政府对北美征税的权利得到了承认，那么北美殖民地就将会走向灭亡。[3]所以这个问题已经不是单纯的征税议题了，而是一个政治问题，它关系到北美殖民地的

1　陈昀岚：《美国独立运动起因新解》[J]，《社科纵横》，2006年第1期。

2　王晓德：《英国对北美殖民地的重商主义政策及其影响》[J]，《历史研究》，2003年第6期，第124—133页。

3　Adams J, Adams C F, The works of John Adams: second President of the United States: with a life of the author[M], University Microfilms International, 1976, P.155.

地位。[1]因此，北美独立运动动因不是对殖民者"压迫"行为的一种反抗，它是一种积极的争取自身权益的行动。

殖民地民众坚决反对这项政策，民众出版了很多传单、文章、决议，甚至是上书。他们要么指责英国的政策，要么提出殖民地不认同政策的原则，或是建议废除新的政策。许多地方也出现了大规模的骚乱，有些地方甚至出现了血腥的事件。

在殖民者的强烈反抗中，英国《印花税法》被废止，而反英的领袖们也并未被逮捕或迫害。[2]英国的很多政策，大多数都是处于意向阶段，一旦遭遇强烈反对，就会被废除。但是，由于英国的宽容，殖民地的反抗却逐步加剧，他们建立了一个正式的反英的官方机构，从当地的政府为核心，衍生出反英的领导势力。

虽然英国的"新殖民地政策"旨在通过征税来支撑北美殖民地的国防开支，以及减轻英国国内的财政压力，维持英国政府对殖民地的有效控制。并没有要建立殖民地居民预想的"暴政"。所以。英国人很难完全了解殖民地民众在政策面前所表现出来的强烈反抗。在他们的理解中，殖民地民众只要顺从英国的统治，不必选择武装反抗，他们就能保持"英王臣民"的身份，而不会沦为"奴隶"。由此也不难看出，北美独立运动显然并非单纯地是对英国政府"压迫"的反抗，它是一场更深层次的政治分裂运动，有着更深的动机和野心。

4.4.2 英国对北美贸易管控的分析

英国在北美建立殖民地，旨在扩张自己的势力，以此来与欧洲其他国家相抗衡，同时宣扬基督教，向北美迁移多余的人口，发展贸易和积累国家财富。而那些自愿迁入北美的欧洲人，则是希望能够从自己的国家中解脱出来，寻求更好的生活与发展。在殖民地扩张的阶段，这些利益或多或少都获得了满足。

总体而言，英国控制北美殖民地时的一个显著特点是：政治上的管理比较宽松，但是经济上的管控却比较严格，主要目标是阻止殖民地脱离对母国的忠诚与依赖，而非积极地控制和规范殖民地社会的发展。英国政府在其目标与其实际成效上存在着巨大的差别。英国驻北美殖民地的总督有时会公然反抗和不履行英国的法令。因此，英国对这块北美殖民地的政治

1 王晓德：《英国对北美殖民地的重商主义政策及其影响》[J]，《历史研究》，2003年第6期，第124—133页。

2 孙佳：《试析〈印花税法〉失败的原因》[J]，《科教文汇》，2009年第1期，第220—221页。

控制比想象中要少得多。英国政府对殖民统治的松散管理，让殖民地的自治能力不断加强。在日常的政治活动中，大多数的工作都是由北美殖民地居民独立掌控的。北美殖民地社会实力的不断提升，民族自主性逐渐形成，而"自主"运动则是其发展的顶峰。

英国在财政方面对殖民地实行了更加严厉的管制。其主要方针，一是保持殖民地对母国的依赖性，二是要与本国的经济互补。例如，对殖民地的制造业的生产行为实行管制。但是，过去的历史研究大多都过度地夸大了这个控制的程度，实际上，这些管制并没有很严格地被执行。有些殖民地民众甚至认为，耕种和捕鱼要优于从事生产性的工业。从英国引进的商品不但品质优良，还比他们自己生产的价格要低。也是直到革命之前，殖民地才开始抗议英国的各种限制政策。

北美殖民时期的经济政策往往是以掠夺为首要意图。这就要进行针对性的分析。比如，北美南部的种植园属于英属北美地区最富裕的地方，这里的农场主们经济状况丰沃。成千上万的英国殖民者不会只为了掠夺而举家移民到北美殖民地。北美殖民地的经济在为英国带来了丰厚的经济收益的同时，也为北美社会的财富实现了不断的增长。

十八世纪六十年代的北美殖民地，虽然低欲望、低消费的清教徒式的言论盛行[1]，但北美殖民地的民众很早就认识到他们在世界贸易领域的桎梏。本杰明·富兰克林（Benjamin Franklin）在一封致豪爵的信中说："长期以来，我一直怀着坚定不移的热情和努力，以保护大英帝国这个精美而高贵的瓷器不被破坏。"[2] 从富兰克林的比喻能看出中国风格产品在当时欧美社会中的地位。同时，在北美消费者的狂热需求下，社会权威人士也提出"购买中式瓷器相当于是稀缺的殖民资本的无用流失。"[3] 北美殖民地民众意识到了中国装饰风格生产的有吸引力的商品所引发的欧洲野蛮的贸易侵略行为，他们相信，如果不能控制贸易，他们将会被英国利用。随之而来的是民众的独立意识越来越强。

---

1 Caroline Frank. Objectifying China, Imagining America: Chinese Commodities in Early America[M], Chicago: University of Chicago Press, 2012, p.199.

2 Benjamin Franklin, To Lord Howe, Franklin Papers（1776年7月20日），富兰克林在《巴黎和平协定》签署前夕从巴黎写给大卫·哈特利的信中再次使用了这一比喻："There is enough sense in America to take care of its own china vase（美国有足够的理智照顾好自己的中式花瓶）"（1783年10月22日）。Papers of Benjamin Franklin, digital edition, Packard Humanities Institute, 1988.

3 Caroline Frank. Objectifying China, Imagining America: Chinese Commodities in Early America[M], Chicago: University of Chicago Press, 2012, p.164.

综上所述，英国在北美殖民地的统治并不是以压迫和掠夺为特点，也没有造成大规模的贫穷。事实上，北美殖民地在英国政府的庇护下，获得了政治自主和经济的发展机遇，其资源和财富与欧洲的发达国家不相上下，社会也十分安定和有序。[1]在一定程度上，北美殖民地的独立意识萌芽，并不是为了反抗英国政府的"镇压"与"掠夺"，相反，更倾向于服从与依附于"殖民地"的身份。而发展到了一个阶段，北美势必要以一个独立的国家的身份继续成长。因此即使独立之后，北美的中国装饰风格的发展也还在继续。

4.4.3　北美殖民地独立运动的本质动机

尽管北美殖民地居民一再强调英国对殖民地实施的"专制"与"奴隶制"。但是，他们也必须承认，"专制"与"奴隶制"只是一种母国对殖民地的潜在的危险，而非事实。殖民地居民在谈到威胁、奴役的时候，总是用一种虚构的口吻来强调这个可能性。所以，一些学者认为，独立运动是一次没有任何直接压力的革命。[2]

然而，仅仅靠着一种潜在的危险，并不足以让北美殖民地民众为了对抗英国而放弃他们的平静生活，并非通过简单的宣传就能引发一场革命。无论怎样界定北美的独立革命，有一个重要因素是可以确定的：其初衷和基本形式是一次脱离英国统治的独立运动。因此，有必要先从了解美国独立革命的根源开始。

首先，由于英国政府对殖民地的管理比较宽松，北美殖民地社会自治的成熟度，让英国政府制定的制度难以维持。北美殖民地经济的快速发展，也为北美的独立发展奠定了坚实的基础。其次，北美殖民地在政治上长期以来都是有组织的。特别是在国会下议院的建立后，殖民地居民在很大程度上拥有了自治权，这些精英阶层不但在地方政治上占领了统治地位，而且在政治经验上也得到了持续的发展。到了十八世纪六十年代左右，北美各殖民地的国会议员们都拥有了政治主导地位。北美殖民地居民只由他们自己的议会才能管理。北美殖民地居民在1763年末开始充分地相信自己的防卫能力，认为即使没有英国的庇护，他们也可以安然无恙地生活。1763年之后，法国、西班牙相继撤出北美，来自印第安人的威胁也很

1　刘天骄.：《帝国分裂的法理进路——以北美殖民地与大英帝国为例》[J]，《学术界》，2020年第3期，第154—165页。

2　王晓德：《英国对北美殖民地的重商主义政策及其影响》[J]，《历史研究》，2003年第6期，第124—133页。

大程度地被降低，因此来自英国的庇护也就失去了决定性的作用。北美的欧洲移民形成了一种社会认同，把自己看作是北美人，而非英国本地人，这给他们提供了一个精神上的联盟。他们开始从自由和权利的观点来看待英国政府的统治，并且觉得自己的自由遭到了践踏。最终为了维护长久的自由而开始反对英国。

北美的独立，不是因为"殖民镇压"，也不是因为某些人或组织故意煽动的结果，它是由于殖民地社会的内在变迁和外部环境共同的影响而推动的。英国政府制定的印花税政策在推出后，受到殖民地的反对，但其实是可以以一种更为和平的途径来解决的，但是殖民地当局却有自己的考虑，不能用"被迫叛变"的思路来进行解释。他们不是被胁迫而进行的反抗英国的活动，而是主动地采取行动为自己争取更多的自由与发展。只是在这一进程中，英国的殖民政策成为了殖民地主要攻击的对象。[1]

4.5 小结

到了十七世纪，英国在北美建立和管理多个殖民地，英国对北美长期实行较为宽松的管理政策，从而使殖民地各处快速、稳定地得到发展，这段特殊的历史背景也为北美最终实现独立奠定了坚实的基础。独立战争的直接原因与其说是所谓的压迫性政策，不如说是殖民者积极谋求更多利益和独立的政治诉求。因此，英国对北美殖民地的管理并非"民族压迫"，独立运动其实并不是北美居民发起的一场反抗压迫的解放活动，它的本质还是针对殖民国而策划的一场政治分裂运动。因此，北美民众在追求独立的同时，并没有因此而排斥来自英国的中国装饰风格商品，反而激发了他们"自给自足"的决心，为之后应运而生的北美的中国装饰风格起到了积极的影响。

在独立战争前，"富裕""神秘"等成为北美人幻想中的中国的特点。这种印象多来自英国进口而来的书籍和中国商品。北美人依据道听途说得到的关于中国的信息，再加上他们的想象，建立了一个桃花源式的异域国家。在中国装饰风格刚被引入北美殖民地后，殖民地居民出于追捧英国时尚的原因，以及对异国的向往，热衷于购买和制作中国商品。而由于英国东印度公司对海外贸易的垄断，早期殖民地居民获得中国商品的途径

1　居仓：《英国的殖民地政策与北美独立运动的兴起》[J]，《历史教学》（下半月刊），2002年第8期，第71—72页。

只能通过英国东印度公司，后期逐渐发展出走私行业。[1]

在北美殖民地建立初期，北美的装饰设计风格是朴素实用的，这与清教徒克己、实用、推崇简单的理念有关。在殖民者逐渐安定之后，人们的生活越来越富足，装饰设计随之开始改善。在十八世纪，殖民地之前的装饰风格被来自英国的富丽的风格所取代。由此出现了美国乔治式住宅等类似英国"大户人家"的房屋。英国家具设计师托马斯·齐彭代尔创造了齐彭代尔风格，这一风格受到北美的欢迎，并长久地流传了下去。同时，北美的家具设计中还具有明显的洛可可式中国装饰风格。[2]

北美殖民地开始生产中式瓷器，虽然都以欧洲进口来的中国装饰风格瓷器为基础，但本土工匠已经开始将本土特色加入到设计素材之中，美式中国装饰风格正在逐渐崭露头角。

从吉布斯的作品中也能看出对中国的幻想仍然是具有一定偏见的。北美殖民地民众在独立战争前与中国物质文化的接触并不是孤立的、转瞬即逝的历程，而是在与中国装饰风格商品的互动中，与其他欧洲民族共享的一个连续的、更广泛的场景的一部分。可以看出，早在美中贸易正式开始之前，北美殖民地就与中国的艺术领域保持着密切的联系。[3]

总的来说，欧洲的中国装饰风格可以归结为英国皇室和普通阶层的私人品味，其广泛流行的原因包括上层阶层对新奇的异国奢侈品的向往和人们随波逐流的心理倾向，欧洲人由此大量生产"伪中国风格"即中国装饰风格的产品。如果说英式中国装饰风格是一种"伪中国风格"，那么英属北美殖民地产生的中国装饰风格就可以理解为一种对"伪中国风格"的再创造。

1 Eric Jay Dolin, When America First Met China: An Exotic History of Tea, Drugs, and Money in the Age of Sail[M], New York: Liveright, 2013.

2 Briceno N F, The Chinoiserie revival in early twentieth-century American interiors[J], Dissertations & Theses - Gradworks, 2008.

3 Paola Gemme, Caroline Frank, Objectifying China, Imagining America: Chinese Commodities in Early America[J], European journal of American studies, 2012, p.93.

第五章　独立战争后北美的中国装饰风格设计

独立战争后，美国成为了一个独立国家，这让美国的日常生活以及社会风气都产生了根本性的变化。大部分美国人开始放下过去的历史。自然地，英国便不再适合成为美国人思想的中心，美国人也不愿再让本国文化成为英国文化的延续。因此，美国的装饰艺术领域也逐渐产生了新的特点，而中国装饰风格在美国的流行，也不再沿袭英国的中国装饰风格，而是结合美国人的观念、思潮和审美，形成了具有美国特色的新设计风格，此时典型的美国的中国装饰风格有好莱坞摄政风等。

5.1　动荡时期北美民众对中国态度的变化

由于北美独立战争及此后的一系列影响，中国装饰风格产品重新融入了美国。十八世纪七十年代，英国政府赋予东印度公司垄断茶叶贸易的权力，并推出《茶税法》向北美殖民地征收税费，直接引起了殖民地强烈的反对，并激发了最早被称为"波士顿茶叶大摧毁（The Destruction of the tea in Boston）"的倾茶事件，也是后来北美发动独立战争的关键导火索。抗茶事件不仅引起了美国的革命，同时也使北美人民对中国的商品产生了新的认识。1773年，英国东印度公司运载茶叶的船只在北美殖民地的港口被拒绝停靠，无法卸货。其中的一艘船，即达特茅斯（Dartmouth）号停靠在了波士顿附近。12月16日在波士顿发生了大规模抗议活动，标志着"波士顿倾茶事件（Boston Tea Party）"的开始。这一事件导致北美殖民地广泛抵制英国产品，特别是茶叶。可以看出，北美革命的政治形势影响了中国产品在殖民地的地位。

革命之后，北美的茶叶消费迅速下降。美国依然从中国和欧洲进口茶叶，但数量比革命前少得多，1790年只进口了416，652磅茶叶。这种现象，与当时北美人赋予茶这种饮品的意义相关。[1]

为什么在北美殖民地时期如此受欢迎的茶叶，在革命中和革命后却有着完全相反的待遇？人类学家敏司（Sidney Mintz）曾经表示：国家领导者的欲望追求，以及国家的政治统治和政治社会的命运，向来与食物有着

---

[1]　荆玲玲：《北美独立革命时期的茶与咖啡——日常消费，政治话语和独立革命》[J]，《史学月刊》，2020年第2期，第88—98页。

紧密的联系。[1]在此背景下，茶成为北美殖民地革命时期社会与文化的一种象征。茶的购买方式及消费方式影响着北美人的观念和情感[2]。茶在北美独立革命中被人为增加了其他的意义，茶作为舶来品，代表的是英国人的角色。北美的茶叶分销以英国东印度公司为中心，由英国所控制。《茶税法》引发了殖民地对茶叶的抵制，让北美殖民地的民众将倾茶运动和英国政府的统治相互关联。十八世纪六十年代英国陆续颁布了《汤森税法》和《印花税法》，征税商品品类增多，更激发了殖民地的反感。北美殖民地居民为了维护其殖民地的权益，开始大规模反对使用英国进口来的商品。英国政府为了抚慰北美居民的情绪，将茶叶以外的其他税收全部取消。但是北美的居民对这一举措并不买账。[3]

波士顿倾茶案是北美殖民地反英国政府情绪的巅峰。高昂的价格和对殖民地利益的维护使许多人拒绝喝茶。一群精英抗议者装扮成本地搬运工，潜入三艘货船，包括达特茅斯号，将340多箱茶叶倒入波士顿湾。在北美革命者的推进下，北美殖民地居民开始联合起来，抗茶组织逐渐出现。1773年12月17日，保罗·里维尔（Paul Revere）启程去费城，把革命组织波士顿茶党的新闻散播出去，并鼓动北美殖民地居民团结一致支持他们。在他的宣传之下，抵制茶叶的运动确实获得了很多人的支持，其他殖民地城市也相继出现了类似的革命组织，如纽约、费城等。

从英国进口的茶叶数量也大幅度减少。抗茶行动给英国东印度公司造成了巨大损失。为了平息反抗行动，英国在第二年颁布了一系列强制性的法令，对北美殖民地进行压迫和剥削。最终，北美殖民者掀起了美国独立的浪潮。[4]

在北美殖民地的反茶运动中，民众和革命人士都非常厌恶茶叶，将其视为英国殖民地压迫的象征，停止了茶叶的购买和饮用。就是说，在北美革命期间，北美人赋予茶叶的不同含义，同时茶叶被视为英国压迫者的象征，这让北美殖民者逐渐放弃了茶。

这也体现出，北美独立革命期间的美国人，在政治、经济、社会体制的影响下，不再受英国美学和习俗的约束，开始期望创造出新的、独立的文化模式。

1 荆玲玲：《北美独立革命时期的茶与咖啡——日常消费，政治话语和独立革命》[J]，《史学月刊》，2020年第2期，第88—98页。

2 西敏司：《甜与权力：糖在近代历史上的地位》[M]，北京：商务印书馆，2010年，第151页。

3 张凤够：《北美殖民地革命话语的演变（1763—1776）》[D]，天津：天津师范大学，2018年。

4 史杰：《基于"波士顿倾茶"事件下解读美国独立的必然性研究》[J]，《福建茶叶》，2017年第3期，第311—312页。

5.1.1　北美民众对中国的印象

（一）正面印象

十八世纪下半叶，北美正在树立其作为一个独立国家的形象。从英国分离并建立一个新的国家身份，这是北美的政治和知识精英的一项重要任务。这时的北美需要塑造一个有别于英国的新的国家身份，也必须建立一个新的大陆，去掉英国乃至整个欧洲的烙印。[1]

北美的民族性格被认为是和欧洲相反的。在许多美国人的眼里，欧洲具有专制、压迫、愚昧等特点，而美国代表自由、理性和平等。并且欧洲是美国人试图与之分离的"他者"。美国历史学家丹尼尔·布尔斯廷（Daniel J Boorstin）说过，直到二十世纪初，美国和欧洲并不仅仅是地理术语，还是两个逻辑上的对立面。[2]

美国民族不仅需要与英国区别开的办法来维护自己的民族身份，还需要一个参照物来证明北美对自由和理性的追求并非只是虚构的，也不是前所未有的。同欧洲人一样，他们在寻找自由和理性的参照物时，选择了一个遥远的中国。此时一部分美国政治和知识精英采用欧洲启蒙运动传教士和思想家的观点，将中国视为理性、自由和美德的典范，中国成为了美国的理想乌托邦。在美国人眼里，美国作为一个新的国家，应该是道德高尚、政治开明、宗教宽容和理性、经济繁荣的农业发达的国家，而美国人对中国的想象恰恰与此相一致。欧洲文献中描述的中国大量的人口、广阔的领土、智慧的政治领导者、繁荣的农业以及多元和宽容的宗教政体，令美国人羡慕不已，他们认为美国应该变得像中国一样。从欧洲获得独立后，美国迫切需要这样一个国家来证明其追求的合理性。扮演这一角色的是想象中的中国。本杰明·富兰克林（Benjamin Franklin）便认为中国是一个开明的专制国家，是一个由了解儒家经典的官员统治的和谐社会，艺术和哲学在这里蓬勃发展，政治以美德为基础，统治者和老百姓都崇尚美德。[3]

科举制度在封建中国已经存在了1300多年，是最古老和最有影响力的

1　王立新：《在龙的映衬下：对中国的想象与美国国家身份的建构》[J]，《中国社会科学》，2008年第3期，第156—173页。

2　Daniel J. Boorstin, America and the Image of Europe: Reflections on American Thought[M], New York: World Pub. Co, 1969, p.19.

3　王立新：《在龙的映衬下：对中国的想象与美国国家身份的建构》[J]，《中国社会科学》，2008年第3期，第156—173页。

考试制度。在十八世纪中后期，一些欧洲学者开始对中国的科举制度进行理性的探索和思考。许多学者肯定了科举制度在选拔官员方面的公正性和平等性，并建议引入科举制度来改革本国的公务员制度，这也得到了大众传媒的推动。可以说，科举制度影响了欧美政府关于文官制度改革的理念。美国的《北美评论》等报纸也以中国的科举制度为榜样。1845年，国立行政学院成立，法国的文官考试制度正式出台。著名美国汉学家卜德（Derk Bodde）称"这是他们从中国学来的重要遗产"。

1855年5月在英国推行的公务员考试制度摒弃了科举考试中空洞无用的经典内容，发挥了科举制度的合法核心：平等和考试中的竞争精神。[1]美国文官制度是根据英国文官制度，并经历数次改革逐渐形成的。1865年5月，美国哲学家拉尔夫·爱默生（Ralph Waldo Emerson）对此评论："在杜绝任意招募方面，中国比我们更先进。"[2]传教士施惠廉在1870年出版的著作中，描述了科举制度的优点，并建议美国政府采用。

1871年，美国国会通过了一项至今仍然有效的法律。这项法律赋予总统权力，为美国的公共服务制定规则，以提高政府的效率。为了响应改革的呼吁，美国国会于1883年通过了《调整和改革美国文官制度的法案》。该法规定，通过择优录取的公开考试来招聘文官。从那时起，通过考试录用文官成为美国文官制度的基本原则。在美国公务员制度创立后，政府官员在其报告的结尾处写道："当我们的大陆还处在大洪水的时代，孔子已经在教导人们要遵守道德，中国人已经在使用指南针。但中国对科举制的使用，是让这个国家最具有优势的一点。"美国吸收了中国科举制度的学术研究成果，更加科学合理地利用了科举制度的内容，并在此基础上建立了自己的国家文官考试制度。

美国文官考试制度是现代政党制度的产物，并以现代西方教育为基础。科举制度作为一种人才选拔方法并非毫无意义，而是创造了一种良好的学习和向上流动的社会文化。美国参考中国科举制，进而建立了属于自己的文官考试制度。科举制度帮助儒家思想在世界范围内广泛传播，使中国传统文明在一定程度上被美国所认可和接受。

（二）负面印象

但也有许多美国人对中国的看法是负面的。有美国人认为，美国人越

1　王大磊：《论科举制度的国际影响》[J]，《河北师范大学学报》（教育科学版），2008年第1期，第71—74页。

2　中外关系史学会，复旦大学历史系：《中外关系史》[M]，上海：上海译文出版社，1988年，第126页。

接近中国人，他们的东方想象就越少，他们想象中值得尊重和模仿的中国文明也随之减少。在十八世纪晚期和十九世纪初期，美国对中国的印象分别是"积极的""低劣的""他者"。[1]贸易是中西方接触的主要媒介，但同时贸易中本身也存在着"不公平"的情况。部分美国人认为"自由贸易"是一种合理合法的要求，因此谴责中国对其贸易和港口的限制是一种专制主义。[2]一些美国人认为中国的政府是腐败的。对政府的谴责往往来自于对中国法律系统的负面看法。1821年，在"德兰诺瓦事件"中，美国艾米丽号商船上的水手因纠纷失手砸死中国妇人郭梁氏，被中国政府判处绞刑，引发了中美首次严重的冲突，这件事在当时就引发了争议，并成为美国人评论中国司法的切入话题。在他们眼里，不仅中国人的死亡只是意外，而且审判本身就是一个骗局。美国人认为，当时清政府的司法是不公正的，中国的刑罚，包括勒死和斩首是违反法律的行为。一位美国商人写道："长期以来，中国法律所规定的刑罚都是残酷的。"也有人因此认为中国是一个野蛮的国家。[3]

中国人的军事能力也受到抨击：人们普遍认为，中国的军事力量比不上西方的现代武器和武装力量。一位住在广东的费城人认为，中国人"只不过是一群绵羊，与欧洲人相比，很容易被击溃和死亡"。[4]

一些人对中国人民持鄙视态度。一个在1832年访问过广州的美国游客写道，"中国人是最怪异的动物……是有史以来最不起眼的人物……是宇宙中看起来最笨拙的两足动物"。[5]其他美国人称中国人"是低劣的、落后的、不文明的"。[6]其中最强烈的批评是针对小商的，他们被认为是欺骗外国人的"恶棍"。麦卡特尼代表团的成员斯坦顿勋爵（Sir George Staunton）从中国访问归来后，写了一本书，即《英王派往中国皇帝使团的真实记录》。在这些文字中，他赞扬了中国能顺利运转的官僚机构，还

1　王立新：《在龙的映衬下：对中国的想象与美国国家身份的建构》[J]，《中国社会科学》，2008年第3期，第156—173页。

2　Eric Jay Dolin, When America First Met China: An Exotic History of Tea, Drugs, and Money in the Age of Sail[M], New York: Liveright, 2013, p.423.

3　王泽强：《引发中美第一次严重冲突的"德兰诺瓦事件"研究综述》[J]，《贵州文史丛刊》，2013年第1期，第43—46页。

4　Eric Jay Dolin, When America First Met China: An Exotic History of Tea, Drugs, and Money in the Age of Sail[M], New York: Liveright, 2013, p.425.

5　Eric Jay Dolin, When America First Met China: An Exotic History of Tea, Drugs, and Money in the Age of Sail[M], New York: Liveright, 2013, p.425.

6　王立新：《在龙的映衬下：对中国的想象与美国国家身份的建构》[J]，《中国社会科学》，2008年第3期，第156—173页。

回顾了马可·波罗时代的中国的美好。然而，他更侧重于描写中国军队的软弱、中国技术水平的低下、城市的肮脏和社会上频繁出现的杀女婴现象等。这本书对美国早期对中国的看法产生了重大的负面影响，关于中国杀女婴和女性缠足的批判在美国小说《大地》中也有出现。[1]一些经常在中国生活的人还提到了中国的贫穷和似乎随处可见的大量乞丐。帕克等传教士不仅对普遍的贫困感到震惊，而且对传教的困难感到无耐。他们将这一失败归因于中国人具有异教徒的性质。越是这样，传教士传教遇到的阻力越大。由于传教的挫折，他们经常抨击中国的赌博、卖淫、吸食鸦片以及专制政府。他们认为，这给他们的传教工作带来了障碍。[2]

  1833年，一些水手和其他职业的外国人来到广州的黄埔，购物、闲逛和购买纪念品。他们也目睹了中国饮食的多样化。除了鸡肉和异国情调的水果之外，出售的菜品还包括老鼠、猫和狗为原料的菜，这些让外国人感到好笑和震惊。水手们会专程造访可以买到当地酒水的小巷，很多时候他们看到人们在街上打架，仰面睡觉。有的船员形容小巷："它是人们的住所，是来自全国各地的扒手和小偷的天堂，而且总是处于猪狗的喧嚣中。"[3]《中国丛报》曾描写了一个美国人在中国旅行后的想法："到了海外，我遭遇到许多事，和我原来的观念相对立，我同意一位朋友的意见。即除了地理位置上和我国相对之外，中国还有很多方面和美国正好相反。"可以看出，随着贸易活动和旅行的开展，美国人对中国的印象不再只是通过接触书籍和中国商品，而产生了更多亲身的感受，虽然这些感受可能是片面的。[4]

  在美国本土，美国人几乎没有机会认识中国人。偶尔有来到美国上学的中国孩子，美国人对他们的希望也只是：接受基督教教育，并希望他们在回国后，能够为中国这个地球上人口最多的异教国家的基督教化作出贡献。来到美国的中国人并不是文化的大使，他们更多是作为娱乐对象或他

1　孙瑛瑛：《〈大地〉中赛珍珠对儒家思想的批判》[J]，《湖北第二师范学院学报》，2013年第3期，第426页。

2　Eric Jay Dolin, When America First Met China: An Exotic History of Tea, Drugs, and Money in the Age of Sail[M], New York: Liveright, 2013, p.427.

3　Eric Jay Dolin, When America First Met China: An Exotic History of Tea, Drugs, and Money in the Age of Sail[M], New York: Liveright, 2013, p.174.

4　王立新：《在龙的映衬下：对中国的想象与美国国家身份的建构》[J]，《中国社会科学》，2008年第3期，第156—173页。

者，而非另一个国家受人尊敬的社会成员。[1]

5.1.2　中美贸易的开端

　　美国和中国的贸易并没有因独立战争而结束。一些美国走私者早在殖民地开放港口与中国直接进行国家贸易之前，就成功进行了走私活动。因此，中国的花瓶、茶壶和小雕像等在殖民地有了不同的意义。美国消费者不是简单地从英国买入中国商品并将其作为时尚的代表，而是将其融入了属于自身的视觉美学，并将其作为美国人的一种身份认同。[2]因为美国人对海上贸易非常感兴趣。美国人詹姆斯·费尼莫尔·库珀（James Fenimore Cooper）观察到，美国文化中非常喜欢海洋和追逐。托克维尔（Alexis Charles Henri Clérel de Tocqueville）也指出，独立宣言打破了英国的贸易限制，将美国人团结起来，刺激美国产生了更多航海天才[3]。1783年巴黎条约签订，革命结束后，越来越多的美国船只开始驶入印度洋，直接从生产商那里购买茶叶，通常是将其卖回欧洲或南美洲。[4]

　　独立宣言打破了英国在贸易上的限制，越来越多美国船只驶入印度洋。1784年至1814年间，进入广州和澳门的美国船只数量几乎比之前增加了三分之一。[5]随着美国与中国的贸易和文化交流逐渐增加，美国人接触到了更真实的中国和中国文化（图5.1）。虽然战争之后，英美两国仍保持贸易往来，

图5.1　中国外销彩绘瓷碗，1785年，描绘悬挂美国和英国国旗的广州工厂。现存于美国大都会艺术博物馆

1　Eric Jay Dolin, When America First Met China: An Exotic History of Tea, Drugs, and Money in the Age of Sail[M], New York: Liveright, 2013, p. 428.

2　荆玲玲：《北美独立革命时期的茶与咖啡——日常消费，政治话语和独立革命》[J]，《史学月刊》，2020年第2期，第88—98页。

3　Eric Jay Dolin, When America First Met China: An Exotic History of Tea, Drugs, and Money in the Age of Sail[M], New York: Liveright, 2013, p. 118.

4　Paola Gemme, Caroline Frank, Objectifying China, Imagining America: Chinese Commodities in Early America[J], European journal of American studies, 2012.

5　Sucheta Mazumdar在约翰·卡特·布朗图书馆举行的"亚太美洲的形成"研讨会上发表的论文，Slaves, Textiles, and Opium: The Other Half of the Triangular Trade, 2010.

但美国消费者不再是简单地从英国买入中国装饰风格商品并将其视为时尚的代表。中国装饰风格在此时，成为了美国人摆脱英国统治，民族独立的象征，将其作为一种身份认同的表达。

在中国贸易的早期阶段，美国人心中的中国形象部分来自于进口产品，瓷器、绘画、丝绸、扇子、家具等，都给美国人展示了中国的理想形象，包括美丽的瀑布、高大的树木、郁郁葱葱的山脉和令人印象深刻的建筑物，但人民，如那些贫穷的农民被有意地排除在外。这种场景是美国人想象中国的基础。历史学家约翰·罗杰斯·哈达德（John Rogers Haddad）说，普通的美国人形成了一种不现实的想象，即把中国想象为一个田园诗般的东方国家。[1]

进口产品并不是唯一的信息来源。随着越来越多的美国人访问中国，他们开始更详细地了解中国的现实。对中国的许多描述是积极的，侧重于描述中国的风景、农业生产力、人民的创造力、儒家的智慧和工艺等。阿马萨·德拉诺（Amasa Delano）的叙述比较有说服力。他在1817年得出的结论是：中国是一个富裕而美丽的国家。它几乎提供了全球所需的水果和蔬菜。它集中了大量对人类有用的制造业。它还拥有所有国家中最方便的水路；它是富裕的和宏伟的。人们一致认为与美国人合作的香港商人具有诚实、专业的精神，虽然不一定成功，但却是负责任的商人。[2]

虽然英国东印度公司曾经独霸江山，但美国商人在独立战争后不受约束和高度竞争的贸易取得了更显著的成果。[3]约翰·雅各布·阿斯特（John Jacob Astor）是参与中国贸易的主要商人之一。阿斯特于1784年移民到纽约，打算通过销售乐器来谋生。他实现了那个目标，但很快就参与了利润丰厚的毛皮贸易，并抓住了1790年代后期的"中国热"。他开始向北美的客户供应中国的丝绸和茶叶，获利颇丰。在这一时期，美国进口的中国商品主要有茶叶、瓷器以及各种各样的高级纺织品等。[4]

十八世纪末，参加中国贸易的大多数美国船只有一个共同点，即它们的尺寸相对较小。而前往广州的英国船只非常大，平均为1200吨。而美国

1 Eric Jay Dolin, When America First Met China: An Exotic History of Tea, Drugs, and Money in the Age of Sail[M], New York: Liveright, 2013, p.245.

2 Eric Jay Dolin, When America First Met China: An Exotic History of Tea, Drugs, and Money in the Age of Sail[M], New York: Liveright, 2013, p.246.

3 白杨：《从殖民地到世界强国——美国300年贸易史回眸》[J]，《中国对外贸易（英文版）》，2012年第2期，第42页。

4 Eric Jay Dolin, When America First Met China: An Exotic History of Tea, Drugs, and Money in the Age of Sail[M], New York: Liveright, 2013, p.121.

船几乎全部不到500吨，许多在200吨以下，大小对比极为明显。一些较小的前往中国的美国船尴尬地被误认为是大型船只的副船。1787年4月在纽约出版的《伍斯特杂志》（Worcester Magazine）提出：这对当地人来说是一个奇迹。欧洲人在这片水域看到这样一艘远航的小船时，他们一定会赞美美洲居民的进取精神。危险虽然存在，但凭着进取精神和勤奋，我们就能够克服困难。[1]

这些早期的少数美国船只在贸易方面表现不佳，不是因为它们的规模，而是因为计划不周。1786年，乔治·基尔斯利·肖（George Kearsley Shaw）回国后不久，制订了一个计划，即建造一艘大型的船用于中国贸易，然后他将订单发到美国开始施工。最终建造了一艘820吨重的，在当时是最大的美国商船。船只于1789年9月下水，后从布伦特里造船厂转移到波士顿，在马萨诸塞州引起了不小的轰动。此时，美国外贸者开始将异国情调的商品带到美国。越来越多的美国房间里装饰中国式瓷器、家具、绘画、墙纸等。艺术史学家克罗斯比·福布斯提出："广东工匠比其他任何工匠群体都更能生产出质量稳定、品位高的产品，这些工匠包括瓷器和珐琅画家、画家、织工和刺绣者、银匠和其他金属工人、雕刻师、镀金工和橱柜制造师等。"在这一时期，茶叶的进口数量也飙升。[2]

从独立战争后直到鸦片战争前夕，中美的贸易一直持续着。不过一直以来，美国对中国有贸易逆差。中国贸易不仅是商人的重要的财富来源，也是政府以关税形式获得贸易收入的重要来源[3]。越来越多的船只返回在纽约卸货，纽约超越了费城，成为美国第一大城市，并已成为首屈一指的茶叶销售和分销中心。此时船只越来越大以装载更多的货物，航行变得更加常规和高效。[4]

在清朝初期，清政府实行了"海禁"。此后，中国官方限制英国在广州地区的贸易活动，并且拒绝了英国在中国增设贸易港口的要求，还加强了对外国商人的管制。1685年后，广东设立了海关，通过十三行销往西方的岭南货物的种类和数量逐渐增加。在广州通商时期，对外贸易由"十三行"负责。当时的商馆制度有这样的记载：在广州的外国人在城外

第五章　独立战争后北美的中国装饰风格设计

1　Eric Jay Dolin, When America First Met China: An Exotic History of Tea, Drugs, and Money in the Age of Sail[M], New York: Liveright, 2013, p.219。

2　Eric Jay Dolin, When America First Met China: An Exotic History of Tea, Drugs, and Money in the Age of Sail[M], New York: Liveright, 2013, p.225。

3　汪熙，邹明德：《鸦片战争前的中美贸易（上）》[J]，《复旦学报：社会科学版》，1982年第4期，第94—104页。

4　张金权：《纽约是怎样成为美国最大城市的？》[J]，《海外英语》，2010年第5期，第24—25页。

河的西南岸向政府租了几处房子，建立他们的商行。在这十三家商馆中，外商总数为五十六家，其中三十一家是英国人，九家是美国人。[1]魏源在他的《海国图志》中引用了《华事夷言》中的话说："十三间夷馆，近在河边，计有七百忽地，内住英吉利、弥利坚、佛兰西、领脉、绥林、荷兰、巴西、欧色特厘阿、俄罗斯、普鲁社、大吕宋、布路牙等之人。此即所谓十三行也。"[2]

十三行街在广州长堤附近，开设有供外国商人兑换外币的商店。1777年，清廷为限制外国商人在城内的活动，开辟了这条街道，成为现在的十三行街。当时，外国商人的大部分活动都集中在十三行贸易区和珠江沿岸。1840年前，13个贸易区西端的丹麦馆与一些中国商店相连，这条街有许多茶叶店和钱庄都是为方便外国人而建的。

美国研究人员杜勒斯（John Foster Dulles）在1939年的著作《战争，和平与改变（War, Peace and Change）》中说："清朝的十三行街到处都是商店，它们出售各种商品，包括象牙、丝绸和金银等贵金属，还包括鸟和鸟笼、烟花、昆虫、猫、草药和狗。"这些货物对外国船员非常有吸引力，有可能产生巨大的利润。古董和纪念品也可以在街上买到，茶是免费提供的，当地生产的烈酒也有出售，这对外国水手很有吸引力。从广州出口的瓷器显示了当时的真实情况。船上运送的一箱箱瓷器、茶叶、丝绸、家具等通常被安置在底层。[3]这一时期精致的金属制品，包括十三行出口的银器，也是广东人在国际市场上闻名的奢侈品，至今仍受到欧美收藏家的追捧。广州银匠开始以多样化的风格，使用中国传统的银匠技术生产银器，这些产品主要用于出口。从十九世纪开始，银器出口主要是西方风格，反映了订购和使用银器者的要求。从十九世纪四十年代开始，中国风格的纹饰变得非常流行，大多数银器都描绘了中国的人物、花卉和风景，其中最流行的图案是龙、凤、八仙等。[4]

通常西方商人在广州购买的都是适用于大众日常的服饰。这些服饰让中国优质的刺绣和彩色纺织面料得到了西方市场的认可，这也让广州在十八世纪收到了大量的宗教主题的服饰定制订单，宗教主题服饰的目标群

1 蒋茜：《1700—1840年中英贸易背景下的设计交流研究》[D]，南京：南京艺术学院，2017年，第17页。

2 杨宏烈：《广州十三行历史名街演化与当代改造》[J]，《中国名城》，2014年第11期，第15—21页。

3 朱培初：《明清陶瓷和世界文化的交流》，北京：轻工业出版社，1984年，第32页。

4 雷泞远：《清代走向世界的广货——十三行外销银器略说》[J]，《学术研究》，2004年第10期，第99—102页。

体主要是北美加利福尼亚州的天主教信徒。这件宗教服饰（图5.2）上点缀着鲜花和动植物。然而，花卉植物的装饰元素更多见于中国的设计中，并不是基督教中常见的题材。构图和颜色的运用则是符合西方审美的。这件是中西结合的经典范例。[1]

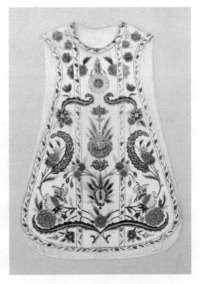

图5.2 十字塔，约1700—1749年间制作于中国，现收藏于维多利亚和阿尔伯特博物馆

十八和十九世纪在广东省沿海港口生产并销往西方的出口画，是在十三行出现之后成为的一种新的商品。受欧洲探险的影响，许多来到中国的西方商人希望把中国的山水和风景介绍给他们自己的国家。在摄影术发明之前，风景只能在绘画中记录。最早的出口画至少出现在1795年之前。十八世纪末期，荷兰东印度公司从广州带回来两千多幅油画。[2]

美国独立之后，北美对英国商品的进口需求已经大不如前，但是同英国之间的贸易还未完全中断。伦敦鲍氏瓷器工厂（George Frederick Bowers）在十八世纪中叶掌握了制瓷技术，并顺利生产出第一批瓷器制品，随后一直在宣传他们的瓷器制造技术。七十年代，鲍氏工厂开始仿照中国的青花瓷器，生产了大量的中国装饰风格瓷器，设计中应用到小桥流水、亭台楼阁、菊花、柳树等中国元素。其中柳树是当时中国装饰风格中非常受欢迎的纹样（图5.3）。在十九世纪，由于柳树图案在西方非常受欢迎，这种盘子被英国工厂大量仿制。由于中国的装饰风格的全面盛行，鲍

图5.3 鲍氏瓷器厂出品的瓷盘，1842—1868年

---

1 蒋茜：《1700—1840年中英贸易背景下的设计交流研究》[D]，南京：南京艺术学院，2017年，第63页。

2 刘明倩：《18—19世纪羊城风物—英国维多利亚阿伯特博物院藏广州外销画》[M]，上海：上海古籍出版社，2003年，第6页。

氏瓷器备受追捧，产品远销英国，甚至还出口至北美。[1]

鸦片战争后，中国门户被打开。1843年上海开埠后，商机从广州蔓延到上海。1845年至1849年，英、美、法等国相继在上海设立了租界。[2]

巴洛（Sir John Barrow）作为秘书陪同马戛尔尼大使到达广州，他们此行的目的是学习玻璃制作、象牙雕刻和其他中国工艺技艺，巴洛十九世纪在伦敦出版的《中国旅行记》一书中，提到中国匠人的智慧，以及超乎寻常的手工技巧，是应该得到欧美承认的。[3]

在1700年至1900年间，很多清王朝的工艺品被销往欧美多国，独特的外形和精巧的工艺让鼻烟壶成为当时的畅销商品之一。鼻烟壶在形式和装饰上最为突出，材质多样，包括瓷器、玻璃、珐琅、贝壳等，也是绘画、雕刻等多种工艺的综合体，是中国艺术的缩影。[4]美国学者波谢尔（Stephen Wootton Bushell）在1921年伦敦出版的《中国美术》中，对"套料"鼻烟壶大加赞赏，十九世纪八十年代，他在北京购买了一只带有中国传统八卦图案的鼻烟壶。他表示："中国工匠使用颜色丰富，琢碾技艺高超。"[5]

在王孝通的《中国商业史》中还可以看到当时进出口贸易状况：在乾隆五十五年……在葡萄牙、西班牙、荷兰三国崛起后，中国的所有对外贸易都掌握在英国人手中。然而，从乾隆五十三年开始，事情的情况发生了变化，除了英国之外，瑞典、丹麦和法国以及荷兰也开始崛起，美国也占据了相当的地位。[6]可以看出，英国并没有长期垄断中国贸易。事实上，英国在明朝末年已经开始大量获得中国商品，并开始对中国商品感兴趣，在与中国的直接贸易中，中国外销品风靡欧洲多年，在英国工业发展和技术日益进步的过程中，英国人也在仿效并制造出了"伪中国"商品，中国装饰风格也逐渐盛行起来。由于中欧贸易的蓬勃发展推动了中国装饰风格越来越流行，并引发了广泛的重视。贸易也是促进艺术设计东学西渐的重要

1　蒋茜：《1700—1840年中英贸易背景下的设计交流研究》[D]，南京：南京艺术学院，2017年，第44页。

2　蒋茜：《1700—1840年中英贸易背景下的设计交流研究》[D]，南京：南京艺术学院，2017年，第98页。

3　苏立文：《东西方美术的交流》[M]，陈瑞林译，南京：江苏美术出版社，1998年，第79页。

4　蒋茜：《1700—1840年中英贸易背景下的设计交流研究》[D]，江苏：南京艺术学院，2017年，第102页。

5　Stephen W, Bushell. Chinese Art[M], London: Printed for H. M. Stationery Off. By Wyman and Sons, 1904-1906.

6　王孝通：《中国商业史》[M]，北京：商务印书馆，1936年，第198—199页。

因素之一。[1]

美国人对于中国装饰艺术的热爱，不仅体现在购买外销品上。在1905年，美国的Bon Marché百货商店附近开设了一家名为"Chinese Umbrella"的中国装饰风格的餐厅，室内有丝质刺绣软装、精致的瓷器，甚至员工们都穿着中国服装为顾客提供服务（图5.4）。

图5.4　1905年美国"Chinese Umbrella"餐厅宣传图

5.2　东学西渐直接对北美中国装饰风格产生的影响——中国文化内核深入北美

5.2.1　美国举办过的中国装饰风格主题艺术展览

（一）霍克吉斯特的中国主题收藏展

美国人对中国的其他印象来自被销往美国的中国物品和工艺品。霍克吉斯特（Andreas Everardus van Braam Houckgeest）是一名荷裔美国人，十八世纪九十年代在广州为荷兰东印度公司工作。乾隆皇帝在位期间，霍克吉斯特陪同荷兰大使出访中国，前往北京。在漫长的旅途中，霍克吉斯特看到了沿途许多令人愉快的小玩意和风景。

1795年1月，访问团抵达北京，霍克吉斯特不仅成为第一个访问北京的美国人，也是第一个在皇宫中觐见皇帝的美国人。霍克吉斯特和乾隆皇帝度过了一段非常轻松愉快的短暂时光。他后来写道："当我起身退下时，皇帝的眼睛仍然盯着我，一直看着我的脸，表达了最大的善意。我得到了最高的认可，甚至可以说，之前没有一个特使获得过这样的机会。"[2]

---

1 蒋茜：《1700—1840年中英贸易背景下的设计交流研究》[D]，南京：南京艺术学院，2017年，第120页。

2 Eric Jay Dolin, When America First Met China: An Exotic History of Tea, Drugs, and Money in the Age of Sail[M], New York: Liveright, 2013, p.438.

代表团于1795年5月返回广州。霍克吉斯特雇佣了两名中国艺术家把他的大量草图整理出来，并把这些草图制作成色彩鲜艳的图片。这并不是他第一次采用这种方法。在他前往北京之前，他已经雇佣了一些人自费到各地旅行。为了能够收集到更多的信息，他们在中国各地都进行了调查。这个国家的一切都很有趣，风景如画。他们的成果是丰硕的，汇集了近1800张中国的图片。霍克吉斯特的目标是创造出一系列能够捕捉到中国本质的资料。为此，他将这些图片汇编成38卷，涵盖了广泛的主题，包括历史、神话、艺术和文化、行业、礼仪和习俗等。

霍克吉斯特于1796年4月抵达费城。他在布里斯托尔附近买了一个430英亩的农场，并开始在宾夕法尼亚州建造一座精美的房子。在施工过程中，他在费城租了一个地方，并展出了他的部分收藏，但参观者较少，主要是城市的精英们。他们对这些收藏感到惊叹。他的收藏品将这所房子变成了中国的博物馆，但只有少数人知道。被邀请的客人中包括乔治·华盛顿和来自法国的拉法耶特侯爵（Gilbert du Motier）。然而，大约一年之后，霍克吉斯特的奢华生活方式毁了他。由于奢靡无度，他最终因负债入狱。此后，他去了伦敦，将他珍贵的馆藏品由佳士得拍卖行出售。两年后，霍克吉斯特死于阿姆斯特丹，几乎被人遗忘。[1]

（二）塞勒姆中国艺术品展览

在佳士得出售霍克吉斯特剩下藏品的同时，在马萨诸塞州的塞勒姆，另一个中国艺术品展览开幕了。美国塞勒姆的东印度海事协会（The East India Marine Society）成立于1799年8月，由一群有幸作为海员和货主航行到好望角等地的人组成。[2]协会的一个条款指出，它要创建一个人工汇集起来的奇珍异宝柜，让人们了解跨海旅行。该基金会建立的博物馆成为了现代艺术博物馆的原型。位于塞勒姆的皮博迪埃塞克斯博物馆是美国最古老的持续运营的州立博物馆，其中有许多来自太平洋和远东、西北太平洋岛屿和中国的物品，来自中国的只是整体的一部分。一位在十九世纪三十年代参观过该博物馆的观者后来回忆说："这些展品激发了我的好奇心。对于一个想象力丰富的孩子来说，这是一种可以从英格兰的平淡无奇的生活走出来的难得体验。在这种氛围中，你可以感受到东方的气息……那时

---

1 Eric Jay Dolin, When America First Met China: An Exotic History of Tea, Drugs, and Money in the Age of Sail[M], New York: Liveright, 2013, p.440.

2 赵玫：《塞勒姆的中国情结（上）》[J]，《天津人大》，2012年第8期，第42—43页。

候，我觉得周围充满了魔力，几乎是在童话世界里。"[1]

（三）"万唐人物（Ten Thousand Chinese Things）"中国藏品展

　　来自费城的内森·邓恩（Nathan Dunn）是一个失败的商人，但他在向美国人介绍中国的贡献方面超过了他的同时代人。邓恩于1818年抵达广州。在中国贸易中发了财，并于1832年以富翁的身份回到了费城。他邀请了所有朋友和债权人一起吃一顿丰盛的晚餐，并在每个人的盘子里都放了一张覆盖了债务和利息总额的支票。然而，这还不是他获得的全部。在广州多年来，他收集了大量精致的中国物品，包括艺术品、农耕器具、兵器、动植物标本、中国乐器、戏服等，并将这些物品带回国保存起来。[2]邓恩的收集策略既传统又独特。他利用其庞大的经济收入在广州购买了许多物品，同时也依靠着与中国人建立的牢固个人关系来扩大他的收藏，超出了他自己所能达到的能力范围。邓恩的目标是公开他的收藏。1838年至1846年间，他在费城和伦敦公开展示他自称为"万唐人物（Ten Thousand Chinese Things）"[3]的中国藏品。1838年底，他在新开放的费城博物馆举办了一场展览。展览房间长约48米，宽21米。天花板很高，由二十二根华丽的木柱支撑。据说，当人们进入房间时，会感到被"传送到一个新的世界"。它是中国的一个缩影，景色极佳。[4]一位参观者声称邓恩"创造了一幅东方生活和艺术的全景图"。[5]虽然这是一个夸张的说法，但该展览确实非常全面。同时，邓恩的"中国博物馆"还展示了许多独立的展品，使用了50个真人大小的泥塑和大约1200件物品讲述了中国的故事。

　　对任何一个人来说，这都是一项艰巨的任务。展览包括大理石和青铜佛像，以及佛塔、桥梁、房屋和中国水路上的许多船只的精细模型。三位"文人"身着宽松夏装，它们与精雕细琢的精致工艺品并肩而立。抛光的木质书柜，给人以宁静的感觉。展览中精心渲染的画作呈现出优雅的建筑和美丽的风景，使人联想到中国的主要城市，如广州和北京。这里有全副

1　Eric Jay Dolin, When America First Met China: An Exotic History of Tea, Drugs, and Money in the Age of Sail[M], New York: Liveright, 2013, p.442.

2　宫宏宇：《广州洋商与中西文化交流——内森·邓恩（Nathan Dunn）"万唐人物"中的中国乐器及其在英美的展示（1838—1846）》[J]，《星海音乐学院学报》，2012年第4期，第151—158页。

3　Steven Conn, Do Museums Still Need Objects? [M], Philadelphia: University of Pennsylvania Press, 2010, pp.90-91.

4　谭倚云：《"万唐人物"：内森·邓恩收藏及展出的中国工艺品》[J]，《苏州文博论丛》，2017年。

5　Eric Jay Dolin, When America First Met China: An Exotic History of Tea, Drugs, and Money in the Age of Sail[M], New York: Liveright, 2013, p.444..

武装的战士、威风凛凛的官员、仕女和皇帝的画像。在自然历史部分，有一只孔雀、一只中国狐狸和一只白鹇，而其他部分则展示了乐器、锅具、农业工具和放在一个檀香木箱子里的筷子。此外，大厅的雕梁画栋上还刻有中国的格言，传递着时代的智慧。这样大规模地用实物重现中国风情，在美国及欧洲都是首次。[1]

　　该展览取得了巨大的成功，在三个月的时间里吸引了十万名游客。并销售了五万份博物馆目录。这场展览再一次提高了中国在美国的形象。邓恩的展览表明中国是一个值得尊重和钦佩的文明社会，但也招致了一些批评。正如《南方文学信使》的一位编辑所说，邓恩的收藏具有永恒的价值，它显示了中国人的过去。这位编辑体现了一个在美国和欧洲，人们普遍认为的现实：中国在某种意义上来说一直停留在过去。西方世界在十六世纪末、十七世纪和十九世纪初，在科学、文学、艺术和其他方面都有进步，但中国仍然停滞不前，没有任何进展。[2]

　　此时，中国人对鸦片的热衷导致美国对中国的印象进一步下降。在十八世纪，茶、丝绸、瓷器和其他中国商品都受到英国人的追捧。中国人需要的主要英国商品有羊毛、棉花织物、铅和锡等，但数量相比之下少得多。对英国政府而言，这导致了大量白银的外流。英国政府对英国和中国之间的贸易赤字感到担忧，因为往往很难收集到足够的白银来满足国际货币紧缩的需求。为此，英国通过向中国出售鸦片进行反击，鸦片的进口对乾隆皇帝及其继任者嘉庆皇帝（1796—1820年）造成了严重打击。随着鸦片消费的增加和对鸦片的依赖，中国人的身体素质和精神状态都在下降。嘉庆帝颁布法令禁止进口鸦片，但事实上鸦片上瘾的情况愈演愈烈。

　　邓恩在展览的目录中用了大量篇幅抨击了中国日益增长的鸦片贸易。他介绍道，鸦片是一种毒药，对摄入它的人的健康和品质具有破坏性。因此，鸦片在任何情况下，它都毫不妥协地削弱着人们的身体和灵魂。[3]尽管他的大部分愤怒是针对英国人的，因为他们是鸦片的主要供应者。但鸦片事件是一个给中国带来长期问题的事件，在一定程度上打消了涌入邓恩中国博物馆的游客对中国人的美好印象。

（四）"'百年纪念'美国独立100周年展览"——中国馆

1　宫宏宇：《广州洋商与中西文化交流——内森·邓恩（Nathan Dunn）"万唐人物"中的中国乐器及其在英美的展示（1838—1846）》[J]，《星海音乐学院学报》，2012年第4期，第151—158页。

2　Eric Jay Dolin, When America First Met China: An Exotic History of Tea, Drugs, and Money in the Age of Sail[M], New York: Liveright, 2013, p.447.

3　Eric Jay Dolin, When America First Met China: An Exotic History of Tea, Drugs, and Money in the Age of Sail[M], New York: Liveright, 2013, p.150.

1876年，庆祝美国独立100周年的费城博览会举行。中国的展厅是博览会上最受欢迎的景点之一。然而，来访者的评价却大相径庭（图5.5）。

中国展览吸引了许多参观者，是主楼中最繁华的部分。来自中国的展品是许多其他国家的官员和参观者第一次看到的。他们对展品的美丽和丰富感到惊奇。天花板上挂着用刺绣的丝绸装饰的中式灯笼。展出的织物包括缎子、锦缎、丝绸等。中国的工匠们用竹子制作了各种各样的物品，包括乐器、鞋子甚至是睡椅。一系列女鞋和女性的脚部模型让人了解到中国上流社会的缠足的古怪习俗。然而，参观者主要是想看到中国的瓷器，而这里提供了很多这样的瓷器，展出了来自中国最著名的窑厂生产的数百种产品。[1]

图5.5　约翰·哈达德（John Rogers Haddad）：《百年纪念——主楼中国馆的场景》（The Centennial-Scene in the Chinese Department, Main Building），1776—1876年，图片源自：Columbia University Press

中国馆提供了50种不同的茶叶供茶叶爱好者购买。各种各样的草药和药水吸引了那些寻求异国体验的人。一些游客对中药材感兴趣，而另一些游客则对虎头骨、鹿角等感到厌恶。此外，参观者还能看到圆明园的真品，如大型铜像、精致的龟甲雕刻、精美的漆器和玉器以及书法卷轴等。

此外，还展出了几十座雕像，旨在反映中国生活的不同方面。有些人物是真人大小的，瓷头连接在木质的躯体上，连接后可以以任何方式摆放。除了各种真人大小的人物展品外，还有一些较小的泥塑，大约一英尺高。虽然展览展示了相当广泛的人物和职业，但这些雕像并不能代表中国底层的农民和工人。有人认为，这里的中国展览只展示了上层社会的生活。

中国的展品所以具有巨大的吸引力，是因为它们和时代背道而驰。对许多人来说，中国展览提供了一个前工业化的仙境，一个具有永恒色彩的异国领域。换句话说，对于那些看厌了机械馆的新技术展示的人来说，中国的展览是很美妙的。但展示的商品缺乏现代特征的一个元素——机械，而日本人却忙于在展览上购买各种美国机器，这一点引起了中国官员的忧虑。

1　John Haddad, From Shanghai to Philadelphia's world fair: America's Dual Encounter with China in the Self-Strengthening Era, 1870-1876[J], A Tale of Ten Cities: Sino-American Exchange in the Treaty Port Era, 1840-1950, P. 1.

可以说，参加展览的人们对中国的评价处于两个极端。一些人热情地赞扬了展览，而另一些人则对此充满了嘲笑、批评和蔑视。对于后者来说，中国人的展品没有任何机械装置，体现了其顽固、保守和僵化的特点。[1]

（五）"美洲制造——新世界发现亚洲"展览

2015年8月"美洲制造——新世界发现亚洲（Made in the Americas The New World Discovers Asia）"展览在波士顿美术博物馆开幕，这是首个探讨中国、日本、印度和菲律宾对美洲殖民地艺术影响的大型展览。这一展览由美国装饰艺术家和雕塑家丹尼斯·卡尔等人策划，展示了约100件一系列十七世纪到十九世纪初最有特色的物品。与其他展览不同的是，"美洲制造"展示了艺术家们如何将亚洲设计与美洲本土和欧洲设计风格相结合。[2]美洲工匠受到来自亚洲或欧洲的进口产品的精美设计和先进技术的启发，将亚洲风格与当地传统相结合，创造出独一无二的新风格，涵盖家具、银器、纺织品、陶瓷、漆器、绘画等。它们向世界展示了第一个全球化时代的文化、艺术交流的内容。[3]

纺织品是这个展览的一个主要组成部分。展览中最引人注目的物品之

图5.6 秘鲁纺织品，十七世纪末至十八世纪初。
图片由波士顿美术博物馆提供

一是十七世纪末到十八世纪初的秘鲁纺织品，其特点是呈现了中国传统的图案，如牡丹花、凤凰和麒麟、中国本地的植物和动物，同时在中式传统图案中，还混合了"骆驼"（美洲驼或羊驼）的图案（图5.6）。[4]织物采用了红色背景，它在不同的文化传统中有不同的象征。卡尔解释说："在中国，红色代表幸运、幸福和吉祥，而在安第斯山脉，它象征着奢华。"并认为，"这是一个

1 John Haddad, From Shanghai to Philadelphia's world fair: America's Dual Encounter with China in the Self-Strengthening Era, 1870-1876[J], A Tale of Ten Cities: Sino-American Exchange in the Treaty Port Era, 1840-1950, P. 1.

2 Cate McQuaid, Sumptuous MFA show traces Asian influences in American art [EB/OL], 2015SEP15, https:// www.mfa.org/exhibitions/made-in-the-americas, 2022APR23.

3 Dennis Carr (Contributor), Gauvin Bailey (Contributor), EXHIBITION BOOKS Made in the Americas, The New World Discovers Asia[M], Boston: MFA Publications, Museum of Fine Arts, 2015.

4 Jeanne Schinto, Made in the Americas: The New World Discovers Asia[J], Maine Antique Digest, 2015.

令人难以置信的奢侈品"。

展会上展出了一组约在1600年制造的六扇屏风。这些屏风是在亚洲而非美洲制造的，但它却受到了来自美洲海岸的全球贸易的影响。屏风的画幅分别描绘了葡萄牙商人抵达中国和日本的情景。图案展示了这些穿着长裤和束腰夹克的外国人的形象（图5.7）。

图5.7　《南方野蛮人来贸易》（Southern Barbarians Come to Trade），1600年

展品墨西哥制造的Talavera瓷器沿用了中国出口的青花瓷的经典设计；在十七世纪中期，普埃布拉的陶工没有中国瓷器所专用的细白土和高岭土，因此Talavera是用美洲当地的黏土和釉料制作而成的（图5.8）。[1]

图5.8　迭戈·萨尔瓦多·卡雷托工作室：中国装饰风格的碟子，十七世纪下半叶，墨西哥。图片由波士顿美术博物馆提供

展览中有一件特别令人印象深刻的作品，是一组来自于十八世纪的秘鲁的柜子，上面镶嵌着繁复的闪闪发光的珍珠母和玳瑁。它由烟草大亨女继承人多丽丝·杜克于二十世纪五十年代末的拍卖会上购入，用于她在罗德岛新港名为Rough Point的庄园卧室。和这组柜子风格类似的作品的产地，主要是墨西哥、菲律宾和南美洲。美术馆对相关作品的科学分析表明，它们所使用的部分木材是来自美洲的西班牙雪松和桃花心木（图5.9）。[2]同时，人们对抽屉和箱子背面所用的木板的研究表

1　Lisa Lowe, New Worlds Discover Asia[J], American Quarterly, June 2016, volume 68, Number 2, pp.413-427.

2　Jeanne Schinto, Made in the Americas: The New World Discovers Asia[J], Maine Antique Digest, 2015.

明，这些贝壳碎片是由工匠切割和安装的，而不是来自其他地方的配件。整块贝壳的切割和安装，以及作品部分木材的产地，证明了这些东西是在美洲制造的。

　　Enconchado是制作和这组柜子风格类似的作品的技术之一，其特点是模仿亚洲的螺钿镶嵌工艺。这个词来自西班牙语的"concha"，意思是"贝壳"，在意译中，它被翻译为"镶有贝壳的"。有一种绘画风格叫enconchado，其风格特点是镶嵌有珍珠贝，并融合了欧洲风格。这种风格可以在"美洲制造"展览中的多件美术作品中看到。如胡安·冈萨雷斯（Juan González）1703年的画作《圣弗朗西斯·泽维尔启程前往亚洲》，画中描绘了十六世纪的传教士圣弗朗西斯前往亚洲的旅程，在他的周围，环绕着代表非洲、亚洲、美洲和欧洲大陆的人物（图5.10）。这幅画的框架镶嵌着珍珠贝，和中国古代螺钿镶嵌装饰技法类似。[1]

图5.9　秘鲁书柜，产于十八世纪的秘鲁，由珍珠母、西班牙雪松和桃花心木制成　　图5.10　胡安·冈萨雷斯，《圣弗朗西斯·泽维尔启程前往亚洲》，1703年，墨西哥。镶嵌有珍珠贝的木板油画，图片源自波士顿美术博物馆

　　在1492年西班牙"发现"美洲后，美洲成为亚洲商品的主要目的地，墨西哥一度成为国际贸易的中心。这些进口商品对美洲本土居民产生了直接而广泛的影响，让他们不自觉地将本地的艺术设计风格与中国装饰风格

1　龚声明，张国全：《螺钿镶嵌家具的装饰艺术》[J]，《文艺争鸣》，2010年，第3页。

商品相融合。[1]"美洲制造"展览以令人印象深刻的创新精神,将新英格兰、美洲、西班牙之间的联系与帝国贸易联系起来。如墨西哥制造的折叠屏风、模仿中国青花瓷风格的瓷器、模仿中国和印度风格的高级织物以及模仿中国的螺钿镶嵌工艺的家具、画框等,这些作品呈现了中国艺术对北美、中美和南美的影响,其风格既模仿了亚洲技术和设计,又具有美洲"本土化"的设计特色。[2]

总的来说,独立战争后,美国与中国的贸易和文化交流逐渐增加,美国贸易开始绕过英国东印度公司直面中国,在这一进程中,中国不再是美国人幻想中的桃花源,美国人在中国看到了更多停滞、落后、残忍和专制,对中国的评价褒贬参半。从美国人对"万唐人物"和费城博览会等中国展览的态度来看,美国人仍对中国情调的商品感兴趣,但也有一部分人认为中国过于落后和保守。

5.2.2 启蒙运动中的中国儒家思想

启蒙运动无疑是研究现代欧洲、美国思想史的一个重要主题。启蒙运动不仅为十八世纪末的法国大革命奠定了理论和思想基础,而且对欧洲、美国和中国的资产阶级革命产生了深远影响。[3]十八世纪的欧洲各种新思想、新观念层出不穷,可以说是一个瞬息万变的时期。启蒙思想的代表们自觉地把理性当作一种批判一切的武器。他们认为,理性是一种独特的智慧力量,指引着人们去探索和确定真相,了解和判断未知的世界,解答所有的有关人类的秘密。启蒙运动以文学为起点,以理性、自由和人权引发了一场文化热潮,随后迅速席卷欧洲,最后风靡全球。众所周知,美国作为曾经英属殖民地,其文化是深深根植于欧洲文化的,但是除了清教思想外,启蒙思想给美国的影响也是美国形成自身文化的重要组成部分。[4]

美国启蒙运动从摆脱英属殖民地为起点,以美国独立战争的爆发为高潮,十八世纪末是美国启蒙运动的黄金时期。在《美国的启蒙运动》中,美国历史学家亨利·F·迈(Henry F. May)将国际启蒙运动归纳为四大类

1 Dennis Carr (Contributor), Gauvin Bailey (Contributor), EXHIBITION BOOKS Made in the Americas, The New World Discovers Asia [M], Boston: MFA Publications, Museum of Fine Arts, 2015.

2 Lisa Lowe. New Worlds Discover Asia[J], American Quarterly, volume 68, Number 2, June 2016, pp. 413-427.

3 江鹰:《西方思想史研究的一项新成果——评〈十八世纪法国启蒙运动〉》[J],《世界历史》,1984年第3期,第84—86页。

4 刘美彤:《美国文化中启蒙思想的影子》[J],《文学教育》,2019年第1期,第164—165页。

型：第一种是十八世纪中期英法以伏尔泰、休谟（David Hume）等为代表的启蒙主义的怀疑论。尝试用质疑的方式对人类的世界观与价值观念进行校正；第二种是十八世纪前后英国的理性的启蒙运动，主张平衡、秩序和宗教的折衷；第三种由法国的卢梭开启的启蒙革命运动，提倡对曾经的世界进行革命，建立一个新的世界；最后一种是教导启蒙思想，这种类型最早发端于苏格兰，之后十九世纪在美国达到高峰，主张对怀疑主义保持质疑的态度，也反对利用革命的方法，更关注世界的可识性、道德性以及社会性的发展。

亨利对美国启蒙思想的研究表明，欧洲的启蒙思想在很大程度上影响了后来的美国启蒙运动。[1]十八世纪中期在北美爆发的启蒙运动中，资产阶级和群众反对封建主义和封建神学的残余，主要呼吁民族独立和民主的传播。[2]当时有影响力的哲学家，如启蒙运动的领军人物伏尔泰，被认为是推崇中国的代表人物之一。伏尔泰从游记和日记中推断出大量关于中国的信息，对孔子非常敬佩。[3]他的思想也受到了孔子思想的强烈影响。这些影响包括许多不同的方面，主要可分为以下几个方面：对理性的推崇、对道德的追求和政治制度的参考。

首先，启蒙运动最重要的基本要素是对理性的推崇。在许多由封建宗教主导的欧洲国家，伏尔泰的思想成为反对这种"传统"的强大声音。封建君主利用宗教垄断教育和文化，巩固自己和教士阶层的权力，并使他们的统治更加"合法"。与这种封建宗教相反的是伏尔泰所推崇的自然宗教。这是人类最早的、最原始的信仰，在当时是非常进步的，因为它不承认上帝是唯一的神。而儒家思想在对宗教的认识上是理性和自然主义的。在春秋战国时期，神权与王权的结合已不再存在，其特点是"百家争鸣"。在所有学派中，孔子很少提到"神秘力量"。而伏尔泰则非常推崇自然宗教，他甚至提出，与基督教相比，我们更应该欣赏中国的两个强项：对迷信和基督教习俗的谴责。中国的儒家宗教从未牵涉神话争斗，也未牵涉政体和国家之间的纷争和内战。

其次，孔子的"仁"也是伏尔泰处理人际关系的参考，伏尔泰的作品中出现了很多儒家道德的引文。伏尔泰还强调了理性道德对社会的重要

1 刘美彤：《美国文化中启蒙思想的影子》[J]，《文学教育》，2019年第1期，第164—165页。

2 李永清：《略论美国启蒙运动的思想渊源》[J]，《河南大学学报》（社会科学版），1994年第5期，第34—40页。

3 Kiersten Claire Davis, Secondhand Chinoiserie and the Confucian Revolutionary: Colonial America's Decorative Arts "After the Chinese Taste" [D], Utah: Brigham Young University- Provo, 2008, p.48.

性，他甚至认为，西方的道德和法律与孔子这种纯粹的道德完全无法相提并论。如果我们都以孔子提出的准则行事，地球上就不会有冲突了。[1]

孔子关于政治制度的观点也反映在伏尔泰的思想中。伏尔泰非常赞同孔子对中国国家制度的看法，即尽管中国由皇帝统治，但政府似乎更类似于民主制度，而不是欧洲的专制制度。伏尔泰认为，中国皇帝只能颁发由法庭批准的法律，而法庭的成员是"经过严格审查后任命的"。[2]由此，伏尔泰认为，中国皇帝不能任意行使权力。[3]当美国人考虑如何建立一个新政府时，这种对政府首脑权力的制衡需求是很重要的。而此后在起草宪法时，美国人对权力平衡非常重视。

美国独立后，一些美国人开始寻找新的文化资源，中国文化变得重要起来。一些开国元勋借鉴了儒家哲学，以提高他们自己的道德品质，并向国人普及儒家道德哲学。在美国建国前，儒家思想被一些著名的美国人所提倡，美国宪法之父詹姆斯·麦迪逊（James Daniel Maddison）甚至在家中挂了一幅孔子的画像。[4]在这一时期，儒家道德理想受到美国人的提倡和尊重。美国联邦最高法院，由卡斯·吉尔伯特（Cass Gilbert）负责建筑设计，于1935年建成。卡斯·吉尔伯特在这座建筑上刻有众多西方神祇和对世界法学有贡献的人物，包括孔子和摩西、梭伦的雕塑。在法院的东侧门楣、南墙，各有一尊孔子雕像（图5.11、5.12），是儒家学说对美国文化

图5.11　东墙的浮雕

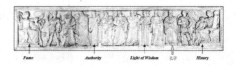

图5.12　南侧门楣

1　李永清：《略论美国启蒙运动的思想渊源》[J]，《河南大学学报》（社会科学版），1994年第5期，第34—40页。

2　Kiersten Claire Davis, Secondhand Chinoiserie and the Confucian Revolutionary: Colonial America's Decorative Arts "After the Chinese Taste" [D], Utah: Brigham Young University- Provo, 2008, p.48.

3　Kiersten Claire Davis, Secondhand Chinoiserie and the Confucian Revolutionary: Colonial America's Decorative Arts "After the Chinese Taste" [D], Utah: Brigham Young University- Provo, 2008, p.48.

4　Myron Magnet, The Founders at Home: The Building of America, 1735-1817[M], New York: W. W. Norton & Company, 2013, p.321.

形成影响的标示。

　　中国文化公园（Chinese Cultural Garden）位于美国加州的圣荷塞市，该公园是按照中国园林的风格创建的。公园内有一座中国宫殿式建筑——中山纪念堂。纪念堂大厅宽阔，庄严而优雅，琉璃瓦和大理石的楼梯营造出一种东方氛围（图5.13）。在公园的顶部有一尊孔子的铜像，高约9米，在入口处有一座中国牌楼，是一件宏伟的艺术作品（图5.14）。[1]

图5.13　1977年建成的友谊之门，宽50英尺×高40英尺　　　　图5.14　中国文化公园院内巨大的孔子像

　　有充分的证据表明，欧洲人对中国的理解与美国殖民地时期的启蒙运动之间存在着联系：正如欧文·奥尔德里奇（Owen Aldridge）所指出的，十八世纪将西方对中国的看法与启蒙运动的理想结合起来，对美国启蒙运动的几位主要人物产生了一定的影响。虽然伏尔泰可能有意或无意间改造了中国的境况和孔子的思想，但这种改造和传播也是引发"中国热"的原因之一，而"东学西渐"也正是由此产生。随着设计思想的发展和启蒙运动的兴起，这一潮流通过装饰艺术，即中国装饰风格的视觉层面加深了这些既定的联系。可以说，美国的中国装饰风格与启蒙运动密切相关。

5.2.3　"天人合一"思想影响下的有机建筑

　　1900年，沙利文（Louis Henry Sullivan）提出了有机建筑（Organic Architecture）的概念。弗兰克·劳埃德·赖特（Frank Lloyd Wright）发展了沙利文的新艺术派建筑理念。有机建筑的特点可以归纳为四个方面。第一，建筑的完整性和统一性。视觉和艺术的统一尤为重要，整个建筑中经

1　Mobil Oil Corporation, Mobil Travel Guide 2000, California and the West[M], Illinois: Publications International, Ltd., 2000, p.267.

常使用母题构图以统一全局；第二，空间的自由、协调和整合。他主张"开放式规划"；第三，材料的视觉特征和形式美；第四，形式和功能的统一。[1]弗兰克·赖特加入沙利文建筑事务所后，发展了沙利文的功能概念，即"形式和功能是一体的"，并建立了自己的设计风格。

赖特是美国最伟大的设计师之一，与格罗皮乌斯（Walter Gropius）等一起被称为现代主义的四大设计师。父母对赖特具有重要影响，他的母亲在他童年时送给他一盒积木，赖特由此得出：这种基本的几何形状是所有建筑外观的秘密，通过堆积、叠加和每一个积木的铺设，就能够进入建筑的世界。赖特还访问了北京，参观了紫禁城和中国长城，东方的哲学和建筑风格对莱特的设计产生了深刻的影响。在晚年，赖特回忆说：据我所知，正是老子，他第一次提出房子不仅仅是四面墙和一个屋顶，而是一个内部空间，这个想法完全是新奇的，颠覆了所有关于房子的古典思想。接受这样一个概念将不可避免地导致对古典建筑的拒绝。全新的理念将进入建筑师的头脑和人们的生活。随着他的设计风格的演变，最后发展成为莱特所推崇的有机建筑。赖特一直具有着对天然材料的热情，甚至在其自传和多场公开演讲中提到过，他信奉的上帝是"大写的N（Nature）"，与老子的自然观不谋而合，甚至在修建自己的冬季庄园时，将《老子》中的"凿户牖以为室，当其无，有室之用"一句翻译成英文雕刻在建筑上[2]。他设计的建筑形式虽然造型简洁，但更看重材质、环境和建筑的彼此配合。有机建筑的概念是使"自然"成为建筑的基础，从而使建筑本身具有生物的生命节奏，自然地贴近大地，与周围的自然景观融为一体。它似乎本来就应该在这里，而不是突然出现的。流水别墅（Falling Water）是这方面的一个典型例子。[3]它横跨在宾夕法尼亚州的一个叫"熊奔溪（Bear Run）"的瀑布之上，在茂密的丛林、清澈的溪流和参差不齐的悬崖中，有一座房子，巨大的白色阳台悬在水面上，水在下面隆隆作响，从中心向四面八方延伸，涌出。建筑的主要房间与室外的露台、平台和路径交织在一起，与周围的自然景观相协调。流水别墅拥有坚实的外墙。建筑材料主要是白色混凝土和栗色的粗石。水平向的白色混凝土平台和天然的岩石契合，而从周围山上收集的栗色毛石则给建筑带来了"天"的质朴和野性。

1　宋国栋，宋林涛：《20世纪建筑艺术设计新理念（一）：有机建筑》[J]，《美与时代（上）》第9期，第4页。

2　弗兰克·劳埃德·赖特：《一部自传：弗兰克·劳埃德·赖特》[M]，杨鹏译，上海：上海人民出版社，2014年8月。

3　王晓辉：《"天人合一"的有机建筑——流水别墅》[J]，《美术大观》，2016年第1期，第88—89页。

特别值得一提的是瀑布上方的大露台，它和三分之一的起居室一起被设置在瀑布上方，是当时的一项设计创新。这种宁静和安详的氛围从整个建筑的内部和外部、建筑布局和家具中散发出来（图5.15）的空间设计的结果。[1]它还表达了环境与建筑之间、人与自然之间的和谐，以及天人合一的情境。在他的有机建筑中，展现了孔子的"天人合一"思想中包含的和谐自然的设计理念，强调的是人与自然、人与人以及人和自己之间的和谐。[2]

图5.15　赖特，流水别墅，1935年，美国宾夕法尼亚

5.3　战后中国装饰风格在北美发展的巅峰时期——好莱坞摄政风格

二十世纪二十年代开始，美国进入"装饰艺术"运动时期，艺术领域蓬勃发展，歌舞剧、音乐剧、爵士乐等，源源不断涌现新的创作，并且渗透到国民生活的各个方面，显示了美国流行文化的巨大力量。此时的好莱坞电影工业也进入了发展的黄金时期。以上流社会为主要服务对象一直是欧洲"装饰艺术"的设计传统，这一点在美国得到了延续。

1　胡天璇，曾山，王庆：《外国近现代设计史》[M]，北京：机械工业出版社，2012年，第104—110页。

2　李丹：《从莱特的建筑语言中体味中国古代先秦诸子设计思想》[J]，《艺术与设计》（理论版），2010年。

同时，本土化的美国"装饰艺术"，成了一种完全适应美国人需求的设计风格。依靠第一次世界大战期间向欧洲销售军火的收入，美国获取了充盈的财富，新兴的中产阶级迎来了繁荣的生活。而这种风格刚好符合并且满足了社会对艺术设计的需求。虽然之后美国迎来了经济危机，但"装饰艺术"曾经为生活带来的美好，刚好可以通过电影中华丽、奢侈的富有艺术气息的布景设计，让人们短暂地逃离现实生活。这一时期的美国设计与整个社会背景、政治氛围和文化艺术密切相关，反映了该国对公共文化的重视。其中流行化和民主化体现在建筑物及其相关的内部装饰和家具的设计中，流行化与欧洲的奢侈和高端设计概念形成了对比，民主化则是美国装饰艺术风格的一个重要组成因素。由此发展出了美国在国际设计史中值得被记录的——好莱坞摄政风格[1]。可以说，这种风格更符合美国自身的文化需求。[2]

　　曾引发欧洲数个世纪无限遐想的中国装饰风格所散发的独特异域风情，与人们对逃避现实，建造梦幻家园的渴望完美契合。中国装饰风格作为重要的灵感源泉，成了好莱坞摄政风格设计的特色之一。

　　"Hollywood Regeny"翻译成中文即"好莱坞摄政"，单从字面解读很难对其进行定义。名字中的"摄政"一词会让人自然地与英国的摄政风格产生联系（图5.16），但实际上，十九世纪的英国摄政风格和二十世纪的好莱坞摄政风格之间的相似性有限。笔者认为，这里的"regency"一词，指代的是Regency Period，即英国摄政时期。摄政时期的英国刚刚经历完战争，社会极为动荡。此时的美国刚好处在与之相似的历史阶段。而好莱坞摄政风格试图营造的豪奢感与摄政时期的统治者乔治四世对奢靡生活的追求不谋而合。因此"好莱坞摄政"应该被归类为一个描述性术语，而不是字面意义上的好莱坞对十九世纪英国艺术设计风格的复兴。

5.3.1　中国装饰风格和美国装饰主义之间的联系

　　好莱坞摄政风格结合了十九世纪室内装饰艺术和中世纪美术风格的元素，营造出时尚、现代、富丽的空间，同时又吸收了极简主义的设计元素，呈现出具有不同纹理、颜色、图案和金属饰面的层次丰富的外观。"缎子装饰、金条流苏、超大尺寸和简化的时代风格家具、大量

1　Osbaldeston P, The Palm Springs Diner's Bible: A Restaurant Guide for Palm Springs, Cathedral City, Rancho Mirage, Palm Desert, Indian Wells, la Quinta, Bermuda Dunes, Indio, and Desert Hot Springs [M], New Orleans: Pelican Publishing, 2009, p.63.

2　张夫也：《中国设计简史》[M]，北京：中国青年出版社，2010年，第76—80页。

图5.16 好莱坞黄金时代的女演员玛莲娜·迪特里茜（Marlene Dietrich）站在其洛杉矶家中一面贴着极具中国装饰风格特色的壁纸前

镜子和极其复杂的窗帘都是这个时代复兴的标志"，埃米莉·埃文斯·埃尔德曼斯（Emily Evans Eerdmans）在《Regency Redux: High Style Interiors: Napoleonic, Classical Modern, and Hollywood Regency》一书中写道。这种风格的灵感来自中国装饰风格、新古典主义和装饰艺术风格等，并融入了当代作品。因此，在好莱坞摄政风格中可以寻觅到中国装饰元素的设计风格。好莱坞摄政风格的形成既源于美国自身在社会思潮、经济、艺术等层面的环境因素，也源于中国装饰风格对设计师们的影响[1]（图5.16、图5.17、图5.18）。

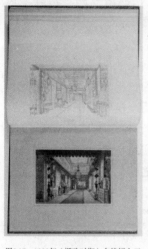

图5.17 1838年（摄政时期）布赖顿女王殿下宫殿中国美术馆原样插图

图5.18 由埃尔希·德·沃尔夫（Elsie de Wolfe）装饰的玛莲娜·迪特里茜的好莱坞之家

在二十世纪四十年代，在西方叙事性电影中出现的亚洲装饰品，其出现的动机似乎只是为了传达出异域的神秘感。这是因为当时人们普遍认为，带有东方特色的物品给人带来一种神秘感、紧张感和危险感。这种想法在好莱坞黑色电影中特别流行。这些影片中的东方古董——玉石项链、

1 Eerdmans, E.E, Regency Redux: High Style Interiors, Napoleonic, Classical Modern, and Hollywood Regency [M], New York: Rizzoli International Publication, 2008, p.240.

2 John Nash, Views of the Royal Pavilion[M], New York: Abbeville Press, 1992.

精致的鼻烟壶、书法，这些似乎只是为了唤起一种神秘感而出现。[1]在好莱坞，许多经典的黑色电影都试图通过加入东方元素来表达神秘感或诡异的感觉。如在电影《上海风光（The Shanghai Gesture，1941）》和《夜长梦多（The Big Sleep，1946）》中，东方的装饰元素具有渲染神秘感或异国情调的功能（图5.19、图5.20）。[2]自二十世纪九十年代以来，随着中国的日益开放，中国文化开始在全球流行文化中占据越来越重要的地位。而

迪士尼等著名动画工厂制作的美国电影，也被中国文化所影响。如《花木兰》和《功夫熊猫》等电影，都渗透着明显的中国元素。可以说，在中国元素的应用方面，美国电影体现出了丰富的创造性。在主题选择、艺术元素和文化思维等方面，美国电影中都体现出了中国文化元素。[3]

图5.19　《上海风光》（The Shanghai Gesture）电影宣传海报

图5.20　《夜长梦多》（The Big Sleep）剧照

　　早期"好莱坞风格"集中体现在大众电影院的设计上。代表作品有埃及剧院（Egyptian Theater）和中国剧院（Chinese Theater）。[4]"好莱坞摄

1　安德鲁·博尔顿（Andrew Bolton）：《镜花水月：西方时尚里的中国风》[M]，胡杨译，长沙：湖南美术出版社，2017年，第58页。

2　Homya King, The Shanghai Gesture[J], Forum: University of Edinburgh, vol.6, 2008.

3　邓春蓉：《美国动画电影的"中国风"解读》[J]，《电影文学》，2016年第17期。

4　张夫也：《外国设计简史》[M]，北京：中国青年出版社，2010年，第89—91页。

政风格"的形成既源于欧洲和美国自身在社会思潮、经济、艺术等层面的环境因素，也源于中国装饰风格对设计师们的影响。中国装饰风格的装饰图案、形制给美国设计师提供了新的灵感，对美国装饰主义运动起到一定推动作用（图5.21、图5.22）。

图5.21　洛杉矶潘塔格斯剧院

图5.22　1927年开业的好莱坞格劳曼中国剧院（Grauman's Chinese Theatre）

5.3.2　好莱坞摄政风格的发展

好莱坞摄政风结合了十九世纪室内装饰艺术和中世纪美术风格的元素，营造出时尚、现代、富丽的空间，同时又吸收了极简主义的设计元素，呈现出具有不同纹理、颜色、图案和金属饰面的层次丰富的外观。[1]

1　Marc Schenker, Defining the Hollywood Regency Style and Why Its Maximalist Design Choices are Popular Today [EB/OL], 1998-08-16, https://amitykett.com/defining-hollywood-regency-interior-design-and-architecture/, 2021-5-12.

电影业为早期的演员带来了巨大的财富，许多演员热衷于将自己的财富体现在房屋和庄园中。[1]发源于1920年加利福尼亚的好莱坞摄政风格的灵感就来自黄金时代电影明星的豪宅。[2]这种风格融合了中国装饰风格和其他洛可可元素。

威廉·海恩斯（William Haines）通常被认为是好莱坞摄政风格发展的先驱，早期作品便以结合中国装饰风格和现代装饰艺术闻名。[3]他最初受过演员培训，后来从演艺界转向室内设计，在电影界认识的许多名人便成为了他的客户。[4]由于得天独厚的人脉，他的设计受到众多名人的欢迎。客户有琼·克劳馥（Joan Crawford）等多个电影明星。

"在门廊上方，海恩斯安装了十七世纪晚期的英国松木柱顶过梁和建筑门廊顶上三角形的楣饰，唤起来中国装饰风格的感觉，这是海恩斯的爱好之一。"（图5.23）[5]在职业生涯早期，中国装饰风格定制灯具和灯罩是海恩斯在进行好莱坞摄政风格创作时的标志特色之一（图5.24）。

图5.23　1969年，威廉·海恩斯为美国驻圣詹姆斯法庭大使，沃尔特·安嫩伯格（Walter Annenberg）重新设计大使官邸的内部装饰

图5.24　海恩斯：中国装饰风格的台灯，1940—1979年

1　Marc Schenker, Defining the Hollywood Regency Style and Why Its Maximalist Design Choices are Popular Today [EB/OL], 1998-08-16, https://amitykett.com/defining-hollywood-regency-interior-design-and-architecture/, 2021-5-12.

2　Peter Osbaldeston, The Palm Springs Diner's Bible: A Restaurant Guide for Palm Springs, Cathedral City, Rancho Mirage, Palm Desert, Indian Wells, la Quinta, Bermuda Dunes, Indio, and Desert Hot Springs[M], New Orleans: Pelican Publishing, 2009, p.63.

3　Wallace L, Dorothy Arzner's Wife: heterosexual sets, homosexual scenes [J], Screen, 2008, p.395.

4　William, J. M, Wisecracker: The Life and Times of William Haines, Hollywood's First Openly Gay Star[M]. New York: Viking Press, 1998.

5　Peter Schifnado, Jean H. Mathision, Class Act: William Haines Legendary Hollywood Decorator[M], New York: Pointed Leaf Press, 2005, p.193.

和海恩斯一样，多萝西·德蕾铂（Dorothy Draper）运用好莱坞摄政风格的魅力营造了一种戏剧化的设计氛围。1923年，德蕾铂开创了室内设计行业的先河，成立了美国第一家室内设计公司Dorothy Draper & Company，这让室内设计行业更加专业化。德蕾铂1889年出生于纽约一个富裕的家庭，时常接触到美国上等阶层生活中常有的具有文化和历史气息的装饰设计风格。[1]在二十世纪三十年代初期，德蕾铂开始涉足酒店室内设计领域，她在好莱坞摄政风格的演变过程中扮演了重要的角色。她曾在期刊中发表文章讨论关于设计时的技巧："颜色和设计的协调并不仅限于油漆、纸张、织物和地毯。它延伸到中式瓷器、玻璃、桌布、银器。"[2]（图5.25、图5.26）

图5.25　德蕾铂个人官方网站上展示的作品　　　　图5.26　德蕾铂为Greenbrier度假村设计的大堂，运用了中国瓷器和屏风作为点缀

　　在海恩斯和德蕾铂等室内设计师与建筑设计师的推动下，好莱坞摄政风格在二十世纪的美国上层和中层阶级的建筑和室内的设计中得以广泛流行。

5.3.3　好莱坞摄政风格中常见的中国装饰风格元素

　　好莱坞摄政风格的优势在于它擅长从其他设计风格中汲取灵感，以创造其独特的设计风格。例如，其装饰物多呈现出华丽、光亮的特点，这与巴洛克晚期或洛可可风格具有很多共同点。它在装饰方面多使用金属和玻璃，这受到了现代装饰艺术的启示。[3]同时，中国装饰风格始终是好莱坞摄政风格的一个重要的灵感源泉。有趣的装饰，如竹元素、宝塔造型、漆面

1　Cmhs, S.T, Great American Hotel Architects Volume 2[M], Indiana: Author House, 2020.

2　Draper D, Interior Design[J], Travel USA Bulletin, 1948(1), p.13.

3　Michael Collins, A. Papadakēs, Post-Modern Design[M], London: Academy Editions, 1990, p.127.

屏风和花卉中国元素壁纸，都是好莱坞摄政风格房间的特色（图5.27、图5.28）。

图5.27　芝加哥古董店出售的吊灯，约1940年

图5.28　好莱坞摄政风格的家具

（一）瓷器

前述章节中有提到独立战争前，北美就已开设了数家本土瓷器工厂。到1889年，沃尔特·斯科特·莱诺克斯（Walter Scott Lenox）开设了一家瓷器艺术公司（图5.29），公司的宗旨是为质量、艺术性和美感设定最高标准。1906年为致敬创始人，更名为莱诺克斯股份有限公司（Lenox Incorporated）。

1917年尝试推出一款命名为明式图案的瓷器盘子，使用了一种被称为全彩色平版印刷贴花（lithographic decals）的装饰技术（图5.30，见下页），随后的一年又推出了一款

图5.29　创始人莱诺克斯站在美国陶瓷艺术公司
（Ceramic Art Company）前

手工珐琅点（enamel dots）工艺盘子（图5.31，见下页），这些技术创作出的瓷器制品后来都成为公司的经典设计。这两项"新"技术分别可以追溯回中国宋元时期的吉州剪纸贴花瓷器[1]（图5.32，见下页）、十九世纪中叶英国威基伍德（Wedgwood）瓷器公司的手绘结合转印贴花工艺[2]（图5.33，见下页）和康熙三十五年革新成功的珐琅彩瓷器[3]（图5.34，见下页）以及英国威基伍德的浮雕珐琅设计（图5.35，见下页）。

1　王国本，刘杨，肖史牟：《吉州窑与吉州窑陶瓷艺术》[M]，南昌：江西教育出版社，1999年。

2　蒋炎：《传承与重构——威基伍德陶瓷产品设计的历史研究》[D]，南京：南京艺术学院，2017年。

3　李纪贤：《清康熙朝瓷器初探》[J]，《故宫博物院院刊》，1979年第4期。

图5.30　莱诺克斯公司（Lenox）：《明式图案》（The Ming Pattern），1917年。使用贴花技术的设计

图5.31　莱诺克斯公司（Lenox）：《秋日图案》（Autumn Pattern），1918年。首次运用珐琅点技术的设计

图5.32　现藏于故宫博物院的吉州窑黑釉剪　　　　　图5.33　英国威基伍德（Wedgwood）瓷器公司的手
　　　　纸贴花三凤纹碗　　　　　　　　　　　　　　　　　绘结合转印贴花工艺

图5.34　现藏于故宫博物院的清乾隆时期，金胎画珐琅杯盘　　　图5.35　英国威基伍德瓷器公司（Wedgwood）的浮雕珐琅
　　　　　　　　　　　　　　　　　　　　　　　　　　　　　　　　　　技艺

从图片中对比可见战后美国的瓷器设计仍受英国进口商品的影响，形态造型与之也更为接近。单从时间轴上也不难看出，英美两国的瓷器设计的灵感原型，或多或少均有来自中国的瓷器设计。

好莱坞摄政风格中经常能看到中国装饰风格瓷器制品的应用。好莱坞社交名媛多尔西·迪·符拉索位（Dorothy di Frasso）于贝弗利山庄的家中就将瓷器花瓶改造成台灯，作为装饰品成为房间的点缀（图5.36）。

2016年，前美国总统罗纳德·里根的家人（1911—2006年在任）在佳士得纽约拍卖行对他曾居住的房屋和家具进行拍卖

图5.36 埃尔希·德·沃尔夫设计的好莱坞社交名媛，多尔西·迪·符拉索位（Dorothy di Frasso）于贝弗利山庄的家

时，大量房屋内部照片流出，从这间典型的好莱坞摄政风格装饰的家中，不难看出他对瓷器的喜爱，家中大到灯具、花盆，小到餐具、摆件都选用了中国装饰风格瓷器品（图5.37、图5.38、图5.39）。

图5.37 罗纳德·里根和南希·里根在贝莱尔家中的图书馆中随处可见瓷器制品

图5.38 达文波特铁矿石中国装饰风格餐盘（Davenpory Ironstone Chinoiserie Dinner Plates），罗纳德·里根及夫人个人收藏

图5.39 罗纳德·里根及夫人的个人收藏

图5.40 一组二十世纪的中国装饰风格的瓷器人物摆件，出产地不详，怪诞的造型具有明显的晚期英式中国装饰风格设计元素。罗纳德·里根及夫人的个人收藏

里根及夫人的一组私人藏品（图 5.40），被描述为"日本柿右卫门风格，饰有中国装饰风格贝克形状徽章的瓷器餐具。"从这段描述中不难发现，即便到了二十世纪，西方人对亚洲不同地区的艺术设计风格仍会区分不清，而设计从某种程度上说是一种杂糅。

如今，美国白宫内仍保留了一个房间，用来展示自十八世纪至二十一世纪历任总统宴请宾客时所使用的陶瓷餐具收藏，其中就包括大量的中国装饰风格收藏（图 5.41）。在众多表示"陶瓷"的英文单词中，官方在对外描述这些陶瓷制品时使用的是"china"，并将其定义为"自1789年至今为行政大厦餐桌服务的瓷器和陶器"[1]。在白宫内设

图5.41 位于白宫1层的"陶瓷厅（China Room）"，自1917年以来一直被用作白宫陶瓷、玻璃和银器的展览空间。图片来源：白宫历史协会

---

1 William Allman, Official White House China: From the 18th to the 21st Centuries[M], Washington: White House Historical Association, 2016.

置陈列柜用来展示陶瓷制品的设想最早由1889年以第一夫人入主白宫的卡洛琳·哈里森（Caroline Harrison）提出。她是一位多才多艺的水彩画和中国画艺术家。她的丈夫本杰明·哈里森主张高关税以保护美国的工业。因此作为第一夫人，为宣传美国产品的优越性，哈里森夫人把她历史的兴趣集中在与白宫历史有关的装饰艺术品上，其中就包括为后代保存一些总统陶瓷餐具的计划。从历届总统定制的陶瓷藏品中，可以看出战后美国本土的陶瓷工厂所创作生产的产品中，都在努力摆脱早期受英式中国装饰风格的影响，代表美国的装饰元素的应用都更加明确（图5.42、图5.43）。

图5.42　伊迪斯·威尔逊（Edith Wilson）委托莱诺克斯公司创作的一套"与首席执行官的家相称"的图案的陶瓷餐具

图5.43　埃利诺·罗斯福（Eleanor Roosevelt）的夫人于1934年委托莱诺克斯公司定制的总统陶瓷餐具。在大萧条时期这组瓷器因高昂的价格存在争议

（二）漆器

中国漆器在明清时期出口欧洲，并得以广泛流行，同时它对中国风格产生了重要影响。[1]在欧洲，漆艺被用于各种家具上，包括橱柜、椅子、盒子等。漆器的颜色模仿了东方的暗色调，多为红黑两色，主要是红色和黑色，在底漆上面还可能有彩绘或金线。然后加入东方的图案，如山水风景、庭院人物、竹石花鸟、民间传说等。在漆器行业的全盛时期，这一工艺几乎被应用到了室内装修的每一处。[2]

墨西哥西部和南美洲的本地漆器——拉卡（laca）和莫帕莫帕（mopa mopa）也因为中国装饰风格漆器的进口而发生了变化。因为无法进口到亚洲漆器所需要的树脂，工匠利用当地的材料开发了新的绘画风格

1　金晖：《明清外销漆器研究》[D]，上海：上海大学，2017年。

2　晏彦：《浅谈"中国风"对欧洲洛可可时代的影响》[J]，《美苑》，2008年第6期，第93—94页。

和技术，以满足人们对中国装饰风格漆器的需求。特别是墨西哥城市Peribán、Uruapan和Pátzcuaro的漆器，展示了源自欧洲和亚洲的各种图案。切尔达（José Manuel de la Cerda）是当时一种漆器艺术家中最突出的，他的工作室出品的设计就能看到明显的亚洲影响。图 5.44中的作品就具有异国情调的外观，绘制的中国风格建筑和背景中出现的金色垂柳和中国式宝塔建筑。同时又描绘了欧洲的影像，如骑马的军队和围攻城市的船只。这些图像让人联想到曾经发生在西班牙的基督徒和摩尔人之间的战斗。

　　漆器作为中国装饰风格的一个重要元素，被诸多设计师应用于好莱坞摄政风格的设计中。好莱坞摄政风格设计师中自喻为"东方代表"的詹姆斯·蒙特（James Mont）是二十世纪美国设计界最耀眼的人物之一。他的作品表现出对上世纪欧洲设计中流行的中国装饰风格的严重依赖（图5.45）。米切尔·欧文斯（Mitchell Owens）在1996年4月的《纽约时报》中将蒙特的作品描述为："东方轮廓和西方现代主义的时尚融合。"

图5.44　切尔达（De la Cerda）工作室：漆器，十八世纪，目前收藏于波士顿艺术博物馆　　　图5.45　蒙特：屏风，1950年，木质宝塔式上翘屋檐作为装饰极具中国装饰风格

　　他非常擅长使用漆器技术，创造出极富异域情调的前卫设计。蒙特学习中国传统设计中的对称美学，经常采用中国漆器中经典黑、红、金配色，作品在庄重含蓄中透露出雍容华贵的气息（图5.46、图5.47）。

图5.46　蒙特代表作折叠吧台及其他中国装饰风格
的设计

图5.47　蒙特：中国装饰风格朱砂漆操作台，1950年

从1960年起，威利·里佐（Willy
Rizzo）涉足室内设计领域，开始设
计家具。他的代表作之一，源自中国
道教的阴阳造型搭配圆形黄铜储物空
间是点睛之笔，体现了中国装饰风格
漆器元素善用黑色和金线的特点（图
5.48）。

图5.48　威利·里佐：黄铜漆器鸡尾酒桌，1970年

（三）壁纸

为了迎合欧洲市场，满足时尚贵族的消费和装饰需求，中国装饰风格
的墙纸应运而生。十六世纪，中国壁纸开始进口到欧洲，中国手绘、刺绣
的色彩和花纹，以带有花、鸟、风景图案的壁纸的形式，在欧洲开始流
行。[1]中国出口的壁纸对欧洲的设计形成了巨大影响，丰富的手绘色彩和
精致的细节，还有高昂的价格，这些壁纸让富人们为之疯狂。在英国和法
国，壁纸设计多以中国壁纸为模仿对象的。手绘的中国装饰风格壁纸图案
多以花鸟画为主，富有异国情调的城市风情，这也可以看作是欧洲人奢华
生活的体现（图5.49、图5.50、图5.51、图5.52，见下页）。

1　Joseph Needham, Tsien Tsuen-Hsuin. Science and Civilization in China: Volume 5,
Chemistry and Chemical Technology, Part 1, Paper and Printing[M]. Cambridge University
Press, 1985, p. 116.

图5.49 1775年阿姆斯特丹Geelvinck–Hinlopen博物馆内的中国房间

图5.50 来自十八世纪手绘墙纸,存放于英国贝尔顿宅邸

图5.51 约1750—1800年出口到欧洲的墙纸,现存于伦敦维多利亚和阿伯特博物馆

图5.52 手绘悬挂墙纸的流程图

早期美洲出品的中国装饰风格墙纸大多是抄袭欧洲的时尚，直到1739年，普伦吉特·福勒森（Plunket Fleeson）在费城发布并销售墙纸[1]，改变了美洲对欧洲进口墙纸的依赖。1935年，德蕾铂为加州箭头泉酒店（Arrowhead Springs Hotel）[2]设计出了好莱坞装饰风格中最经典的巴西印花墙纸图案Brazilliance[3]（图 5.53）。7年后，创立于洛杉矶的C. W. Stockwell定制面料和墙纸公司，公司总裁露西尔·沙坦（Lucile Chatain）也设计出了美国历史上最著名的墙纸图案[4]——马提尼克（martinique）印

花图案，也被称为大棕榈叶墙纸（图5.54）。之后被好莱坞装潢师唐·洛珀（Don Loper）注意到，并应用在贝弗利山庄酒店（Beverly Hills Hotel）的翻新设计中，造就了经典。美国1985年著名电视剧《黄金女郎（The Golden Girls）》，这部剧获得过多项重要奖项，剧中主角卧室的布景中出现了大

图5.53　德雷珀常将这款经典的Brazilliance香蕉叶印花墙纸应用在设计中

图5.54　1947年洛杉矶一本杂志上宣传马提尼克印花墙纸的广告

图5.55　美国1985年著名电视剧《黄金女郎》剧照

1　Janet Waring, Early American Stencils on Walls and Furniture[M], San Francisco: Courier Corporation, 1968, p.20.

2　Joanna Banham, Encyclopedia of Interior Design[M]. London: Taylor & Francis, Inc. 1997, p.1258.

3　Harold Wallace Ross, Katharine Sergeant Angell White. The New Yorker[N], F-R Publishing Corporation, 1947, p.23.

4　Timeless & Modern, C. W. Stockwell[Z]. C.W. Stockwell.Web.15 Nov 2021.

量植物装饰设计（图5.55）。

好莱坞摄政风格设计中使用的墙纸也经常出现大自然相关的主题，包括大量美国本土常见的植物，像香蕉叶和棕榈树等，相较欧洲中国装饰风格墙纸，美洲设计的都带有浓郁当地特色。

5.4　美国当代设计中的东方影响

十九世纪后，西方文化始终占据着主导地位，并形成了西学东渐的潮流。然而从十六世纪开始，欧美出现了东学西渐现象，并产生了中国装饰风格热潮，对当代美国社会的发展，特别是艺术设计领域的发展仍保持一定影响。本节重点讨论从二战后到二十一世纪初这个时间段中，东方文化对美国艺术设计的影响。

美国当代受东方风格影响的设计在特色上与曾经风靡欧美四个世纪之久的中国装饰风格有一定共同之处，但也存在区别。虽然部分设计作品中仍有生硬套用中国元素之嫌，这和中国热时期的设计相似，但部分当代设计作品更注重对东方文化内核的理解，能将中国文化的元素更圆融地纳入美国设计文化之中。

5.4.1　美国艺术设计与禅宗文化的碰撞

当佛教在汉朝传入中国时，与儒家和道家发生了冲突和融合，最终产

图5.56　1893年在芝加哥举办的首届世界宗教大会

生了禅宗。禅宗的文化遗产可以追溯到几千年前，其美学充分体现在诗歌、绘画甚至建筑和园林中。这种审美哲学逐渐成为中国人思想文化的典型代表。[1]禅宗被引入美国始于十九世纪末，即1893年。当时禅师铃木（Shunryu Suzuki）参加在芝加哥举行的世界宗教大会，让西方人首次领会到东方禅宗的魅力（图5.56）。[2]到二十世纪三十

1　张晔子：《禅宗美学在现代室内设计中的应用研究》[D]，长沙：中南林业科技大学，2013年。

2　刘桂荣，傅居正：《禅宗美学对美国现当代艺术创作理念的影响》[J]，《河北大学学报》（哲学社会科学版），2014年第5期，第148—151页。

年代，禅宗的著作和思想已经在许多美国艺术家中流行起来，在二十世纪五十年代和六十年代，禅宗在美国社会中已经成为了一种时髦风尚。[1]

禅宗不仅受到美国普通人的热烈欢迎，而且还吸引了艺术界的关注，对东方禅宗的崇敬在二战后的这段时间里最为广泛和强烈。其主要原因是，美国已经成为了世界文化和艺术的核心，以抽象表现主义为代表的后现代艺术正在风靡全球。一些美国艺术工作者通过禅宗得到了灵感。禅宗美学影响了许多著名艺术家，如马克·托比（Mark Tobey）等人。[2]

（一）美国"垮掉的一代""嬉皮士"的宗师——中国诗人寒山

美国嬉皮士代言人杰克·凯鲁亚克（Jack Kerouac）在其自传体小说《达摩流浪者（The Dharma Bum）》中介绍了寒山精神和禅宗顿悟的修行方式（图5.57）。[3]中国唐代诗人寒山的诗歌中贯穿着浓厚的佛教和道教主题，表现出对佛教和道教的深刻理解。禅宗从镰仓时代（1185—1333年）开始在日本全国流行。作为禅宗代表诗人，寒山成为日本人关注的焦点。他的一些诗歌和谚语被认为是伽陀（佛陀在散文或诗句中的特殊说法），他对生活的态度与诗歌的潮流相吻合，即渴望退出世俗对名誉、财富和权力的追求，这在日本平安时代和室町时代（794—1568年）之间受到广泛推崇。从美学的角度来看，寒

图5.57　1958年出版的《达摩流浪者》

山的诗歌以其宁静、空灵和哲学视角而闻名。同时期，美国的新一代青年被称为"垮掉的一代（Beat Generation）"。当他们开始对西方以外的世界进行精神探索时，以铃木泰太郎（Daisetsu Teitarō Suzuki）为代表的一群日本佛教学者将禅宗带到了西方。[4]再经凯鲁亚克的传播，寒山在二十世纪六七十年代的美国备受欢迎，作为"垮掉的一代""嬉皮士"的宗师形象而受到欧美青年的推崇，成为精神领袖。

另一位在美国传播禅宗的先行者是铃木俊隆（Shunryu Suzuki），他的父亲是一位僧人，他从12岁起就开始修习禅宗。他于1959年来到美国，在

1　李阳，徐明玉：《中西方文化融通背景下的东学西渐——禅宗美学对美国战后艺术影响的国内研究综述》[J]，《社科纵横》，2017年。

2　李阳，徐明玉：《中西方文化融通背景下的东学西渐——禅宗美学对美国战后艺术影响的国内研究综述》[J]，《社科纵横》，2017年。

3　Jack Kerouac, The Dharma Bums[M], California: The Viking Press, 1958.

4　Suzuki, D.T, Shin Buddhism[M], New York: Harper & Row, 1972, p.93.

旧金山传授禅宗。他主要向美国人提供禅修打坐训练方面的实际指导。他在美国的禅修中心并不是为了传播宗教，而是一个用于精神指导的场所，因此经常被文化人士、艺术家和策展人用作艺术和文化活动的实验场所。这里是许多艺术家来冥想的地方，他们需要从中寻求精神上的启迪。

美国西海岸的佛教研究和普及在铃木俊隆去那里之前就已经开始了。英国学者和作家瓦特（Alan Watts），1953年开始在美国KPFA电台发表佛教思想的演讲。他是在旧金山艺术领域中推广东方思想的重要人物。瓦特有意让他的理念改变旧金山的艺术。从佛教注重人的心灵改造的观点来看，艺术创作不是创造物品，也不是自我表达，而是改造内在的自我。可以看出，瓦特致力于改变人们的内心。这种艺术趋势不仅致使了旧金山观念艺术的繁盛，也改变了旧金山地区的精神面貌。在这一地区的精神风景中，需要注意的是二战后产生的"垮掉的一代"，这是年轻一代美国文学者接受东方影响的象征。其代表人物有诗人金斯堡（Irwin Allen Ginsberg）等人。他们在自己的小说和诗歌中体现了对当今感性生活方式的渴望。其中的代表作的是金斯堡的《嚎叫（HOW）》（诗歌），以其反理性主义的理念震惊了美国文学界。这些人都是在二战的历史背景下长大的，对西方社会和文化思想有着强烈的反感。因此，他们开始寻找精神提升和释放的新途径。结果，他们发现东方的思想中确实超越性的、回归生命本质的方式。这样一来，东方思想，特别是佛教，就对他们产生了强烈的吸引力。"垮掉的一代"的成员能够认真学习大乘佛教和其他东方宗教，有些人成了僧侣。由于这些人和事件，旧金山成为新式文化的中心。[1]

（二）美国禅宗主题艺术展

二十世纪七十年代，波士顿艺术博物馆举办了第一场名为"禅宗绘画和书法（Zen Painting and Calligraphy）"的禅宗主题艺术展。它展示了来自日本寺庙、私人收藏、公共机构和私人画廊的禅宗绘画和书法。这些作品包括中国宋元时期的名人画作，如《寒山拾得图》等，以及山水、花鸟等作品，皆受到好评。这次展览推进了禅宗在美国艺术领域的普及。

美国的艺术史在二十世纪六十年代和七十年代进入了最具活力的实验时期。这些实验试图超越既定的艺术概念，尽量接近生活。艺术可以是身体、语言、表演或生活。从二十世纪九十年代至今，西方艺术捕捉到了艺术颠覆生活的方式，新的艺术类型"当代艺术"正式形成了。简而言之，禅宗思想对西方当代艺术的影响是非常明显的。[2]禅宗对美国艺术工作者的

1 尤晓悦：《美国"垮掉的一代"与日本太宰治等作家比较研究》[D]，沈阳：辽宁大学，2012年。

2 王瑞芸：《美国艺术史话》[M]，北京：金城出版社，2013年，第165—170页。

影响展现创造理念、创作方法、原材料等方面，特别是禅宗美学思想，这对艺术工作者创造理念的影响是非常深远的，这些思想形成了艺术家们的艺术理念，也影响了艺术家们的创作设计。[1]

（三）美国的禅意枯山水风格园林景观设计

二战后的艺术家们通过极简主义的设计打开了作品的具象空间，用有限的艺术形式来诱发无限的审美体验。[2]东方水墨画和园林设计渗透着禅宗思想，用有限来表示无限的意境，这正是中国艺术的精髓。中国的水墨作品，往往运用以少见多的绘画技法，内敛含蓄的氛围感通常是通过留白来扩展作品的整体艺术空间而创造出来的。[3]中国风景园林的景观所传达出的悠远禅意，也同样是通过有限的景物来表现无限的空间而达到的效果。在艺术家彼得·沃克（Peter Walker）等人的景观设计中，会考虑作品所在的环境，以有限的艺术作品的形式唤起无限的审美体验，实现了人和自然的和谐统一。他的《唐纳喷泉》（*Tanner Fountain*）是极简主义的一个典型。传统的西方园林是以强调宏伟、整洁、庄严为理念的，而他的喷泉设计则参考了日本枯山水庭园的创作方式，只用石头和水作为主要的创作元素，用一百多块花岗岩排列成一个圆形石阵。石阵是这一作品的中心造型，其中心的喷雾泉能创造出自然和朦胧的感官效果。通过这些自然景观以及光线变化的效果，以有限的方式营造出了虚无缥缈的审美境界，为参观者诠释了大自然的神秘特性（图5.58）。

图5.58　彼得·沃克：《唐纳喷泉》，1984年，景观设计

随着禅宗在西方的兴盛，美国艺术家们看到了许多中国古代的禅宗绘画、书法和禅宗园林作品，并从中感受到了禅宗的深邃、悠远、空灵的境界。前卫艺术家如野口勇（Isamu Noguchi）等受到此启发，在他们的作品中使用了丰富的自然元素。野口勇在他的作品中，借用了禅宗园林的

1　刘桂荣，傅居正：《禅宗美学对美国现当代艺术创作理念的影响》[J]，《河北大学学报》（哲学社会科学版），2014年第5期，第148—151页。

2　李阳：《禅风西渐：禅宗美学对美国战后艺术的影响》[D]，沈阳：辽宁大学，2019年，第113页。

3　王广忻：《现代水墨画中的美学意识探讨——评〈中国现代水墨画〉》[J]，《林产工业》，2020年第05期，第120页。

方法，用石、水、沙、土等来创造一个艺术空间。他在二十世纪八十年代设计了被称作《加州剧本》的庭院艺术品，展现加州景观（图5.59、图5.60）。其中许多自然元素以随机的方式被放置在一个平面空间中，以南部的沙漠，东部的山脉和雄伟的瀑布等雕塑清晰地讲述了加州自然的风景，作品的构图采用了禅意枯山水的方法。其中的一件名为《利玛窦精神》的作品由数十块铁锈色花岗石组成，象征加州的丰饶起源。[1]整个作品旨在为观众创造一个"侘寂"的冥想的空间，实现人与自然风物的交流，以有限诠释无限，充满了禅的精神。[2]

图5.59　野口勇：《加州剧本》（California Scenario Sculpture Garden）（局部），1983年，城市景观雕塑

图5.60　野口勇：《利玛窦精神》（The Spirit of the Lima Bean），1983年，《加州剧本》内的石组雕塑

1　李阳：《禅风西渐：禅宗美学对美国战后艺术的影响》[D]，沈阳：辽宁大学，2019年，第120页。

2　邹涛，时昀：《极简主义与侘寂美学的比较研究》[J]，《设计》，2018年第009期，第48—49页。

总的来说，第二次世界大战后，受禅宗的指导和影响，部分艺术家开始重新审视大自然的要素，创作尝试以意境呈现人类的内心，而不再是以再现自然风光为目的。并且，极简主义方法让创作形式不再复杂，尽量减少了线条、色彩、光影等元素的使用，以简约的方式传递作品的精神内涵。

（四）"无分别心"的波普艺术

继抽象表现主义之后，二十世纪六十年代初美国艺术出现了一个新流派：波普艺术，[1]其理念是：艺术应该等同于生活。波普艺术诞生于劳森伯格（Robert Rauschenberg）和约翰斯（Jasper Johns）之手。劳森伯格是一个狂热的画家，擅长即兴创作，风格气势宏大。约翰斯的画风偏平静、理性、枯寂。但两人都希望用他们的艺术来对抗抽象表现主义的夸张的自我表达。由于他们把艺术带入了与绝大多数人都相关的领域，因此它在五十年代末一出现，就快速取代了抽象表现主义的地位，并被推到了艺术界的主角地位。

波普艺术受到了艺术家杜尚（Henri Robert Marcel Duchamp）的重要影响。除此之外，波普艺术还受到了禅宗的影响。杜尚生活态度的本质就是禅。他们理念的共同之处是"无分别心"，即生命没有高低贵贱之分，没有美丑的区别，生命只是全然而充分地活在每一项人生的活动、每一个具体的时刻里。只有在这种状态下，生命才是自由和充盈的。

禅宗对波普艺术的影响，从二十世纪初便出现端倪。二十世纪初，日本禅宗大师铃木泰太郎时常前往欧洲和美国向西方人普及禅宗。二十世纪四十年代，他在哥伦比亚大学讲授禅宗时，美国音乐家凯奇（John Cage）接受了禅宗的思想。凯奇在音乐、美术等方面都有成就，他在这些领域传播了禅宗思想，尤其是在美术领域。他和许多艺术家是朋友。二十世纪五十年代，他在艺术学院黑山学院任教，并把禅宗思想传播给了他的学生。罗伯特·劳森伯格（Robert Rauschenberg），后来的领先波普艺术家，就是他当时的学生之一。劳森伯格曾提及，他在五十年代开始把实物放进绘画的创意，就是受了老师凯奇的影响。偶发艺术的倡导者卡普洛（Allan Kaprow）也是凯奇的学生。卡普洛也曾说过，其偶发艺术的创意来自凯奇"生活是艺术"的观点。而劳森伯格和卡普洛都是那个时代有影响力的艺术家。所以，凯奇取自禅宗的"无分别心"的理念和杜尚的设计思想，共同推动了美国艺术史的发展。

二十世纪六十年代期间，美国的平面设计业快速发展，越来越多的平面设计家开始涌现。其中的麦克·萨里斯伯利（Mike Salisbury），他

1　王瑞芸：《美国艺术史话》[M]，北京：金城出版社，2013年，第140—149页。

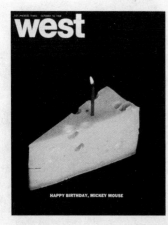

图5.61 萨里斯伯利：《西部》杂志封面，
1969年

把波普艺术风格引入到平面设计中。1967年，萨里斯伯利成为了《洛杉矶时报（Los Angeles Times Weekly）》星期天副刊《西部（West）》的平面设计主编，他在工作过程中，发展出了基于波普风格的、较为自由和随性的、充满青少年活力的、具有西部精神的平面设计风格（图5.61）。五年后，他转去另外一份青年刊物《滚石（Rolling Stone）》担任平面设计首席编辑。《滚石》杂志是关于美国摇滚音乐的重要刊物，吸引了大量美国的年轻读者。1974年，萨里斯伯利对《滚石》杂志的整个版面和平面风格进行了全面改革，使其具有明显的波普特色，从而形成了与摇滚精神完全一致的新风格，受到了读者的欢迎。该杂志的发行量也因此大大增加，萨里斯伯利作为设计师的作用得到了高度赞赏。不断有人来邀请他设计杂志的总体平面风格，这些杂志和出版物的风格大多与《滚石》相似，即与年轻读者密切相关，其中较为重要的有《都市（city）》《新西部（New West）》等等。萨里斯伯利成为了美国知名的自由撰稿平面设计师，成为将波普风格引入平面设计领域的先驱。他为新类型杂志设计了海量的封面，到二十世纪八十年代，由他着手设计封面的杂志的总发行量达10亿册，是最受年轻人欢迎的平面设计家之一，对平面设计领域有巨大的影响力。[1]

　　二战后，美国出现了一种新的平面设计流派，它的风格是：往往标语口号非常简短，以图形强调观念，观念和图像之间的联系非常紧密，它和现代艺术运动具有紧密的联系。二十世纪六十年代前后，抽象表现主义、波普艺术也影响了美国的设计流派。

　　在二十世纪五十年代到六十年代期间，在美国设计领域出现了新的代表，以集中在纽约的设计师为主，他们共同出版了一份被叫作《图钉年鉴（The Push Pin Almanac）》的刊物，以这份刊物体现设计师们的设计理念和探索为代表。1954年，创始人米尔顿·格拉塞（Milton Glaser）从欧洲回国，正式创办了"图钉设计事务所"（The Push Pin Studio），这个事务所成为新一代平面设计的核心，其特点是强调单纯的艺术表现和平面设计的结合。在设计理念、设计技术上都对当时的平面设计产生了重大影响。"图钉"团队的成员都有自己独特的风格。在二十世纪六十年代，格拉塞

1　王受之：《世界现代平面设计史：1800—1998》[M]，北京：新世纪出版社，1998年，第228—234页。

采用很细的黑线为图形的轮廓线，并用彩色胶片给它们着色。这种技术，与美国流行的漫画的插图手法类似，具备单线平涂的特点，同时，又让他的设计风格和盛行的波普艺术非常相似，因为契合潮流，得到了人们的广泛欢迎。（图5.62）因此，他的设计风格被广泛模仿，他的个人风格也成为平面设计的流行风格，是对战后美国平面设计界最重要的影响之一。

图5.62 格拉塞为纽约视觉艺术学院设计的海报《艺术是……》，1996年

（五）乔布斯的设计"初心"

乔布斯（Steve Jobs）最开始从一本名为《禅者的初心（Zen Mind, Beginner's Mind）》的书接触到了禅宗，初次了解了"初心"的说法。这本书的作者是日本铃木俊隆禅师。后来，乔布斯在世界著名的斯坦福大学的毕业演讲中，引用了他几年前在一本杂志上阅读的一句话"stay hungry, stay foolish"，这正是"初心"的一种清晰实用的表达。[1]

1974年春天，乔布斯和同伴去了印度。他们的目的是访问一位印度教圣徒，但没有如愿，于是，这两个年轻的美国人开始了在印度的流浪之旅，一边旅行一边谈论哲学。回到美国后，乔布斯经常去洛斯阿尔托斯的禅宗中心打坐冥想。在此处，他遇到了一位来自日本的禅师乙川弘文（Kobun Otogawa）。乔布斯和他在禅室附近度过了很多时光，一起喝茶闲聊，冥想。长期的禅修必然对乔布斯的思想产生了一定影响。其知名产品苹果的标志设计体现了对人性的深刻理解，表现为一种简单、空灵的禅宗美学（图5.63）。

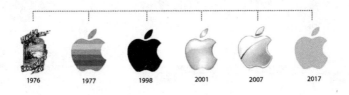

图5.63 苹果标志设计的变化图

1 庄秋水：《乔布斯的禅宗之旅》[J]，《看历史》，2011年第11期，第13页。

203

5.4.2 美国本土时装设计中的中国文化符号应用

图5.64 洛特·埃罗尔（Lotte Errell）：
《Vogue》，1933年12月15日摄影作品

早在1892年到1943年，《Vogue》就不再把中国看作是一个静态的国家，而是看作一个由时尚定义的现代跨国社区。该杂志的内容展示了独特的中国时尚，在两次世界大战之间，它成为了美国富裕的白人妇女阶层的主要时尚杂志。杂志中展示了中国女性的时尚和爱国精神，并将她们描述成美国妇女的榜样。一些受过教育、富裕的中国女性，如宋美龄被视为美国人的榜样，美国对中国装饰风格服装的追捧，成为美国对中国的善意的象征[1]（图5.64）。

二十世纪二十年代，旗袍已成为中国服饰的象征符号。作为一种王朝后期的服饰，它处于各种中国服饰风格的十字路口，一方面是受传统束缚的古老服饰，另一方面是融合国际风格的先进服饰（图5.65、图5.66）。在两次世界大战之间，主要通过宋美龄，以及广为人知的时尚偶像等名媛形象被发扬光大。[2]

图5.65 1962年《Vogue》中刊登的旗袍制作纸样

1 Heather Chan, From Costume to Fashion: Visions of Chinese Modernity in Vogue Magazine, 1892-1943 [EB/OL], 2014, https:// quod. lib. umich.edu/a/ars/13441566.0047.009/--from-costume-to-fashion-visions-of-chinese-modernity?rgn=mai n;view=fulltext, 20AUG2021.

2 安德鲁·博尔顿（Andrew Bolton）：《镜花水月：西方时尚里的中国风》[M]，胡杨译，长沙：湖南美术出版社，2017年，第41—56页。

图5.66 詹妮弗·琼斯（Jennifer Jones）在1955年美国罗曼蒂克电影《生死恋》（Love Is a Many-Splendored Thing）中穿着旗袍的剧照

随着时间的推移，设计师们开始关注中国的文化象征，如儒家思想、书法和瓷器、龙袍、武术、中医、美食和中国长城。这些元素延伸到中国或中国装饰风格的服装中，呈现的图案有：龙图案、复杂的花卉刺绣、书法作品和中国瓷器等，这些图案成为设计师创造中国装饰风格服装的常用图案。

例如，几十位亚裔美国设计师在二十世纪八十年代初开始在纽约引领了时尚界，这些设计师大多在设计中应用了上述中国装饰风格图案。这第一批亚裔美国人时装设计师是中国装饰风格服装设计的先驱者，例如Anna Sui、Vivienne Tam等人，就是最开始被Calvin Klein、Bill Blass等一线服饰品牌聘用的亚裔美国时装设计师。他们每个人都有独特的审美，并且许多亚裔美国人设计师都建立了自己的品牌，包括Phillip Lim、Richard Chai等。随着他们获得市场认可，他们的存在得到了更多设计师的支持。在2008年经济衰退之后，许多独立设计师已经无法和奢侈品企业合作。不过，部分设计师开始尝试创立新的品牌。如越南裔设计师Peter Do，在纽约推出了自己的品牌"Peter Do"。

再如设计师谭燕玉（Vivienne Tam）出生于中国广州，在香港长大，她在很小的时候就发现了自己的设计天赋。这位设计师标志性的"中西合璧"美学在她的职业生涯中一直保持不变。她不仅成功地将中国的文化遗产带给了全球观众，而且她还成功地成为了一名文化创造者和引导者（图5.67）。又

图5.67 谭燕玉：2015年春夏系列竹子元素连衣裙

如，在2004年秋冬成衣系列中，汤姆·福特（Tom Ford）对中国旗袍进行了改造，加入了亮片和侧面垂坠的细节（图5.68）。

设计师纳伊·姆汗（Naeem Khan）的2011秋季系列也是中国装饰风格设计的代表作之一（图5.69）。Khan的灵感来自《丝绸之路》一书。《丝绸之路》描述了丝绸之路的起源、发展和改变，以及古代中国与亚、欧地区依托丝绸之路在政治、经济、文化等多方面的交流。姆汗的这一设计作品也体现了国际社会对中国丝绸以及丝绸之路在东西方关系中的作用的认可。[1]

2015年在大都会艺术博物馆举办的一场题为"中国——镜花水月（China：Through The Looking Glass）"的展览探讨了中国美学对西方时尚的影响。在展览的服装中，龙、蝴蝶等传统图案层出不穷。图为詹妮弗·洛佩兹（Jennifer Lopez）身着这款精心布置的龙图案礼服走在红地毯（图5.70）。

图5.68　汤姆·福特：2004年秋冬系列中的亮片中式旗袍　　图5.69　纳伊·姆汗：2011秋季成衣系列　　图5.70　詹妮弗·洛佩兹身着龙纹裙出席2015年展览，图片源自：赫芬顿邮报

从时装设计师们对中国装饰风格图案的热衷程度来看，东方文化对世界时装设计的影响已成为一种趋势。不过，服装中含有的中国元素对人们的偏好和购买意愿的影响程度，不如服装本身的审美特征重要。人们更希望设计师对服装形象进行更好的设计，而不仅仅是套用不同的民族元

1　文玉：《推荐学术专著〈丝绸之路〉》[J]，《丝绸之路》，1993年第2期，第1页。

素。[1]因此，笔者认为，简单地套用东方元素来设计服装是没有长久生命力的。

此次展览同时出版了一本名为《镜花水月：西方时尚里的中国风》的书。这个展览的展品主要有高级时装、传统中国服装、电影和艺术品等。书中有大量当代美国设计师设计的带有中国装饰风格的服装和绘画案例图片。

拉夫·劳伦（Ralph Lauren）2011至2012年的秋冬系列作品（图5.71），在背部使用了一条黑色的龙纹，结合西式紧身衣的结构造型，以及背部透明材质的运用，使该作品显得优雅、浪漫、性感。[2]然而，龙在中国一直是伟大和神秘的象征，甚至是皇帝权力的象征，人们对龙充满了敬畏和崇拜。然而欧美设计师完全摒弃了龙的神秘意境，将龙的形、神等方面进行变形和改造，服装的结构和款式则具有西方服饰的气息，形成了独特的视觉效果。

梅因布彻（Mainbocher）是二十世纪三十年代美国的知名服装设计师，其设计的连衣裙采用了花草图案，展现了一种轻松、古典的审美意趣（图5.72）[3]。

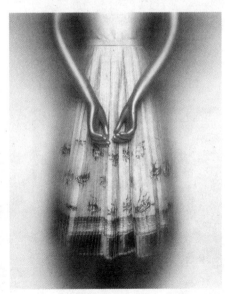

图5.71 拉尔夫·劳伦：套装，2011—2012年　　　　图5.72 梅因布彻：连衣裙，二十世纪五十年代

1　Delong M, Wu J , Bao M, The influence of Chinese dress on Western fashion[J], Journal of Fashion Marketing & Management, 2005, 9（2）, pp. 166-179.

2　金凯：《拉夫·劳伦：迟到的奢侈品直营者》[J]，《成功营销》，2011年第4期，第26—27页。

3　安德鲁·博尔顿（Andrew Bolton）：《镜花水月：西方时尚里的中国风》[M]，胡杨译，长沙：湖南美术出版社，2017年，第106页。

罗达特（RODARTE）由来自美国加州的设计师凯特·穆里维（Kate Mulleavy）和劳拉·穆里维（Laura Mulleavy）姐妹于2005年创建。她们于2011年设计的连衣裙采用了青花瓷花纹，体现了浪漫的中国风格（图5.73）。

朱迪思·雷伯（Judith Leiber）是知名的手袋品牌，其设计的手拿包以黑色水晶点缀周身，使用了中国塔的造型（图5.74）。

图5.73 罗达特：连衣裙，2011年春夏系列

图5.74 朱迪思·雷伯：中国塔手拿包

图5.75 耐克：烟花系列设计，2021年

1980年，美国运动品牌耐克进入中国市场，此后经常在产品中结合中国元素进行设计，尤其是每到春节，都会推出中国新年特别系列，丝绸、十二生肖、福字等都是常见的中国传统文化元素。

2021年，耐克公司推出了一个农历新年系列产品。这一系列的灵感来自庙会，包括烟花、中国结等设计元素。其中2021年烟花系列（图5.75）中的设计灵感来自中国新年传统元素——烟花。在鞋面上的皱纹纸纹理凸显了烟花效果，在鞋舌上有显眼的警告标志。

绸缎、中国结等中国元素的设计还出现在耐克其他系列运动鞋中，如Air Jordan 1 Low，它在标志性的配色方案中添加了提花图案和金属箔的装饰，并附有一个可拆卸的刺绣结，象征着为好运而佩戴的中国结（图5.76）。

图5.76　耐克：中国结系列设计，2021年

5.4.3　美国建筑设计中的亚裔设计师力量

一些亚裔美国人设计师在美国建筑设计领域，留下了不可磨灭的印记。他们中的许多人成了他们那个时代最受欢迎的设计师。如李锦沛（Poy Gum Lee），他出生在纽约市唐人街的中心地带。他于1920年毕业于普拉特建筑学院，并在麻省理工学院和哥伦比亚大学参加了更深层的进修。他曾为美国建筑师亨利·莫菲（Henry K. Murphy）工作过，莫菲是中国传统建筑风格的倡导者[1]，曾经主持设计过清华大学内的几座标志性建筑，作为一个美国人，他对中国传统建筑设计元素进行了探索和创新，为中西文化在当代建筑中的融合起到了推动的作用。

在一战中，李锦沛在美国军队服役。此后，他和他的家人移居中国，做了25年的建筑师，设计了孙中山纪念堂和孙中山陵墓等公共工程。二战期间，李锦沛的家被入侵的日本军队占领，他不得不回到纽约。他在美国建造了中华联合慈善总会、宝塔剧院和金劳纪念拱门等建筑（图5.77）。

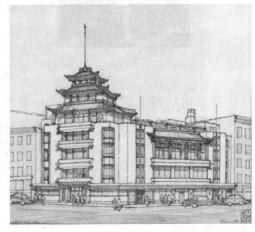

图5.77　李锦沛（Poy Gum Lee）的设计手稿

1　Henry K. Murphy, Adaptation of Chinese Architecture[J], The Oriental Engineer, 1926, vol.7, p.3.

又如被誉为"现代主义建筑的最后大师"（the last master of high modernist architecture）的华裔建筑设计师贝聿铭。贝聿铭出生于苏州名门，成长在上海的法租界和香港，因此自幼受到西方文化及教育的影响，同时由于母亲是虔诚的佛教徒，贝聿铭是在充满中国文化的家庭环境中成长起来的。他的作品以公共建筑、文教建筑为主，获归类为现代主义建筑，代表作品有美国华盛顿特区国家艺术馆东楼、法国巴黎卢浮宫和中国银行大厦等。

在为科罗拉多州国家大气研究中心设计新的实验室时，贝聿铭经常回忆起和母亲一起在佛教静修中度过的时光。"我会想起小时候和母亲一起看到过的地方——佛教山顶的隐居处。在科罗拉多山区，我试图再次倾听冥想，就像我母亲教给我的那样。对这个地方的调查对我来说是一种宗教体验。"[1]（图5.78）

图5.78　贝聿铭：科罗拉多州国家大气研究中心（National Center for Atmospheric Research），1967年

贝聿铭的硕士论文题目为《一个国家的文化和历史对建筑设计的重要性（The importance of a country's culture and history for architectural design）》。[2]他设计了一个在他的老家上海建立艺术博物馆的计划，赋予它一个现代主义的立方体设计，但用小花园包围它，以发挥其中国特色。在2004年《人民日报》的一篇文章中写他道，"我觉得无论我住在哪里，中国都在我的血液中。中国是我的根源。"他的成功是现在设计领域中西

1 I. M. Pei, Gero von Boehm, Gero von Boehm[M], London: Prestel Publishing, 2000.

2 Louise Chipley Slavicek, I.M. Pei. I.M. Pei, Asian Americans of Achievement[M]. New York: Infobase Publishing, 2009, p.36.

文化融合的一个优秀的典范。

5.4.4 "第三种思想：美国艺术家思考亚洲"展览

2009年春，纽约市古根海姆博物馆举办了为期三个月的展览，名为"1860—1989年第三种思想：美国艺术家思考亚洲（The Third Mind: American Artists Contemplate Asia, 1860—1989）"项目，展出了110位受东方美学影响的主要美国艺术家的数百件作品。这些艺术作品包括传统绘画、素描、雕塑等，它们的共同点是，都受到东方文化、信仰的影响，并具有跨文化的特征。[1]

如艺术家约翰·凯奇（John Milton Cage Jr.）与禅宗就有很深的渊源。他的绘画作品主要是抽象的铅笔画。作为前卫音乐作曲家和艺术家，凯奇的著作、音乐作品和与一些视觉艺术家的合作作品，对包括白南准在内的许多美国战后前卫艺术家产生了巨大影响。白南准是国际领先的视频艺术家，出生于韩国。1950年韩国陷入战争中，他与家人逃到了香港，之后转赴日本，在东京大学学习音乐。此后，他到德国继续学习音乐，认识了卡尔海因茨·斯托克豪森（Karlheinz Stockhausen）、约翰·凯奇以及概念艺术家约瑟夫·博伊斯（Joseph Beuys）等人，他们给他的电子作品创作带来了灵感。他的作品中呈现出"禅宗"的投射，这和他在日本的学习经历有一定关联（图5.79）。

图5.79　白南准：《电视-佛祖》（TV-Buddha），1974年

禅宗艺术和思想对保罗·科斯（Paul Kos）的影响体现在他1970年的声音类艺术作品"冰融之声"中，这件作品要求观众具有好奇心和注意

---

1 Caruso H Y, Asian Aesthetic Influences on American Artists: Guggenheim Museum Exhibition[J], International Journal of Multicultural Education, 2009.

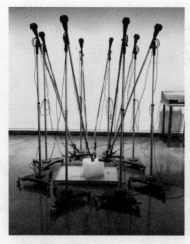

图5.80 保罗·科斯：《冰雪融化的声音》（Sound
of Ice Melting），1970年

力。通过艺术家制作的声音，体现冰融化的微妙声响。他的作品体现了冰融化的虚无、沉默的意境，也体现了冰融化的时间和过程，这些都是禅宗的元素（图5.80）。

展览中关于书法的内容侧重于体现艺术家手的自发姿态的创作方法。如弗兰兹·克莱恩（Franz Klein）、山姆·弗朗西斯（Sam Francis）等著名艺术家的绘画、水墨画和雕塑作品，多少都受到东亚书法和流行的禅宗著作的理念的影响。这些理念为艺术家提供了一个模糊的框架，促使艺术家理解和表达抽象艺术。例如，1983年，布莱斯·马登（Brice Marden）前往印度、斯里兰卡和美国。1984年，马登参观了日本之家的画廊展览。这个展览激发了他对中国书法的研究。他在自己的艺术实践和绘画中使用了书法的精髓。与他早期的极简主义风格相比，他在抽象绘画作品中体现出了自由的理念。马登在1987年至1991年期间创作了一系列创新性的纸上书法作品，这些作品清楚地体现了他从东方书法中获得的灵感（图5.81）。

如马克·托比（Mark Tobey），他是将东方书法应用于绘画的先锋人物，托比在上海学习中国书法，并在日本京都生活了一个月后，他对书法的兴趣和这段跨文化经历激发了他的创作灵感。他在深色背景上书写的白色文字，其构图没有固定的形式，更关注线条本身，这和亚洲书法有一定相似之处（图 5.82）。

图5.81 布莱斯·马登：《冷山绘画》（Cold Mountain Painting），
1987—1991年

图5.82 马克·托比：《水晶》
（Crystallizations），1944年

展览"第三种思想"将数百件不同领域的代表性艺术作品结合在一个主题展览中，通过亚洲美学和跨文化创作经验的主题，将领先的美国艺术家聚集在一起，给人们提供了观看、欣赏和理解东方美学对现当代艺术史上著名美国艺术家的影响的机会，让人们了解东方文化、信仰和哲学在过去一百多年中如何影响美国艺术家的创作。这个大型展览为人们欣赏和理解美国艺术提出了新的方法和渠道，有助于设计者厘清东方美学对美国艺术和艺术实践的影响，促进美国人对跨文化艺术的理解和接受。

5.5　小结

十八世纪后半叶，随着美国人开始主张独立，美国独立的革命情绪逐渐升级，他们为争取自由，摆脱英国的进口商品而进行斗争，例如茶、丝绸和瓷器等。他们非常重视中国传统文化和艺术，致力于根据中国风格元素进行再创造。甚至这一时期的欧美出现了一个常见的说法"After the Chinese taste"，鼓励书籍设计、广告设计等进行中国装饰风格的创造[1]。与英国的冲突日益加深，源于美国对政治独立权和经济自主权的渴望。在推动独立的同时，启蒙思想在欧洲和美国传播开来，强调理性、道德和个人。在美国，与这些革命情绪和启蒙思想交织在一起的还有想象中的中国风的构想，这一构想主要来源自英国和法国，并体现在当时的装饰艺术中。

直到美国独立并于1784年向中国开出第一艘商船之前，从东方进入美国的所有商品都是通过英国和法国运来的。[2]中国有时确实为美国市场生产产品，但这些产品是通过英属东印度公司进口而来。[3]然而，在美国更常见的是英国公司以中国装饰风格生产的产品。归根结底，美国人对中国风格的理解，主要是基于英国对中国产品的复制。部分美国人试图复制英式风格，将自己的住宅装饰成中国装饰风格，以唤起对反抗和民主的联想。在十八世纪，美国人对新古典主义的设计产生了兴趣，许多学者将新古典主

1　Ellen Paul Denker, After the Chinese Taste: China's Influence in America, 1730-1930[M], Salem, Massachusetts: Peabody Museum of Salem, 1985, p.5.

2　Oliver Impey, Chinoiserie: The Impact of Oriental Styles on Western Art and Decoration [M], London: Oxford University Press, 1977, p.48.

3　Lloyd E, Herman, American Porcelain: New Expressions in an Ancient Art[M], Oregon: Timber Press, 1980, p.10.

义设计和建筑与美国的民主理想联系起来。[1]新古典主义装饰成为美国殖民地的流行时尚，对一些人来说，它与民主古典文化有着更深层次的联系。同样，新古典主义住宅的装饰常常伴随着中国装饰风格，这可能会让一些美国爱国者联想到理想化的民主观念。

在美国，中国装饰风格的影响不仅是和新古典主义设计并存的，而且成为了一种相当流行的风格。罗伯特·C·史密斯（Robert C. Smith）在威廉斯堡古董论坛的演讲摘要中指出，中国的影响及其在美国形成的中国装饰风格"……构成了一股强大的外部势力，其影响力仅次于古希腊罗马时期。"[2]十八世纪的美国人对模仿欧洲君主和贵族们建造的奢华亭台不感兴趣。[3]随着美国成为一个富裕的国家，美国人在十九世纪才开始形成这类具有享乐性质的设计风格。[4]十八世纪美国殖民时期的装饰和设计元素以其沉稳的风格，适宜的装饰以及功能性而得到了广泛认可。总的来说，与英国中国装饰风格的设计相比，它在设计上更加清醒，对图案有了全新的诠释。[5]

好莱坞一直以其美丽和豪华的场景而闻名，这种奢华感也体现在了现实的设计中。在众多设计师们的推动下，好莱坞摄政风格除了体现感性的、幻想的设计风格之外，还引入并展现了中国装饰风格等新的思想和理念。它不仅是对好莱坞摄政风格的概括和融会，也是对其他艺术形式的探索和改革，是好莱坞黄金时代结合现代社会的审美意趣的反映。中国装饰风格的浪漫与浮华，"回归自然"的理念、线条的灵活应用，植物、花卉、鸟类等自然事物在设计中的应用、黑色和金色颜色的使用、中西结合的雕塑等，都为好莱坞摄政风设计师们提供了灵感来源。

作为一个新兴的国家，美国人追求的是功能性的设计，而不是英国贵族式的、华丽的具有中国装饰风格的设计。中国装饰风格在美洲的传入源于模仿英国的风尚，而不是对东方土地和文化的直接观察。美式的中国装

---

1 Allan Greenburg, Architecture of Democracy: American Architecture and the Legacy of the Revolution [M], New York: Rizzoli International Publications, 2006, pp. 34-36.

2 Robert C. Smith, "Chinoiserie Versus Chinese Influence in Anglo-American Furniture," Theme: The Oriental Impulse in Early America[M], Williamsburg: Colonial Williamsburg Foundation, 1969, p. 7.

3 Joseph Downs, American Furniture: Queen Anne and Chippendale Periods [M], New York: Viking Press, 1967.

4 Clay Lancaster, Oriental forms in American Architecture 1800-1870[M], New York: The Art Bulletin, 1947, pp. 183-193.

5 Joseph Downs, American Furniture: Queen Anne and Chippendale Periods[M], New York: Viking Press, 1967.

饰风格出现在墙纸、瓷器、纺织品、家具家居、时尚设计等装饰元素中。中国装饰风格是美国殖民时期的主要设计元素，融入中国设计元素的物品影响了许多人的日常生活。这种风格与十八世纪后期新兴的新古典主义思潮并不矛盾。然而，随着东西方交流的加深，美国的中国装饰风格逐渐变得更接近"人的真实的内心"。例如，弗兰克·赖特的建筑设计寻求天与人、人与物之间的和谐，他的建筑语言融入了许多与中国古代先秦诸子相同的思想。美国当代受东方风格影响的设计，虽然在很多方面都深受中国元素的影响，但部分美国设计师并不希望盲目模仿中国风的设计，而是将东方文化与美国人的设计思想融合起来，形成一种新的设计风格，如禅宗与杜尚的设计思想的融合。部分设计师倾向于在自己的作品中采用东方设计元素，或采用东方的文化理念。可以说，与"伪中国风格"相比，当代美国的东方风格设计概念也包含了一部分真实的中国文化元素。

第六章 结论

跨越百年，源自欧洲的中国装饰风格在北美被吸纳和重塑，打破了国家和文化之间的界限。本研究有助于读者更全面、更深入地了解中国装饰风格在北美经历的整个流变过程。

自从十八世纪末期开始，中国装饰风格在欧洲开始衰落，但此时，在北美殖民地的发展才刚刚开始。北美的中国装饰风格的形成和发展，体现了自成为英国殖民地以来，欧洲各国对中式风情的向往与追求。

纵观全文，中国装饰风格在欧美的传播，虽然未影响到欧洲的精神文化层面，但在多个艺术和设计领域都对欧美产生了较为深入影响。美国是国际当代艺术的原点，北美的中国装饰风格由美洲所主导，体现了美国的艺术设计理念、社会文化精神。因此本文对中国装饰风格与北美艺术设计之间的关系和产生的影响进行了重点研究。

成为殖民地的初期，由于东印度公司对贸易的垄断，殖民地居民无法与东方进行直接的接触，只能依据对英国进口而来的中国装饰风格商品，通过想象构建出一个神秘的中国形象。到了十八世纪，北美殖民地民众对中国商品，如茶叶、丝绸、瓷器和家具等产生日渐浓厚的兴趣。大量的需求导致了在经济上对英国的依赖，另一个原因是北美本土严重缺乏生产这些物品的资源。此外，英国人经常实施税收和禁令，迫使北美民众只能购买英国的进口商品。十八世纪中期，北美开始反击。那些意识到为了支持政治独立而需要经济自主的爱国者们，不顾各种障碍，推动当地人们创建自己的工厂。英国舶来品在革命社交圈里越来越不受欢迎。这场为生存而发动的斗争，激发了整个殖民地的革命精神。为生产出本土瓷器而专门建立的工厂和建立直接对华贸易的通道，这一系列的动作使北美在十八世纪晚期对独立的渴望达到了巅峰。

因此，北美的中国装饰风格可以以独立战争为界限，划分为两个阶段：

战前，仅能与东方进行间接接触的北美殖民地民众热衷于购买来自欧洲的中国装饰风格商品。基于对中国不切实际的美好幻想，以及对欧洲文化、时尚的追逐。这个时期，北美的中国装饰风格带有明显的欧洲制造的特征，可以被定义为一种对欧洲的中国装饰风格进行模仿和再创造的艺术设计风格。

战后，北美市场上的中国装饰风格商品不再是仅供上流社会的高档品。在设计风格方面，也不再刻意模仿欧洲的中国装饰风格，而是逐渐形成了具有美国文化特色的新中国装饰风格，此时的代表有好莱坞摄政风格和禅宗设计风格等。

从某种程度上来说，北美的中国装饰风格是基于早已根植于欧洲美学意识中的欧洲的中国装饰风格的再创造。但与欧洲的中国装修风格不同的是，北美的中国装饰风格融合了本土特色的原材料，像是独特的植物、花卉、鸟类等自然事物在设计中作为线索。同时，融合了大量的黑漆色和金色、中西结合的手绘图案和造型，甚至佛教、道教元素等。由此，可以看出北美艺术家、设计师开始对中国文化的内核有了更为深入的理解，创作不再是单纯的流于表面的模仿。

西方的艺术设计者因为个人文化背景、所处立场等诸多因素的影响，以及自身价值观和美学的反应，加之对中国传统设计语言的理解不到位，所创作出的中国装饰风格必然和经历了数千年沉淀、凝练而成的真正的中国风格有一定差异。而这种差异并没有对错、好坏之分，甚至值得被我们重视起来，是为艺术设计提供新鲜能量的一种新的思维方式。

随着文化的进一步交融，虽然西方艺术设计创作者对中国风格的再现是经历过幻想性的处理，创作的主题和表现形式也经历了西式的改造。且当代部分美国的东方风格设计作品仍有生硬套用中国元素之嫌，这一点和十七、十八世纪欧洲的中国装饰风格设计相似。不过，部分美国当代设计者已经开始深入了解中国设计元素和其中蕴含，逐渐在设计中体现中国传统文化中所包含的"含蓄、和谐、天人合一"等更深层次的文化理念，实现了对中国风格的真正理解和中西审美文化的积极融合，为当代艺术设计创作者提供了一种特殊的创作思维方式，也体现了美国人超前的创新思想和跨文化意识。

研究历史的价值，是为了帮助判断当下的路应该怎么走。学习一种文化进入另一种文化之后所产生的迭代和变形，了解东学西渐下形成的中国装饰风格的过程。以东学西渐对北美艺术设计的影响为全新的研究切入点，重新审视美国当代艺术设计史，揭示东方文化和设计元素对美国艺术设计的影响。通过观察艺术设计信息、传播者和受传者等多个要素在这场东方文化通过艺术设计的形式西方进行传播的盛会中的交流情况，在一定程度上也能促进艺术设计传播的发展。

回看中国文化在西方所经历过的变迁，学习东方的以及西方的艺术设计发展史。了解在特定的历史时期，西方是怎样理解中国文化的。观察世界艺术设计的流变，对于艺术设计传播、文化传播都是一个重要的参考，有助于提升民族自信，正视中国艺术设计的地位，在设计领域形成积极的文化认知，在保留文化内核、设计特点的同时，不断地借鉴、吸纳和再创造。

参考文献

[1]阿兰·佩雷菲特：《停滞的帝国：两个世界的撞击》[M]，王国卿，毛凤之，等译，生活·读书·新知三联书店，2013年，第120页。

[2]埃里克·杰·多林：《18世纪美国的"中国热"》[J]，朱颖译，《看历史》，2014年第3期，第54—59页。

[3]安德鲁·博尔顿：《镜花水月：西方时尚里的中国风》[M]，胡杨译，长沙：湖南美术出版社，2017年。

[4]白杨：《从殖民地到世界强国——美国300年贸易史回眸》[J]，《中国对外贸易（英文版）》，2012年第2期，第42页。

[5]柏晓芸：《浅析乔治式室内家具风格》[J]，《美术教育研究》，2018年第1期，第74—75页。

[6]包铭新：《欧洲纺织品和服装的中国风》[J]，《东华大学学报》（自然科学版），1987年第1期，第95—101页。

[7]曹文刚：《法国启蒙作家阿尔让斯与中国文化》[J]，《齐齐哈尔大学学报》（哲学社会科学版），2015年第4期，第21—23页。

[8]陈苗苗，朱霞清，郭雨楠，等：《威廉·钱伯斯和他的中国园林观》[J]，《北京林业大学学报》（社会科学版），2014年第3期，第44—49页。

[9]陈伟：《东方美学对西方的影响》[M]，学林出版社，1999年，第42—54页。

[10]陈闻娃：《16～19世纪的中国贸易瓷》[J]，《文物鉴定与鉴赏》，2019年第6期，第44—45页。

[11]陈昀岚：《美国独立运动起因新解》[J]，《社科纵横》，2006年第1期。

[12]程庸：《中国艺术品影响欧洲三百年之"中国风"与中国家具》[J]，《家具》，2010年第6期，第52—57页。

[13]崔超华：《法国洛可可绘画中东方元素的艺术表现》[D]，西安：陕西师范大学，2019年。

[14]戴竹君：《试论"中国风"对乔治王时期英国装饰设计风格的影响——以"乔治王时代：1714—1830年的英国社会"展览为例》[J]，《常州工学院学报》（社会科学版），2020年第6期，第5页。

[15]段杏元：《中西方服装设计中的中国风现象及启示》[J]，《武汉纺织大学学报》，2018年第31卷第2期，第10—14页。

[16]方海，周浩明：《西方现代家具设计中的中国风（下）》[J]，《室内设计与装修》，1998年第1期，第69—71页。

[17]方婷婷：《17—18世纪西欧与中日漆器贸易研究》[D]，金华：浙江师范大学，2011年。

[18]房诚诚：《汉代服饰中吉祥纹样的分析及其在现代设计中的应用》[J]，《山东纺织科技》，2017年第4期，第34—37页。

[19]冯赫阳，李一平：《浅析巴洛克建筑风格》[J]，《艺术科技》，2017年第5期。

[20]伏尔泰：《风俗论（上册）》[M]，梁守锵译，北京：商务印书馆，1995年，第76页。

[21]弗兰克·劳埃德·赖特：《一部自传：弗兰克·劳埃德·赖特》[M]，杨鹏译，上海：上海人民出版社，2014年8月。

[22]佛朗切斯科·莫瑞纳：《中国风：13世纪—19世纪中国对欧洲艺术的影响》[M]，龚之允，钱丹译，上海：上海书画版社，2022年。

[23]高芳英：《第一次世界大战对美国经济的影响》[J]，《苏州大学学报》（哲学社会科学），第3期，第91—96页。

[24]高扬鹏：《西方美术史上绘画从写实到抽象的演变及原因》[J]，《大众文艺》，2019年第1期，第125—126页。

[25]宫宏宇：《广州洋商与中西文化交流——内森·邓恩（Nathan Dunn）"万唐人物"中的中国乐器及其在英美的展示（1838—1846）》[J]，《星海音乐学院学报》，2012年第4期，第151—158页。

[26]宫秋姗：《18世纪中法丝绸文化比较——以里昂和苏州丝绸博物馆藏品为例》[D]，北京：北京服装学院，2012年。

[27]古国龙：《早期耶稣会士罗明坚在广东的传教》[J]，《现代交际》，2015年第2期，第33页。

[28]顾年茂：《"东物西渐"：中国瓷器在德国——以18世纪初期德国迈森瓷器为中心》[J]，《岭南文史》，2019年第3期，第23—33页。

[29]广州博物馆：《海贸遗珍 18—20世纪初广州外销艺术品》[M]，上海：上海古籍出版社，2005年，第30—32页。

[30]桂强：《英国园林中的"中国风"》[J]，《农业考古》，2008年。

[31]郭芳：《克里姆特绘画中的东方特色》[J]，《职业技术》，2014年第10期，第202页。

[32]郭家堃：《哥伦布航海日记》[M]，上海：上海外语教育出版社，1987年。

[33]郭士元：《国史论衡（上下）》[M]，上海：上海生活·读书·新知三联书店，2014年。

[34]郭卫东：《丝绸、茶叶、棉花：中国外贸商品的历史性易代——兼论丝绸之路衰落与变迁的内在原因》[J]，《北京大学学报》（哲学社会科学版），2014年第4期，第133—143页。

[35]韩延兵：《浅析冯贯一〈中国艺术史各论〉史体》[J]，《东方藏品》，2018年第3期，第2页。

[36]何辉：《基歇尔〈中国图说〉中的中国》[J]，《国际公关》，2018年第4期，第78—79页。

[37]胡光华：《中国古典艺术在欧美的传播和收藏研究》[J]，《中国书画》，2004年第5期，第71—75页。

[38]胡健：《斐西瓦乐·大维德与1935年伦敦中国艺术国际展览会》[J]，《文物世界》，2009

年第6期，第58—61页。

[39]胡天璇，曾山，王庆：《外国近现代设计史》[M]，北京：机械工业出版社，2012年。

[40]胡艳红：《杜赫德〈中华帝国全志〉中的中国形象研究》[D]，贵州：贵州大学，2018年。

[41]黄冬敏：《理性主义史学浅论——以十八世纪的法国为中心》[D]，上海：复旦大学，2008年。

[42]黄合欢：《"中国风"与十八世纪英国的观看机制研究》[D]，重庆：西南大学，2016年。

[43]黄志军：《18世纪西方世界里的中国观——以互动中的法国和俄国人的中国观为例》[J]，《大众文艺》，2016年第8期，第273—274页。

[44]纪思雨，郭英剑：《那个抢购中国货的美国时代——读卡罗琳·弗兰克博士的〈物化中国，想象美国〉》[J]，《博览群书》，2017年第6期，第52—55页。

[45]江鹰：《西方思想史研究的一项新成果——评〈十八世纪法国启蒙运动〉》[J]，《世界历史》，1984年第3期，第84—86页。

[46]蒋岱：《〈利玛窦中国札记〉与〈马可·波罗行记〉的跨文化想象的异同——两个意大利人的文本的中国形象的比较》[J]，《东方丛刊》，2006年第4期，第82—97页。

[47]蒋海松：《孟德斯鸠中国法律观的洞见与误读——基于法律东方主义的反思》[J]，《兰州大学学报》（社会科学版），2017年第3期，第76—84页。

[48]蒋茜：《1700—1840年英国的中国风格壁纸设计》[J]，《创意与设计》，2017年第4期，第72—77页。

[49]蒋茜：《1700—1840年中英贸易背景下的设计交流研究》[D]，南京：南京艺术学院，2017年，第17页。

[50]蒋茜：《浅析1700—1840年间英国的中国风格设计》[J]，《南京艺术学院学报：美术与设计》，2018年。

[51]角山荣玉美，云翔：《红茶西传英国始末》[J]，《农业考古》，1993年第4期，第259—269页。

[52]金凯：《拉夫·劳伦：迟到的奢侈品直营者》[J]，《成功营销》，2011年第4期，第26—27页。

[53]金玉丽：《腓特烈大帝的"开明"文化专制与柏林科学院的兴衰（1740—1766）》[D]，武汉：华中师范大学，2017年。

[54]居仓：《英国的殖民地政策与北美独立运动的兴起》[J]，《历史教学》（下半月刊），2002年第8期，第71—72页。

[55]阚辽：《大英博物馆举办明代文物展》[J]，《人民政协报》，2014年。

[56]康凯：《18世纪欧洲人眼中的中国》[J]，《大众文艺：理论》，2008年第9期，第120—121页。

[57]可可：《现代建筑大师—法兰克·洛伊·莱特（Frank Lloyd Wright）》[J]，《家具与环境》，2002年第5期，第17—25页。

[58]Leibniz, Gottfried Wilhelm, Freiherr von,《中国近事：为了照亮我们这个时代的历史》[M]，梅谦立，杨保筠译，郑州：大象出版社，2005年，第69页。

[59]雷传远：《清代走向世界的广货——十三行外销银器略说》[J]，《学术研究》，2004年第10期，第99—102页。

[60]雷国强，李震：《镶嵌在海陆丝绸之路交汇点上璀璨的龙泉青瓷明珠（上）——土耳其托普卡帕皇宫博物馆珍藏龙泉青瓷精品赏析与研究》[J]，《东方收藏》，2015年第6期，第51—57页。

[61]李丹：《从莱特的建筑语言中体味中国古代先秦诸子设计思想》[J]，《艺术与设计》（理论版），2010年。

[62]李建华：《关于斯基泰历史研究的几个问题》[D]，桂林：广西师范大学，2008年。

[63]李萌：《浅谈巴洛克与洛可可的艺术风格》[J]，《光盘技术》，2006年第6期，第27—28页。

[64]李涛，李群：《"最后的东学西渐"——十九世纪中国科举对西方文官考试制度的影响及反思》[J]，《海南师范大学学报》（社会科学版），2003年第3期，第94—98页。

[65]李希凡：《把握传统才能瞩目未来——关于〈中华艺术通史〉的编撰》[J]，《文艺研究》，1999年第3期，第13页。

[66]李孝德：《利玛窦笔下的中国形象》[D]，山东：山东大学，2011年。

[67]李新宽：《论英国重商主义政策的阶段性演进》[J]，《世界历史》，2008年第5期，第75—83页。

[68]李砚祖：《艺术设计概论》[M]，武汉：湖北美术出版社，2009年，第52—55页。

[69]李阳，徐明玉：《中西方文化融通背景下的东学西渐——禅宗美学对美国战后艺术影响的国内研究综述》[J]，《社科纵横》，2017年。

[70]李阳：《禅风西渐：禅宗美学对美国战后艺术的影响》[D]，沈阳：辽宁大学，2019年，第113页。

[71]李永清：《略论美国启蒙运动的思想渊源》[J]，《河南大学学报》（社会科学版），1994年，第5期，第34—40页。

[72]梁冬华：《艺术学理论学科视野下的中国艺术史体例研究》[J]，《东南学术》，2019年第4期，第8页。

[73]梁启超，杨佩昌：《中国近三百年学术史：新校本》[M]，中国画报出版社，2010年。

[74]梁钦：《16世纪欧洲人眼中的土耳其形象研究》[D]，西安：陕西师范大学，2018年。

[75]梁妍妍：《巴洛克绘画艺术风格研究》[J]，《中国包装工业》，2015年第11期，第61—62+64页。

[76]廖峰：《浅析新艺术运动》[J]，《美术大观》，2010年第5期，第210页。

[77]林甘泉：《中国经济通史：秦汉经济卷》[M]，北京：中国社会科学出版社，2007年。

[78]刘桂荣，傅居正：《禅宗美学对美国现当代艺术创作理念的影响》[J]，《河北大学学报》（哲学社会科学版），2014年第5期，第148—151页。

[79]刘海翔：《欧洲大地的"中国风"》[M]，深圳：海天出版社，2005年。

[80]刘宏谊：《美国移民的发展演变》[J]，《复旦学报：社会科学版》，1984年第6期，第103—106页。

[81]刘骅：《东方艺术在西方绽放》[J]，《家具与室内装饰》，2014年第6期。

[82]刘美彤：《美国文化中启蒙思想的影子》[J]，《文学教育》，2019年第1期，第164—165页。

[83]刘明倩：《18—19世纪羊城风物——英国维多利亚阿伯特博物院藏广州外销画》[M]，上海：上海古籍出版社，2003年，第6页。

[84]刘少才：《与庞贝古城同时毁灭的赫库兰尼姆古城》[J]，《文史月刊》，2012年第04期，第67—69页。

[85]刘天骄：《帝国分裂的法理进路——以北美殖民地与大英帝国为例》[J]，《学术界》，2020年第3期，第154—165页。

[86]柳卸林：《世界名人论中国文化》[M]，武汉：湖北人民出版社，1991年。

[87]陆高峰：《马可·波罗笔下的元代传播》[J]，《青年记者》，2019年第9期，第110页。

[88]陆琼：《迈森瓷及其他德国名瓷》[J]，《中国书画》，2004年第12期，第186—188页。

[89]陆芸：《全球视野下的16—18世纪海上丝绸之路——以漳州月港为例》[C]，《中国中外关系史学会》，大连大学，2016年。

[90]路恩芳：《英国的重商主义政策对北美十三州经济发展的影响》[J]，《历史教学》，2007年第5期，第68—70页。

[91]罗伯特·芬利：《青花瓷的故事：中国瓷的时代（The pilgrim art cultures of porcelain in world history）》[M]，郑明萱译，海口：海南出版社，2015年。

[92]罗渊：《欧洲上流"中国风"：中国壁纸曾风靡欧洲贵族圈》，2016年5月11日，http://www.chinaqw.com/zhwh/ 2016/05-11/88078.shtml，2020年10月5日。

[93]吕颖：《从传教士的来往书信看耶稣会被取缔后的北京法国传教团》[J]，《清史研究》，2016年第2期，第87—98页。

[94]马克思：《资本论·第一卷》[M]，中共中央马克思恩格斯列宁斯大林著作编译局，北京：人民出版社，1975年。

[95]马丽云：《异域风尚与本土传统——从"玩偶之家"思考英国乡村庄园里的中国风》[J]，《美术观察》，2020年第1期，第54—60页。

[96]马鑫博：《利玛窦时期基督教传教活动》[J]，《决策与信息旬刊》，2015年第011期，第56—57页。

[97]蒙田：《蒙田意大利之旅》[M]，上海：上海书店出版社，2011年。

[98]孟宪凤，王军：《东印度公司与17世纪英国东印度贸易》[J]，《历史教学》（高校版），2016年第5期，第58—63页。

[99]那颜：《"漂洋过海"的欧洲"中国宫"》[J]，《海洋世界》，2014年第12期，第58—

63页。

[100]Oliver Impey：《欧洲艺术和装饰中的"中国风格"》[J]，梁晓艳译，《东方博物》，2004年第1期，第112—117页。

[101]平平凡：《"中国风"对欧洲和俄罗斯传统绘画及室内装饰艺术的影响》[J]，《美术》，2013年第10期，第128—133页。

[102]戚其章：《从"中本西末"到"中体西用"》[J]，《中国社会科学》，1995年第1期，第186—198页。

[103]秦东旭：《生于东方，成于西方——论"中国风"在西方现代创意设计中的运用》[J]，《美与时代（上）》，2017年第4期，第19—21页。

[104]Rui, D'Avila, The Influence of Chinese Luxury Goods on the EuropeanSociety through Portuguese and European Overseas Trade [J]，《海洋史研究》第二辑，2011年，第283—305页。

[105]邵志华：《20世纪前期中国文艺美学对西方的影响》[J]，《南通大学学报》（社会科学版），2017年第4期。

[106] 苏彬：《丝绸：中国文明发展的见证——评〈中国丝绸通史〉》[J]，《国外丝绸》，2006年。

[107]苏珊·斯科特，陈晓彤，杨鸿勋：《"中国（艺术）风格"与中国园亭之西渐》[J]，《中国园林》，2008年。

[108]史杰：《基于"波士顿倾茶"事件下解读美国独立的必然性研究》[J]，《福建茶叶》，2017年第3期，第311—312页。

[109]舒习龙：《20世纪史家对纪事本末体史书的反思与实践》[J]，《广西社会科学》，2012年第3期，第6页。

[110]宋国栋，宋林涛：《20世纪建筑艺术设计新理念（一）：有机建筑》[J]，《美与时代（上）》，2015年第9期，第4页。

[111]宋维平：《论波德莱尔颓废美学的价值构成》[J]，《作家》，2009年第12期。

[112]斯塔夫里阿诺斯：《全球通史：1500 年以后的世界》，上海：上海社会科学院出版社，吴象婴，梁赤民译，1999年，第158页。

[113]苏立文：《东西方美术的交流》[M]，陈瑞林译，南京：江苏美术出版社，1998年，第575页。

[114]孙佳：《试析〈印花税法〉失败的原因》[J]，《科教文汇》，2009年第1期，第220—221页。

[115]孙建伟：《早期世博会上的中国味道》[J]，《档案春秋》，2010年第2期，第40—43页。

[116]孙瑛瑛：《〈大地〉中赛珍珠对儒家思想的批判》[J]，《湖北第二师范学院学报》，2013年第3期。

[117]谭薇：《论克里姆特绘画中的东亚视觉艺术元素》[D]，湖南科技大学，2017年。

[118]谭倚云：《"万唐人物"：内森·邓恩收藏及展出的中国工艺品》[J]，《苏州文博论

丛》，2017年。

[119]陶晓姗：《纪事本末体考评》[D]，合肥：安徽大学，2007年。

[120]王才勇：《东画西渐的三个历史阶段及其意义》[J]，《学习与探索》，2019年第3期，第144—150页。

[121]王军，孟宪凤：《西学东渐与东学西渐——16—18世纪中西文化交流特点论略》[J]，《北方论丛》，2009年。

[122]王瑞芸：《美国艺术史话》[M]，北京：金城出版社，2013年。

[123]王受之：《世界现代平面设计史：1800—1998》[M]，北京：新世纪出版社，1998年，第228—234页。

[124]王双：《"中国风"在高级时装设计中的应用研究》[D]，青岛：青岛理工大学，2016年。

[125]文玉：《推荐学术专著〈丝绸之路〉》[J]，《丝绸之路》，1993年第2期，第1页。

[126]吴自立：《19世纪美国"中国风"——中国瓷的文化影响》[J]，《世界美术》，2009年第2期，第95—101页。

[127]瓦尔特·本雅明：《发达资本主义时代的抒情诗人》[M]，张旭东，魏文生译，三联书店，1989年。

[128]万明：《郑和下西洋与亚洲国际贸易网的建构》[J]，《吉林大学社会科学学报》，2004年第6期，第68—74页。

[129]万宁：《从〈论法的精神〉看孟德斯鸠对中国的解读》[J]，《法制与社会》，2010年第20期，第289—289页。

[130]汪熙，邹明德：《鸦片战争前的中美贸易（上）》[J]，《复旦学报：社会科学版》，1982年第4期，第94—104页。

[131]王伯鹿：《开创现代艺术纪元的"新艺术运动"》[D]，北京：中国人民大学，2012年。

[132]王大磊：《论科举制度的国际影响》[J]，《河北师范大学学报》（教育科学版），2008年第1期，第71—74页。

[133]王荻，胡铭：《丝路视域下法国室内中国风家具装饰研究》[J]，《科技风》，2019年第33期，第185—186页。

[134]王广忻：《现代水墨画中的美学意识探讨——评〈中国现代水墨画〉》[J]，《林产工业》，2020年第5期，第120页。

[135]王立新：《在龙的映衬下：对中国的想象与美国国家身份的建构》[J]，《中国社会科学》，2008年第3期，第156—173页。

[136]王敏：《试析中国艺术对法国洛可可风格的影响》[D]，太原：山西大学，2013年。

[137]王铭：《论英国早期的北美移民与殖民地》[J]，《辽宁大学学报》（哲学社会科学版），2001年第6期，第30—34页。

[138]王琴：《中国风壁纸艺术的传承与创新》[D]，杭州：浙江工业大学，2013年。

[139]王瑞芸：《美国美术史话》[M]，北京：人民美术出版社，1998年，第165—170页。

[140]王晓德：《英国对北美殖民地的重商主义政策及其影响》[J]，《历史研究》，2003年第6期。

[141]王晓辉：《"天人合一"的有机建筑——流水别墅》[J]，《美术大观》，2016年第1期，第88—89页。

[142]王孝通：《中国商业史》[M]，北京：商务印书馆，1936年，第198—199页。

[143]王业宏，姜岩：《19世纪末20世纪初美式"中国风"服饰现象浅析——以美国康奈尔大学纺织服饰博物馆收藏为例》[J]，《艺术设计研究》，2020年第1期，第36—43页。

[144]王镛：《中外美术交流史》[M]，长沙：湖南教育出版社，1998年。

[145]王原：《装饰的趣味——新艺术运动》[J]，《南京工业大学学报》（社会科学版），2010年第2期，第2页。

[146]王泽强：《引发中美第一次严重冲突的"德兰诺瓦事件"研究综述》[J]，《贵州文史丛刊》，2013年第1期，第43—46页。

[147]吴洪宇：《英属北美殖民地的重商主义——兼论其与美国革命的关系》[D]，济南：山东师范大学，2007年。

[148]吴义雄：《商人、传教士与西方"中国学"的转变》[J]，《中山大学学报》（社会科学版），2005年。

[149]吴自立：《19世纪美国"中国风"——中国瓷的文化影响》[J]，《世界美术》，2009年第2期，第95—101页。

[150]王才勇：《华托与布歇的中国风绘画》[J]，《贵州大学学报》（艺术版），2020年第1期，第8—17页。

[151]荆玲玲：《北美独立革命时期的茶与咖啡——日常消费，政治话语和独立革命》[J]，《史学月刊》，2020年第2期，第88—98页。

[152]西敏司：《甜与权力：糖在近代历史上的地位》[M]，北京：商务印书馆，2010年。

[153]夏纬英：《吕氏春秋上农等四篇校释》[M]，北京：中华书局，1957年。

[154]向玮：《浅析北美殖民地时期的英国移民（1607—1776）》[J]，《延边党校学报》，2009年第4期，第72—73页。

[155]萧默：《中国传统建筑研究之我见》[C]，《中国文物学会传统建筑园林委员会第十一届学术研讨会论文集》，1998年。

[156]休·昂纳：《中国风：遗失在西方800年的中国元素》[M]，刘爱英，秦红译，北京：北京大学出版社，2017年，第248—250页。

[157]徐晓鸿：《基督教中国化的历史之鉴（二）——从中国基督教史看其适应主流文化的本质》[J]，《天风》，2020年第07期，第26—30页。

[158]徐艳文：《美丽的凡尔赛宫花园》[J]，《花木盆景》（花卉园艺），2016年第6期，第43—45页。

[159]许明龙：《欧洲十八世纪中国热》[M]，北京：外语教学与研究出版社，2007年。

[160]许明龙：《中法文化交流的先驱黄嘉略——一位被埋没二百多年的文化使者》[J]，《社会科学战线》，1986年第3期，第244—255页。

[161]雅克—西尔韦斯特·德·萨西，郑德弟，《与北京的文学通信（至1793年）》[J]，《国际汉学》，2003年第2期，第71—80页。

[162]亚当·斯密：《国民财富的性质和原因的研究（上卷）》[M]，郭大力，王亚南译，北京：商务印书馆，2011年，第65页。

[163]颜欢欢：中国近代君主立宪与日本明治维新君主立宪比较》[J]，《小品文选刊：下》，2017年第4期，第132—133页。

[164]晏彦：《东风再起——欧洲现代装饰设计中的"中国风"》[J]，《美术大观》，2009年第4期，第106—107页。

[165]晏彦：《浅谈"中国风"对欧洲洛可可时代的影响》[J]，《美苑》，2008年第6期，第93—94页。

[166]杨宏烈：《广州十三行历史名街演化与当代改造》[J]，《中国名城》，2014年第11期，第15—21页。

[167]杨慧玲：《〈耶稣会士中国书简集〉——十七世纪末至十八世纪中期中国基督教史研究的珍贵资料》[J]，《世界宗教研究》，2003年第4期，第146—150页。

[168]杨懿华：《浅议薛福成"中体西用"的思想》[J]，《当代人》（下半月），2008年第10期，第106—107页。

[169]叶向阳：《西方中国形象成因的复杂性初探——以17、18世纪英国旅华游记为例》[J]，《国际汉学》，2012年第2期，第380—399页。

[170]佚名：《康熙的告欧罗巴人民书》[J]，《传奇故事：百家讲坛中旬》，2011年第8期，第1页。

[171]尤晓悦：《美国"垮掉的一代"与日本太宰治等作家比较研究》[D]，沈阳：辽宁大学，2012年。

[172]于奇赫，《飞尽桃花片——19世纪美国制作的康熙豇豆红风格玻璃器》[J]，《收藏家》，2018年第12期，第24—29页。

[173]余盈莹.：《学术探微与洛可可风格的室内装饰设计思考》[J]，《美苑》，2010年。

[174]羽露：《论中国服饰设计的传承与发展》[J]，《旅游纵览月刊》，2013年第5期，第297页。

[175]雨晨：《迈森——欧洲独占鳌头的瓷器》[J]，《今日上海》，2007年第9期，第56—57页。

[176]袁熙旸：《美国殖民地复兴风格室内设计中的中国风尚———一种混杂的物质文化》[J]，《新美术》，2013年第4期，第14页。

[177]袁宣萍：《17—18世纪欧洲的中国风设计》[D]，苏州：苏州大学，2005年。

[178]袁宣萍：《盛极一时的中国外销壁纸》[J]，《包装世界》，2005年第3期，第79—83页。

[179]袁应明：《17—18世纪"中国风"在欧洲的有限影响及原因分析》[J]，《内蒙古农业大学学报》（社会科学版），2012年第4期，第323—324页。

[180]约翰·派尔：《世界室内设计史》[M]，刘先觉译，中国建筑工业出版社，2003年，第208页。

[181]张彬村：《从经济发展的角度看郑和下西洋》[J]，《中国社会经济史研究》，2006年第2期，第24—29页。

[182]张波：《中国对美国建筑和景观的影响概述（1860—1940）》[J]，《建筑学报》，2016年。

[183]张博：《〈马可·波罗游记〉与元史研究》[D]，济南：山东大学，2010年。

[184]张凤够：《北美殖民地革命话语的演变（1763—1776）》[D]，天津：天津师范大学，2018年。

[185]张夫也：《外国设计简史》[M]，北京：中国青年出版社，2010年。

[186]张国刚：《〈鲁滨逊漂流记〉里的中国形象》[J]，《名作欣赏：中学阅读》，2009年第5期，第30—33页。

[187]张国刚：《18世纪晚期欧洲对于中国的认识——欧洲进步观念的确立与中国形象的逆转》[J]，《天津社会科学》，2005年第3期，第125—132页。

[188]张国刚：《明清传教士的当代中国史——以16～18世纪在华耶稣会士作品为中心的考察》[J]，《社会科学战线》，2004年第2期，第131—139页。

[189]张卉，金晓雯：《探寻法国古典主义园林的理性之美——以凡尔赛宫为例》[J]，《美术教育研究》，2019年第4期，第54—55页。

[190]张金权：《纽约是怎样成为美国最大城市的？》[J]，《海外英语》，2010年第5期，第24—25页。

[191]张茜：《"似是而非"的"中国风"——以法国洛可可绘画及博韦壁毯为例》[D]，武汉：华中师范大学，2014年。

[192]张文婧：《中西文化交流视域下清代"洋彩瓷"美学研究》[D]，江西：景德镇陶瓷学院，2014年。

[193]张小琴：《壮骨畅神立形写意——敦煌壁画线描艺术之探究》[J]，《敦煌研究》，1996年第3期。

[194]张晔子：《禅宗美学在现代室内设计中的应用研究》[D]，长沙：中南林业科技大学，2013年。

[195]张育晴：《十九世纪末法国日本艺术收藏史初探——以Théodore Duret为例》[J]，《议艺份子》，2018年第31期，第119—140页。

[196]章开元：《华盛顿和他的"中国外销瓷"》[J]，《紫禁城》，2007年第1期，第4—5页。

[197]赵成清：《20世纪上半叶西方装饰艺术中的中国审美趣味》[J]，《南京艺术学院学报》

（美术与设计），2018年第2期，第151—154页。

[198]赵玫：《塞勒姆的中国情结（上）》[J]，《天津人大》，2012年第8期，第42—43页。

[199]赵泉泉，袁熙旸：《中国元素在西方现代家具中的发展与地位》[J]，《南京艺术学院学报》（美术与设计版），2015年第3期，第82—88页。

[200]赵欣，计翔翔：《〈中华大帝国史〉与英国汉学》[J]，《外国问题研究》，2010年第2期，第56—61页。

[201]赵欣：《〈安逊环球航海记〉与英国人的中国观》[J]，《外国问题研究》，2011年第3期，第54—58页。

[202]郑春苗：《中国文化西传与欧洲的"中国文化热"》[J]，《中国文化研究》，1994年第1期，第43—48页。

[203]郑立敏：《阿兰·佩雷菲特笔下的中国形象及其中国观初探》[D]，南京：南京师范大学，2012年。

[204]中外关系史学会，复旦大学历史系：《中外关系史》[M]，上海：上海译文出版社，1988年，第126页。

[205]钟月强：《殖民地时期美洲经济南北差距的制度因素》[D]，天津：天津师范大学，2016年。

[206]周光真：《洛可可艺术、蓬巴杜夫人与塞夫勒瓷器》[J]，《收藏投资导刊》，2014年第12期，第66—71页。

[207]周晓瑜：《编年体史籍的时间结构》[J]，《文史哲》，2004年第1期，第6页。

[208]朱培初：《明清陶瓷和世界文化的交流》，北京：轻工业出版社，1984年。

[209]朱培初：《夏更起鼻烟壶史话》[M]，北京：紫禁城出版社，1991年，第28页。

[210]庄秋水：《乔布斯的禅宗之旅》[J]，《看历史》，2011年第11期，第13页。

[211]庄向阳，张云波：《新中式：风格，理念，抑或主义？——关于新中式的文献综述》[J]，《南方论刊》，2016年第3期，第96—99页。

[212]邹涛，时昀：《极简主义与侘寂美学的比较研究》[J]，《设计》，2018年第9期，第48—49页。

[213]邹雅艳：《〈利玛窦中国札记〉中的中国形象》[J]，《文学与文化》，2011年第4期，第128—130页。

[214]Adams J, Adams C F, The works of John Adams: second President of the United States: with a life of the author[M], Ann Arbor: University Microfilms International, 1976, P.155.

[215]Alexander Hollmann, The Master of Signs: Signs and the Interpretation of Signs in Herodotus 'Histories [M], London: Harvard University Press, 2011.

[216]Allan Greenburg, Architecture of Democracy: American Architecture and the Legacy of the Revolution[M]，New York: Rizzoli International Publications, 2006, pp.34–36.

[217]Álvaro Samuel, Guimarães da Mota. Gravuras de chinoiserie de Jean–Baptiste Pillement [M],

Faculdade de L etras da Universidade do PortoPorto 1997, p.16.

[218]Ann Ward, Herodotus and the Philosophy of Empire[M], Waco: Baylor University Press, 2008, p.75.

[219]Anne Anlin Cheng, Ornamentalism [M], OUP USA, 2019, p.18–20.

[220]BH Clifford, Chinese Wallpaper: An Elusive Element in the British Country House, [DB], 2014, http://blogs.uc.ac.uk/eicah/usingthewebsite.2014, 12AUG2021.

[221]Briceno N F, The Chinoiserie revival in early twentieth–century American interiors[J], Dissertations & Theses – Gradworks, 2008.

[222]Carol Cains, "Chinoiserie in Europe," Treasure Ships: Art in the Age of Spices[M], Adelaide: Art Gallery of South Australia, 2015.

[223]Caruso H Y, Asian Aesthetic Influences on American Artists: Guggenheim Museum Exhibition[J], International Journal of Multicultural Education, 2009.

[224]Charles Inglies, The True Interest of America Impartially Stated [DB]. 2009, http://ahp.gatech.edu/ true–interest–1776.htm, 20SEP2022.

[225]Charter of Connecticu, In Francis Newton Thorpe (ed.), The Federal and State Constitutions, Coloniaofore Forming the United Stal Charters, and Other Organic Laws of the State, Territories, and Colonies Now or Herettes of America[M], Washington , D. C: Arkose Press, 1909, p.530.

[226]Christopher M. S. Johns, China and the Church[M], Oakland: Univ of California Press, 2016.

[227]Clare Le Corbeiller, German Porcelain of the Eighteenth Century[M], New York: Metropolitan Museum of Art Bulletin, 1990.

[228]Clay Lancaster, Oriental forms in American Architecture 1800–1870[J], The Art Bulletin, Vol.29 Issue 3, 1947, pp.183–193.

[229]Coltman V, Fabricating the Antique: Neoclassicism in Britain, 1760–1800[J]. Journal of the History of Collections, 2009, 14(4), pp.57–58.

[230]Curtis P. Nettels, British Mercantilism and the Economic Development of the Thirteen Colonies[J], The Journal of Economic History, Cambridge: Cambridge University Press, 2011, p.105.

[231]Daniel J. Boorstin, America and the Image of Europe: Reflections on American Thought[M], New York: World Pub. Co, 1969.

[232]David Almaz á n Tomás, LA SEDUCCIÓN DE ORIENTE:DE LA CHINOISERIE AL JAPONISMO [J], Artigrama, 2003（18）, pp.0213–1498.

[233]Davis B, Claire K. Secondhand Chinoiserie and the Confucian Revolutionary: Colonial America's Decorative Arts "After the Chinese Taste" [J], Utah: Brigham Young University, 2008.

[234]Delong M, Wu J, Bao M, The influence of Chinese dress on Western fashion[J], Journal of Fashion Marketing & Management, 2005, 9(2), pp.166–179.

[235]Dorian Ball, The Diana Adventure[M], Malaya: Malaysian Historical Salvors, 1995.

[236] Elizabeth Halsey, R.T.H. Halsey and Elizabeth Tower, The Homes of our Ancestors as Shown in

the American Wing of the Metropolitan Museum of Art from the Beginnings of New England through the Early Days of the Republic [M], New York: Doubleday, 1925, p.130.

[237]Ellen Paul Denker, After the Chinese Taste: China's Influence in America, 1730–1930[M], Salem Massachusetts: Peabody Museum of Salem, 1985, p.5.

[238]Eric Jay Dolin, When America First Met China: An Exotic History of Tea, Drugs, and Money in the Age of Sail[M], New York: Liveright, 2013.

[239]F. N. Thorpe, The Federal and State Constitutions, Colonial Charters, and Other Organic Laws of the State[M], Washington: Government Printing Office, 1906.

[240]Florence M. Montgomery, Printed Textiles: English and American Cottons and Linens, 1700–1850[M], New York: Viking Press, 1970, pp.265–266.

[241]Francois Hartog, The Mirror of Herodotus: The Representation of the Other in the Writing of History[M], trans. Janet Lloyd, Berkeley, Los Angeles and London: University of California Press, 1988, pp.3, 217,197.

[242]Gregory Kenneth Missingham, China 1: A first attempt at explaining the numerical discrepancy between Japanese-style gardens outside Japan and Chinese-style gardens outside China[J], Landscape Research, 2007, 32(2), pp.117–146.

[243]Hamel N: Regards sur la chinoiserie au milieu du xviiie siè cleà Qué bec: les d é cors de papier peint de la maison Està be[J], Artefact (Techniques, histoire et sciences humaines), 2018(6), pp.45–59.

[244]Heather Sutherland, A Sino-Indian Commodity Chain: The Trade in Toroiseshell in the Late Seventeenth and Eighteenth Centuries[M]. in Chinese Circulations: Capital, Commodities, and Networks in Southeast Asia, ed. Eric Tagliacozzo and Wen-Chin Chang. Durham: Duke University Press, 2011, pp.172–99.

[245]Hugh Honour, Chinoiserie: The Vision of Cathay[M], London: John Murray Ltd, 1961, pp.8–15.

[246]Ida McCall, Asian Inspired[J], Winterthur Magazine, 2008, pp.36–39.

[247]Isabel Breskin, "On the Periphery of a Greater World": John Singleton Copley's "Turquerie" Portraits[J], Winterthur Portfolio, no. 2/3, 2001, pp. 99.

[248]Jacopo Maria Pepe, Eurasia before Europe: Trade, Transport and Power Dynamics in the Early World System (1st Century BC – 14th Century AD) [M], Switzerland: Springer VS, Wiesbaden, 2017.

[249]Jean Bruce McClure, The American-China Trade in Chinese Export Porcelain 1785–1835[D], Newark: University of Delaware, 1957.

[250]John Haddad, From shanghai to Philadelphia's world fair: America's Dual Encounter with China in the Self-Strengthening Era, 1870–1876[J], A Tale of Ten Cities: Sino-American Exchange in the Treaty Port Era, 1840–1950, P.1.

[251]John J, McCusker, British Mercantilist Policies and the American Colonies[M], Cambridge: Cambridge University Press, 2008, p.340.

[252]John MacKenzie, Orientalism: History, Theory, and the Arts[M], Manchester: Manchester University Press, 1995.

[253]John R. Haddad, Imagined Journeys to Distant Cathay: Constructing China with Ceramics, 1780–1920[J], Winterthur Portfolio, 2007, pp. 41–57.

[254]Jonathan Hughes, A merican Economic History. Second Edition[M], New Jersey: Addison Wesley, 1987, pp.49– 50.

[255]Joseph Downs, American Furniture: Queen Anne and Chippendale Periods[M], Viking Press: New York, 1967.

[256]Jules Brown, The Rough Guide to Washington DC: The Rough Guide[M], London: Rough Guides, 2002, p.139.

[257]Julie Codell, Dianne Sachko Macleod, Orientalism Transposed: The Impact of the Colonies on British Culture [M], Brookfield VT: Ashgate, 1998.

[258]Kiersten Claire Davis, Colonial America's Decorative Arts "After the Chinese Taste" [D]. Utah: Brigham Young University – Provo, 2008, p.48.

[259]Kiersten Claire Davis, Secondhand Chinoiserie and the Confucian Revolutionary: Colonial America's Decorative Arts "After the Chinese Taste" [D], Utah: Brigham Young University– Provo, 2008.

[260]Lawrence A. Harper, Mercantilism and the American Revolution[J], The Canadian Historical Review. pp.7– 8.

[261]Lesley Ellis Miller, Ana Cabrera Lafuente, Silk: Fibre, Fabric and Fashion (Victoria and Albert Museum): Fiber, Fabric, and Fashion[M], London: Thames and Hudson Ltd, 2021.

[262]Lloyd E. Herman, American Porcelain: New Expressions in an Ancient Art[M], Forest Grove, Oregon: Timber Press, 1980, p.10.

[263]Lousis J. Gallagher, Matteo Ricci, China in the Sixteenth Century 1583–1610 [J], The Journals of Matthew Ricci, 1953.

[264]Marc Schenker, Defining the Hollywood Regency Style and Why Its Maximalist Design Choices are Popular Today[EB/OL], 16AUG1998, https://amitykett.com/defining–hollywood–regency–interior–design–and–architecture/, 12MAY2021.

[265]Marc Schenker, Design Trend Report: Hollywood Regency [EB/OL], 15OCT2021, https://creativemarket .com/blog/design–trend–report–hollywood–regency, 10DEC2021.

[266]Mark Crinson, Empire Building, Orientalism and Victorian Architecture[M], New York: Routledge, 1996.

[267]Martin M, Meissen porcelain factory[J], World of Antiques & Art (74), 2008, p.158.

[268]Matthew Winterbottom, Chinoiserie in Britain: Brighton[J], The Burlington Magazine, 2008, p.704.

[269]McDowall, Stephen. Imperial Plots? Shugborough, Chinoiserie and Imperial Ideology in

Eighteenth-Century British Gardens[J], Cultural & Social History, 2017, 14(1), pp.1-17.

[270]Oleg Grabar, Edward Said, Bernard Lewis, Orientalism: An Exchange[M], New York: New York Review of Books, Vol. 29, No. 13, 1982.

[271]Oliver Impey, Chinoiserie: The Impact of Oriental Styles on Western Art and Decoration [M], London: Oxford University Press, 1977, p.48.

[272]Owen J V, The Geochemistry of Worcester Porcelain from Dr. Wall to Royal Worcester: 150 Years of Innovation[J], Historical Archaeology, 2003, 37(4), pp.84-96.

[273]Paola Gemme, Caroline Frank, Objectifying China, Imagining America: Chinese Commodities in Early America[J], European journal of American studies, 2012.

[274]Peter Osbaldeston, The Palm Springs Diner's Bible: A Restaurant Guide for Palm Springs, Cathedral City, Rancho Mirage, Palm Desert, Indian Wells, la Quinta, Bermuda Dunes, Indio, and Desert Hot Springs[M], New Orleans: Pelican Publishing, 2009, p.63.

[275]Polo Marco, Rustichello da Pisa, Devisement du monde (in Old French) [M]. Sweden: World Digital Library,1350.

[276]Raymond G. O'Connor, "Asian Art and International Relations," in America Views China: American Images of China Then and Now[J], ed. Jonathan Goldstein, Jerry Israel, and Hilary Conroy, London and Toronto: Associated University Press, 1991, p.34.

[277]Robert A. Leath, "After the Chinese taste": Chinese export porcelain and chinoiserie design in eighteen-century Charleston[J], Historical Archaeology, 1999.

[278]Robert C. Smith, Chinoiserie Versus Chinese Influence in Anglo-American Furniture[M], Williamsburg: Colonial Williamsburg Foundation, 1969, p.7.

[279]Robert Drews, The Greek Accounts of Eastern History[M], Cambridge: Harvard University Press, 1973, p.45.

[280]Rochelle Greayer, Cultivating Garden Style: Inspired Ideas and Practical Advice to Unleash Your Garden Personality[M], Portland: Timber Press, 2014, p.60.

[281]Spencer L, Flea Market Fabulous: Designing Gorgeous Rooms with Vintage Treasures[M], New York: Abrams Press, 2014, p.184.

[282]Susan Previant Lee, Peter Passell, A New Economic View of American History[M]. New York: W. W. Norton & Company, 1979, p.30.

[283]W. Keith Kavenag, Foundations of Colonial America: A Documentary History[M]. New York: Chelsea House, 1983, vol.1, p.698.

[284]William Chambers, Designs of Chinese Buildings. Furniture, dresses, Machines and Utensil[M], New York: Benjamin Blom, loc, 1968.

[285]Young, H, Manufacturing Outside the Capital: The British Porcelain Factories, Their Sales Networks and Their Artists, 1745-1795[J], Journal of Design History, 1999, 12(3), pp.257-269.

参考文献

233

Zhang G G, Chinoiserie and Rococo of the Age of Enlightenment[J], Journal of Tsinghua University (Philosophy and Social Sciences), 2005.

北美的中国装饰风格发展研究

十八至二十世纪

234

附录A 中国及欧美
中国装饰风格（Chinoiserie）主题著作一览表

出版时间	书名	作者	出版社
1688	A Treatise of Japanning and Varnishing	John Stalker, George Parker	Alec Tirant
1740	Singeries, ou Differentes Actions de la vie Humaine Represent é es par des singes	Christophe Huet	Chez Daumont
1750–1752	New designs for Chinese temples, triumphal arches, garden seats, palings, obelisks, termini's, &c.	William Halfpenny	Robert Sayer
1752	Rural Architecture in the Chinese Taste	William Halfpenny	Robert Sayer
1752	A New Book of Ornaments with Twelve Leaves Consisting of Chimneys, Sconces, Tables, Spandle Panels, Spring Clock Cases, Stands, a Chandelier and Girandole, etc.	Matthias Lock and Henry Copland	Matthias Lock
1754	The Gentleman & Cabinet-Maker's Director	Thomas Chippendale	Chippendale Society
1754	A New Book of Chinese Designs Calculated to Improve the present Taste	Matthias Darly, George Edwards	Darly
1755	A New Book of Chinese Ornaments Invented & Engraved Designs of Chinese	Jean Pillement	Robert Sayer
1757	Design of Chinese Buildings, Furniture, Dresses, Machines, and Utensils	William Chambers	Mess Dodsley
1758	A New Book of Ornaments	Thomas Johnson	Henry Copland

出版时间	书名	作者	出版社
1760	The Ladies Amusement or Whole Art of Japanning Made Easy	Jean Pillement	Robert Sayer
1767	Chinese Export Art in the Eighteenth Century	Margaret Jourdain & R. Soames Jenyns	Spring Books
1772	A dissertation on Oriental gardening	William Chambers	W. Griffin
1789	Cahiers des Jardins Anglo-Chinois	Georges Louis Le Rouge	Le Rouge
1950	China and Gardens of Europe of the Eighteenth Century	Osvald Sirén	Ronald Press Company
1950	Chinese Export Art in the Eighteenth Century	Margaret Jourdain, R. Soarne Jenyns	Country Life Limited
1961	Chinoiserie: The Vision of Cathay	Hugh Honour	John Murray
1962	Porcelain of the East India Companies	Michel Beurdeley	Barrie and Rockliff
1975	Chinese Export Silver 1785 to 1885	Crosby Forbes, H.A. et al	Museum of American China Trade
1977	Chinoiserie: The Impact of Oriental Styles on Western Art and Decoration	O.R.Impey	Scribner
1978	China for the West: Chinese Porcelain and Other Decorative Arts for Export	David Howard & John Ayers	Sotheby Parke Bernet
1979	Mandarinentanze: Chinoiserien (German Edition)	Blau Sebastian, Josef Eberle, P. Squenz	Deutsche Verlags-Anstalt
1979	Oriental Architecture in the West	Patrick Conner	Thames & Hudson

出版时间	书名	作者	出版社
1981	Chinoiserie: Chinese Influence on European Decorative Art 17th and 18th Centuries	Madeleine Jarry, Alfred Jarry	Vendome Pr
1982	Porcelain and the Dutch China Trade	C.J.A. Jorg	Martinus Nijhoff
1982	Western Views of China and the Far-East	Henry.A.Myers	Asian Reseach Service
1983	Chinoiserie for the Decorative Artist	Rena Friedman	Jackie Shaw Studio
1984	Chinoiserie: Der Einfluss Chinas aud die europaische Kunst 17-19	Alain Gruber	Abegg- Stifung Bern
1984	Chinoiserie and Sinophilism in the 17th and 18th Century Europe: Examples of Cultural Symbioses	James I. Wong	Koinonia Production
1984	Chinese Export Watercolours	Craig Clunas	V&A Museum
1985	Chinese Influence on European Garden Structures	Ekeanor von Erdberg	Hacker Art Books
1986	The China Trade 1600-1860	Patrick Conner	The Royal Pavilion, Art Gallery and Museums
1986	The Geldermalsen, History and Porcelain	C.J.A. Jorg	Kemper Publishers
1987	Chinese Export Art and Design	Craig Clunas (ed)	V&A Museum
1989	Kraak Porcelain	Maura Rinaldi	Bamboo Publishing Limited
1989	《华丽的洛可可艺术》	成瑞智	人民出版社
1990	China and Gardens of Europe of the Eighteenth Century	Osvald Siren	Dumbarton Oak Research Library and Collection

出版时间	书名	作者	出版社
1991	Chinoiserie: Polychrome Decoration on Staffordshire Porcelain, 1790–1850	Howard Davis, Terence A. Lockett	The Rubicon Press
1991	Chinoiseries: Idées de décoration de Chine et du Japon	Birthe Koustrup	Lethielleux
1991	China and Europe: Images and Influences in Sixteenth to Eighteenth Centuries	Thomas H.C,Lee	The Chinese University Press
1991	The Copeland Collection	William R. Sargent	The Peabody Museum of Salem
1991	The Decorative Arts of the China Trade: Paintings, Furnishings and Exotic Curiosities	Carl Crossman	Antique Collectors Club
1993	Chinoiserie	Dawn Jacobson	Phaidon Inc Ltd
1993	《中西文化交流的先驱》	许明龙	东方出版社
1994	The Choice of the Private Trader	David S. Howard	Zwemmer
1994	《明清陶瓷和世界文化的交流》	朱培初	北京轻工业出版社
1996	Chinoiserie: Möbel und Wandverkleidungen (Katalog: Bestandskatalog der Verwaltung der Staatlichen Schlösser und Gärten Hessen) (German Edition)	Iris Reepen, Edelgard Handke	Ausbildung + Wissen
1996	Tamerlane's Tableware: A New Approach to the Chinoiserie Ceramics of Fifteenth–And Sixteenth Century Iran(Islamic Art and Architecture)	Lisa Golombek, Robert B. Mason, Gauvin A. Bailey, Royal Ontario Museum	Mazda Pub
1996	Das Ende der Chinoiserie: Die Auflosung eines Phanomens der Kunst in der Zeit der Aufklarung (Beitrage zur Kunstwissenschaft) (German Edition)	Johannes Franz Hallinger	Scaneg

出版时间	书名	作者	出版社
1996	Peindre sur céramique: Chinoiserie	Annick Perret	Temps Apprivoisâ
1997	A Tale of Three Cities: Canton, Shanghai & Hong Kong	David S. Howard	Sotheby's
1997	Chinoiserie	Birthe Koustrup	Dessain Tolra
1998	《东西方美术的交流》	[英]M·苏利文，译者：陈瑞林	江苏美术出版社
1999	Chinoiserie	Dawn Jacobson	Phaidon Press
1999	《欧洲18世纪"中国热"》	许明龙	山西教育出版社
1999	《东方美学对西方的影响》	陈伟、王捷	学林出版社
2000	Chinoiserie: Fotoarbeiten aus den Jahren 1999–2000	Heinz Cibulka, Hanno Millesi	Dea–Verla
2001	《西方人眼里的中国情调——伊凡·威廉斯捐赠十九世纪广州外销通草纸水彩画》	中山大学历史系、广州博物馆	中华书局
2002	Coromandel Lacquer Screens	De Kesel, W & Dhont, G	Brussels
2002	《十八世纪中国文化在西欧的传播及其反应》	严建强	中国美术学院出版社
2003	Souvenir from Canton – Chinese Export Paintings from the V&A	Ming Wilson, et al	Guangzhou Museum of Art
2004	《西方人眼中的东方陶瓷艺术》	周伟、周文姬	上海教育出版社
2004	《西方人眼中的东方丝绸艺术》	马良	上海教育出版社
2005	《欧洲大地的"中国风"》	刘海翔	海天出版社
2006	《十七至十八世纪欧洲的中国风设计》	袁宣萍	文物出版社

北美的中国装饰风格十八至二十世纪发展研究

出版时间	书名	作者	出版社
2008	Chinoiseries	Bernd H. Dams, Andrew Zega, Hubert De Givenchy	Rizzoli
2008	The Chinoiserie Revival in Early Twentieth-century American Interiors	Noel Fahden Briceno	Proquest
2009	Chinoiserie: Evolution of the Oriental Style: Evolution of the Oriental Style in Italy from the 14th to the 19th Century	Francesco Morena	Centro Di
2009	Chinese Whispers: Chinoiserie in Britain, 1650–1930	David Beevers	Royal Pavilion & Museums
2009	Thomas Burke's Dark Chinoiserie: Limehouse Nights and the Queer Spell of Chinatown	Dr Anne Veronica Witchard	Ashgate
2009	Porcelaine de Tournai ; Chine et Chinoiserie"	Thomas Bayet, Claire Dumortier, Patrick Habets	Editions Racine
2009	《国风西行——中国艺术品影响欧洲三百年》	程庸	上海人民出版社
2009	《文化西游·瓷器》	吴伟	华文出版社
2010	Chinoiserie	Fredieric P. Miller, Agnes F. Vandome, John Mcbrewster	Alphascript Publishing
2010	Rococo Architecture: Rococo, Chinoiserie	Llc Books, General Book Llc	Books Llc, Wiki Series
2010	Singeries & Exotisme chez Christophe Huet	Di Nicole Garnier-Pelle, Anne Forray-Carlier	Monelle Hayot

出版时间	书名	作者	出版社
2011	《中国名片——明清外销瓷探源与收藏》	余春明	生活·读书·新知三联书店
2012	Chinoiserie	Karen Rigby	Ahsahta Press
2012	Chinoiserie	Jesse Russell, Ronald Cohn	Book On Demand Ltd
2013	When America First Met China: An Exotic History of Tea, Drugs, and Money in the Age of Sail	Eric Jay Dolin	Liveright
2014	Chinoiserie: Commerce and Critical ornament in eighteenth–century Britain	Stacy Sloboda	Manchester University Press
2014	Chinoise Architekturen in Deutschen Gärt	Gerd–Helge Vogel , Pückler–Gesellschaft, Michael Niedermeier	Vdg
2015	British Modernism and Chinoiserie	Anne Witchard	Edinburgh University Press
2016	China and the Church: Chinoiserie in Global Context	Christopher M. Johns	University of California Press
2016	Articles on Rococo Architecture, Including Rococo, Ruse, Bulgaria, Chinoiserie, Nemours Mansion and Gardens	Hephaestus Books	Haphaestus Book
2016	《中国风:遗失在西方800年的中国元素》	[英]休昂纳，译者：刘爱英/秦红译	北京大学出版社
2017	Chinoiserie as Musical Gesture	Angela Kang	Open Dissertation Press
2017	《镜花水月：大都会艺术博物馆时尚展览"中国：镜花水月"图录》	[英]安德鲁·博尔顿，译者：胡杨/后浪	湖北美术出版社

出版时间	书名	作者	出版社
2018	Beyond Chinoiserie: Artistic Exchange Between China and the West During the Late Qing Dynasty (1796–1911)	Jennifer Milam, Jennifer Dawn Milam	Brill
2018	Islamic Chinoiserie：The Art of Mongol Iran	Yuka Kadoi	Edinburgh University Press
2018	Fine Furniture, Handsome XVIII Century English Pieces, French XVIII Century Ebenisterie, Modern Decorative Furniture: Four Remarkable Chinoiserie Panels by Jean–Baptiste Leprince; Felletin, Oudenaarde and Brussels Renaissance Tapestries and an Important B	American Art Association	Forgotten Books
2021	Chinoiserie (Shire Library)	Richard Hayman	Bloomsbury Publishing Plc
2021	《茶味英伦：视觉艺术中的饮茶文化与社会生活》	[英]塔尼亚·M·布克瑞·珀斯，译者：张弛/李天琪	北京大学出版社
2022	《中国风：13世纪—19世纪中国对欧洲艺术的影响》	[意]佛朗切斯科·莫瑞纳，译者：龚之允/钱丹	上海书画出版社
2022	《丝绸路：东印度公司与启蒙时期欧洲的"中国风"》	施晔	上海古籍出版社

附录B 中西方艺术设计简要发展年表

时间	中国艺术设计 分期记事	西方艺术设计 分期记事	世界历史 大事件
公元前10000年	岩画、陶器	欧洲洞窟壁画	
公元前6000年	绳纹陶陶器		
公元前5500年	裴李岗文化泥制红陶、陶塑人头像等雕塑		
公元前5200年	中国大地湾文化的陶器		
公元前5000年	甲骨文象形文字、马家窑文化彩陶、原始社会时期雕塑性作品		
公元前4800年	仰韶文化半坡类型彩陶、丝绸		
公元前3500年		埃及艺术： 大金字塔；古埃及象形文字	
公元前3300年	马家窑文化彩陶		
公元前3000年	玉龙、琮王；甘肃秦安大地湾人物、动物绘画	美索不达米亚：两河流域雕塑	
公元前2500年	龙山文化黑陶	埃及古王国时期雕塑	
公元前2100年	二里头遗址的陶器和早期青铜器		
公元前1900年	二里头陶塑、铜爵	古里特文明早期艺术品	
公元前1600年	司母戊鼎、青铜器、三星堆青铜人像、书法、剪纸	希腊迈锡尼文明艺术	
公元前1000年	琉璃河燕国墓地的青铜器	奥尔梅克艺术	

时间	中国艺术设计分期记事	西方艺术设计分期记事	世界历史大事件
公元前900年		希腊艺术：基克拉迪群岛的雕像	
公元前770年	春秋战国时期的青铜艺术		
公元前735年		罗马艺术：波图努斯神庙	
公元前700年		伊特鲁里亚艺术	
公元前626年		新巴比伦艺术	
公元前600年			佛教产生
公元前551年			孔子诞生
公元前500年		古希腊经典时期的艺术和建筑	
公元前475年	战国时期楚国的绘：帛画		
公元前433年	曾侯乙墓的美术珍品：漆器		
公元前400年		古希腊雕塑高峰期	
公元前331年			亚历山大大帝东征，东西方文化交流
公元前221年	秦朝修建长城、秦始皇陵兵马俑雕塑群		
公元前206年	古滇国青铜器		
公元前168年	长沙马王堆西汉墓帛画		
公元前149年	鲁恭王建造"灵光殿"，绘壁画		
公元前142年	西汉铸铜贮贝器		

时间	中国艺术设计 分期记事	西方艺术设计 分期记事	世界历史 大事件
公元前139年			张骞出使 西域
公元前117年	霍去病墓石雕		
公元前113年	汉代铜灯		
公元前86年	卜千秋墓壁画		
公元前80年	凤凰画像石刻		
公元前56年	中山王金缕玉衣		
公元前48年	史游作《急就章》		
公元前27年		罗马艺术兴盛	
18年	封孺人墓画像		
68年	洛阳白马寺 （中国第一座佛寺）		
100年	狮子山西汉兵马俑	庞贝古城： 庞贝壁画	基督教产生
105年	蔡伦改进造纸		
147年	武氏祠画像石		
174年	中山穆王银缕玉衣、铜 缕玉衣		
186年	雷台东汉墓车马：马踏 飞燕		
193年	山东沂源画像石墓，两 尊背带光仙人图像，被 认为是最早的佛像图像 之一		
266年	荀勖施造鎏金铜佛、菩 萨像		
353年	王羲之书《兰亭序》		
400年	敦煌艺术	早期基督教	

时间	中国艺术设计 分期记事	西方艺术设计 分期记事	世界历史 大事件
476年			西罗马帝国灭亡，欧洲进入中世纪
500年		早期中世纪艺术：蛮族艺术、维京艺术和海岛艺术、奥托艺术、加洛林艺术	
537年	张僧繇等用天竺法彩绘丹阳一乘寺，称为"凹凸花"		
600年	隋朝瓷器工艺以青瓷为主，兼有白瓷	拜占庭艺术	
627年	唐贞观初，画家尉迟乙僧，用"凹凸法"作画； 唐三彩（唐）		
700年	唐永徽年间出现三彩陶瓷和三彩陶塑，七世纪中期西藏壁画和唐卡出现； 刻板印刷		
800年		卡洛林文艺复兴	
868年	雕版印刷《金刚般若波罗蜜多经》刊行		
880年	敦煌莫高窟156窟壁画《张义潮出巡图》		
900年	中国陶瓷由丝绸之路和海上输往国外		
916年	契丹陶瓷"辽三彩"		
935年	翰林书画院成立		
959年	叶茂台辽墓山水画、花鸟画		

时间	中国艺术设计 分期记事	西方艺术设计 分期记事	世界历史 大事件
960年	风俗画（宋） 宋代锦、绮、纱、罗、绉、绸、绢、绫及缂丝等织物； 宋元漆工艺，犀皮、雕漆、堆漆、螺钿、金器及金银平脱； 宋元建筑，都城建筑、宗教建筑、桥梁建筑		
1000年	宋天圣年间，见晋祠圣母殿及鱼沼飞梁，塑制彩陶 熙宁年间，宋神宗命将作监编写《营造法式》； 年画（北宋）		
1100年		罗马式艺术	
1041年	毕昇发明活字印刷术		
1200年		哥特式艺术	
1279年	瓷器工艺发展，景德镇烧成青花瓷和釉里红		
1300年			欧洲文艺复兴运动
1350年	景泰蓝"铜胎掐丝珐琅"（明代）		
1400年	明式家具（明代）	早期北方文艺复兴	
1405年	明代彩瓷和紫砂流行，景德镇成为瓷业中心		郑和七次下西洋
1425年	宣德炉（宣德年间）		
1450年		古腾堡发明活字印刷术	

时间	中国艺术设计分期记事	西方艺术设计分期记事	世界历史大事件
1492年			哥伦布到达美洲，新航路开辟
1450年	铜胎掐丝珐琅，还被称为"景泰蓝"		
1517年			马丁·路德发表《九十五条论纲》，引发宗教改革
1519年			麦哲伦环球航行
1527年		矫揉主义	
1550年	松江派（明末）		
1583年	利玛窦在广东建教堂		
1600年	波臣派（明末清初）	巴洛克艺术、中国装饰风格	伦敦商人在东印度贸易的公司成立
1606年			伦敦公司和普利茅斯公司；荷兰人首次从万丹将茶叶带回欧洲
1640年			英国资产阶级革命开始
1651年			英国颁布《航海条例》
1688年			英国政变，资产阶级和新贵族的统治确立
1710年	金陵画派（康熙、乾隆年间）		

时间	中国艺术设计 分期记事	西方艺术设计 分期记事	世界历史 大事件
1715年	意大利传教士郎世宁来到中国，任宫廷画师		
1725年	扩建圆明园		
1726年	殿版《钦定古今图书集成》使用新版铜字刊印		
1728年	珐琅彩		
1740年	乾隆年间，天津杨柳青年画、苏州桃花坞、潍县杨家埠年画，扬州画派、扬州漆雕、玉雕、书画装裱、红木雕刻	洛可可艺术	
1760年		新古典主义，新古典设计运动	英国工业革命开始
1765年			七年之战，北美殖民地举办抗印花税大会
1773年			波士顿倾茶事件
1775年			北美独立战争
1776年			北美发表《独立宣言》
1780年		浪漫主义	
1784年			美国"中国皇后号"商船来华，中美贸易正式开始
1815年			英国推出《谷物法》
1837年		维多利亚风格	

时间	中国艺术设计 分期记事	西方艺术设计 分期记事	世界历史 大事件
1840年			鸦片战争
1842年			中英签订《南京条约》
1844年			中美签订《望厦条约》
1848年		写实主义	
1850年		摄影艺术	
1851年		伦敦万国博览会，展示工业设计成就	
1860年	太平天国壁画 （太平天国时期）	工艺美术运动； 印象派； 日本主义艺术	英法联军抢劫焚烧圆明园等
1862年	北京内画壶艺术		
1863年		第二帝国风格	
1870年			第二次工业革命
1880年		"新艺术"运动	
1885年		象征主义	
1886年		后印象主义	
1890年		新希腊主义风格	
1900年		野兽派	八国联军侵华战争
1905年		表现主义	
1907年		立体派	
1909年	岭南画派 （二十世纪初）	未来主义	
1911年	国货运动：中华国货维持会成立		

时间	中国艺术设计 分期记事	西方艺术设计 分期记事	世界历史 大事件
1914年	郑曼陀新仕女画，标志"上海月份牌年画"的诞生		第一次世界大战爆发
1915年			新文化运动开始
1916年		达达主义	
1917年		超现实主义； 构成主义； 风格派	
1918年			第一次世界大战结束
1919年		包豪斯学派	巴黎和会； 五四运动
1920年	旗袍	国际主义风格，"装饰艺术"运动； 好莱坞摄政风格； 现代主义运动； 有机建筑； 包豪斯学派成立	
1925年	彩色铜版印刷； 中国漫画和讽刺期刊		
1927年	上海漫画会成立		
1929年			资本主义世界经济危机
1933年	新兴版画运动		罗斯福就任美国总统，实行新政
1934年	广州"现代创作版画研究会"成立； 北平"平津木刻研究会"成立		

时间	中国艺术设计分期记事	西方艺术设计分期记事	世界历史大事件
1935年		流线型运动	
1937年	上海"中华全国漫画者学会"成立		
1939年			第二次世界大战爆发
1940年		抽象表现主义	第三次工业革命
1942年	延安举办反侵略和讽刺画展		
1944年			欧洲第二战场开辟
1945年		当代艺术	
1949年	中国美术家协会成立		
1950年	首个国家连环画出版社"大众图画出版社"成立	欧普艺术,波普艺术	
1960年		有机现代主义	
1978年	伤痕美术		
1980年		减少主义解构主义	

致 谢

　　这篇论文在经历了将近三年的打磨后，终于写到了致谢部分。此时此刻无数的回忆在心中翻涌，我尽量精简而完整地通过有限的篇幅来表达全部的感谢。

　　首先必须向我的导师陈楠教授表示由衷的感谢。自幼生长于海外的我，一开始面对国内陌生的生活环境和学习方式，曾一度茫然无措。得益于陈老师丰富的教学经验和扎实的理论知识，在他的因材施教下，我很快地融入了大环境，设计思维和设计实践的短板也迅速得到了提升。同时，陈老师对于学术研究的热忱和对中国文化在设计领域发展的开拓精神，将是我终生学习的榜样。

　　清华大学美术学院视觉传达设计系的何洁教授、马泉教授、赵健教授、王红卫教授、华健心教授、黄维教授、陈磊副教授、周岳副教授，清华大学美术学院世界艺术史研究所所长张夫也教授、清华大学美术学院染织服装艺术设计系的贾京生教授、清华大学工艺美术系的洪兴宇教授、中央民族大学美术学院的殷会利教授、东华大学服装与艺术设计学院的刘晨澍教授、北京工业大学艺术设计学院视觉传达设计系的杨苗副教授和中国社会科学院的施爱东研究员，以及每一位在博士论文选题报告、中期报告、最终学术报告以及评阅过程中对论文进行悉心指导和毫无保留地给出珍贵建议的专家们，感铭五内。这篇涵盖了数个世纪的有关中国装饰风格历史发展的论文得以顺利展开，也离不开每一位参考文献的作者，真诚地感谢他们为我的研究提供了扎实的基础。

　　感谢父母为我创造的多元成长环境，让我有机会从不同文化视角中成长、探索和学习。对我无条件的支持和理解，也让我可以毫无后顾之忧地投身学术研究。对于家人给予的爱，任何语言都难以尽述，唯有努力让自己不断进步，成为你们终身的骄傲。很幸运遇到颖姐，在我闭关完成论文的时候，将我的孩子视如己出，无微不至地帮忙照顾这个调皮的小家伙，终于可以兑现承诺，把你写进我的论文。感谢我的儿子兼精神支柱Louie，小小的你给了我巨大的力量，也让我对这个世界多了一丝期待。希望妈妈的努力可以在你成长的过程中起到正面积极的影响。也想告诉你，永远不要恐惧未知，充满勇气地面对和解决所遇到的每一个困难，你拥有无限的潜力，一定会活出属于自己精彩的人生。同时，想感谢一下自己，这一路面对了太多始料未及的难关和考验，但是谢谢你的不服输，人生的每一个经历，不论好坏，都让你成为更好的自己。生活的考验还在继续，但是请坚定地相信自己，义无反顾地向前冲吧！

最后，要把这篇论文献给我在天堂的最亲爱的外婆孙淑琴女士。很想你，请放心，我们一切都好。